Cary L. Cooper, Jill Flint-Taylor & Michael Pearn
Resilienz als Erfolgsfaktor
Nachhaltige Strategien für die Arbeitswelt

[↗] www.junfermann.de

[▭] blogweise.junfermann.de

[f] www.facebook.com/junfermann

[𝕏] twitter.com/junfermann

[▶] www.youtube.com/user/Junfermann

CARY L. COOPER, JILL FLINT-TAYLOR & MICHAEL PEARN

RESILIENZ ALS ERFOLGSFAKTOR

NACHHALTIGE STRATEGIEN FÜR DIE ARBEITSWELT

Übersetzt aus dem Englischen von
Friederike Moldenhauer

Junfermann Verlag
Paderborn
2017

Copyright © der deutschen Ausgabe	Junfermann Verlag, Paderborn 2017
Copyright © der Originalausgabe	Cary L. Cooper, Jill Flint-Taylor und Michael Pearn 2013
	First published in English by Palgrave Macmillan, a division of Macmillan Publishers Limited under the title *Building Resilience for Success* by Cary Cooper, Jill Flint-Taylor and Michael Pearn. This edition has been translated and published under licence from Palgrave Macmillan. The authors have asserted their right to be identified as the author of this Work.
Übersetzung	Friederike Moldenhauer
Coverfoto	© Ruslan Grumble – fotolia.com
Covergestaltung / Reihenentwurf	Christian Tschepp
Satz & Layout	JUNFERMANN Druck & Service, Paderborn

Bibliografische Information der Deutschen Nationalbibliothek	Die Deutsche Nationalbibliothek verzeichnet diese Publikation in der Deutschen Nationalbibliografie; detaillierte bibliografische Daten sind im Internet über http://dnb.ddb.de abrufbar.

ISBN 978-3-95571-499-4
Dieses Buch erscheint parallel als E-Book.
ISBN 978-3-95571-531-1 (EPUB), 978-3-95571-533-5 (PDF),
978-3-95571-532-8 (MOBI).

Inhalt

Einführung

Die Bedeutung von Resilienz und der Zweck dieses Buches

In diesem Buch geht es um die Stärkung individueller Resilienz oder – wie man sie auch nennt – der psychologischen, emotionalen oder persönlichen Resilienz. Wir verwenden diese Begriffe synonym. Was aber meinen wir genau mit Resilienz? Die offensichtlichste, wenn auch recht eng gefasste Antwort darauf lautet, dass diese Art der Resilienz die Fähigkeit beschreibt, sich von Rückschlägen zu erholen und auch angesichts hoher Anforderungen und schwieriger Umstände weiter effektiv zu handeln. Darauf aufbauend geht unsere Definition über die Erholung von anstrengenden oder potenziell anstrengenden Ereignissen hinaus und umfasst eine andauernde Gesundung und einen nachhaltigen Vorteil: die Stärke, die aus dem erfolgreichen Umgang mit solchen Situationen entsteht.[1] Die Fähigkeit, die so entwickelt wird, hilft, mit alltäglichen Problemen ebenso umzugehen wie mit Herausforderungen – individuelle Resilienz ist keineswegs nur in Extremsituationen oder bei Heldentaten gefragt.

Unser Ziel war es, ein Werk zusammenzustellen, das Führungskräften, Fachleuten im Bereich der Personalentwicklung, Personen im Lehrbetrieb, weiteren Experten im Bereich Lernen und Entwicklung und anderen dazu dient, Maßnahmen zur Stärkung von Resilienz am Arbeitsplatz zu initiieren, zu entwickeln, umzusetzen und zu evaluieren. Wir beschreiben und diskutieren viele unterschiedliche Ansätze, Erkenntnisse und praktische Anwendungen, berichten von unseren eigenen Erfahrungen, machen Vorschläge und geben Empfehlungen ab. Es ist nicht unsere Absicht, eine Anleitung zur Selbsthilfe oder ein Handbuch für Trainer zu präsentieren. Stattdessen wollen wir eine breite Basis an Wissen, Ideen und Lösungen zur Verfügung stellen, die auf verschiedene Arten genutzt werden kann, um unterschiedliche Bedürfnisse zu decken und in Organisationen unter unterschiedlichen Bedingungen angewendet zu werden.

Zunächst stellen wir in Teil I die Entwicklungen des Themas in den letzten 20 Jahren dar. Dabei beziehen wir uns sowohl auf die Forschung als auch auf die Praxis. Basierend auf Theorie, empirischen Ergebnissen und Erfahrung präsentieren wir ein zweiteiliges Rahmenwerk, das dazu dient, innerhalb von Organisationen die Stärkung von Resilienz zu strukturieren und die Umsetzung zu erleichtern. Teil I stellt die Anwendung von Expertenwissen aus Forschung und Praxis dar, um ein stabiles Bezugssystem zu entwickeln, das in Organisationen angewendet werden kann. Interessierten bieten wir detaillierte Verweise auf die Forschung, die hinter unserem Ansatz steckt.

Danach schauen wir uns in Teil II genauer an, wie sich die praktischen Maßnahmen zur Stärkung von Resilienz im Laufe der Zeit aufgrund neuer Forschungsergebnisse und Theorien verändert haben. Dabei werden Beispiele gegeben, die aufzeigen, was sich im Kontext einer Organisation erreichen lässt, und es werden Vorschläge detailliert präsentiert. In diesem Abschnitt werden insbesondere verschiedene Techniken und Erkenntnisse aufgrund einzelner Erfahrungen von Personen und Organisationen reflektiert. Wo angemessen, verweisen wir auf wichtige Untersuchungen, doch liegt das Hauptaugenmerk auf praktischen Vorschlägen und Beispielen.

Schließlich geben wir in Teil III eine strategische Übersicht und zeigen einige wichtige Wege auf, wie die Stärkung von Resilienz im Kontext größerer Organisationsziele und Interventionen verankert werden kann. Dazu gehören die Förderung von Führungsqualitäten (Leadership Development), der Wandel in der Organisation und die Leistungsverbesserung.

Umgang mit Belastungen: individuelle Unterschiede

Wenn wir uns auf *individuelle* Resilienz beziehen, dann bleiben einige Fragen offen, da wir auf die Tatsache hinweisen, dass diese Fähigkeit bei Personen unterschiedlich stark ausgeprägt ist. Viele Menschen haben sich vermutlich schon einmal gewundert, wie ruhig ein Politiker im Fernsehen angesichts eines gegen ihn gerichteten Proteststurms bleiben kann. Bei anderer Gelegenheit verwundert es vielleicht, dass ein Freund oder Kollege sehr verletzlich auf etwas reagiert hat, was einen selbst in derselben Situation weniger angegriffen hätte. Daher ist es wichtig, mehr darüber zu erfahren, wie Resilienz funktioniert. Worin bestehen diese persönlichen Unterschiede, und sind sie in Stein gemeißelt oder kann jeder mit der Zeit seine Resilienz verbessern?

Was die letzte Frage betrifft, lässt sich sehr gut belegen, dass Resilienz in der Tat entwicklungsfähig ist. Auf die Forschungsergebnisse kommen wir später zu sprechen und in einigen Kapiteln werden wir einige praktische Maßnahmen und Ansätze untersuchen, die dazu beitragen, dieses Ziel, Resilienz zu entwickeln, zu erreichen. Zunächst müssen wir uns jedoch genauer anschauen, warum einige Menschen besser mit Belastungen umgehen als andere und warum dies für Organisationen ebenso wie für deren Mitarbeiter wichtig ist.

Beschreiben wir eine Person als resilient, dann meinen wir damit häufig, dass er oder sie gut mit Druck umgehen kann. Manche Menschen scheinen in Belastungssituationen sogar aufzublühen. Das Gegenteil wird im Allgemeinen beschrieben als Tendenz, „verletzlich auf Stress, Rückschläge oder Enttäuschungen" zu reagieren. Hier wird deutlich, dass Belastungen „positiv" (eine Herausforderung, die einen Antrieb darstellt) oder „negativ" (belastend) sein können. Um also Resilienz zu begreifen, ist es notwendig, das Wesen von Belastungen und Stress zu verstehen.

Zunächst müssen wir festhalten, dass ein und dieselbe Situation für eine Person eine positive Herausforderung darstellen kann, während sie für eine andere eine Anstrengung ist. Beispielsweise kann das passieren, wenn der Vertriebsleiter die Ergebnisse für das Quartal präsentiert und deutlich zu verstehen gibt, dass er mit der Leistung des Teams unzufrieden ist. Ein Teammitglied mag das anspornen, sich in der nächsten Woche stärker anzustrengen, während ein anderes besorgt reagiert und entmutigt wird. Noch komplizierter wird es, da dieselbe Person in der nächsten Woche vielleicht ganz anders reagiert, auch wenn die Aussage vom Vertriebsleiter mehr oder weniger dieselbe ist.

Für diese unterschiedlichen Reaktionen gibt es viele Gründe, die sowohl auf situativen als auch stärker intrinsischen Faktoren der Beteiligten basieren. Für einen Manager mögen diese Einflüsse offensichtlich sein, oder zumindest für das betreffende Teammitglied. Andere Einflüsse sind schwieriger nachzuverfolgen, doch sie wirken sich dennoch darauf aus, wie sich die betreffende Person fühlt und was sie als Nächstes tut. Richard Lazarus[2] erklärte individuelle Unterschiede im Erleben und im Ausdruck von Gefühlen im Sinne eines Prozesses, den er „Bewertung" (appraisal) nannte:

> „Bewerten zwei Individuen dieselbe Situation unterschiedlich, werden sich ihre emotionalen Reaktionen unterscheiden. Und wenn sie unterschiedliche Situationen gleich bewerten, wird ihre emotionale Reaktion dieselbe sein. Auch Coping ... funktioniert durch die Beeinflussung und Änderung der Art und Weise, wie ein Individuum die Bedeutung dessen bewertet, was gerade passiert, und wie man damit umgehen könnte." (S. 336)

Diese theoretische Position ist nur eine von vielen, die die Rolle subjektiver Wahrnehmung und Überzeugung betonen, wenn es darum geht zu bestimmen, wie wir auf ein Ereignis reagieren. Sie stimmt vollkommen mit unserer Definition von Stress überein, der nämlich entsteht, wenn die Belastung die selbst wahrgenommene Fähigkeit, eine Situation zu bewältigen, übersteigt.[3] Richard Lazarus sprach über Emotionen im Allgemeinen, aber viele Forscher und praktizierende Psychologen nehmen einen ähnlichen Standpunkt ein, wenn es um Ängste, Depressionen und Stress im Besonderen geht. Aus diesem Gebiet der klinischen Psychologie und psychischen Gesundheit, dazu gehört auch die Erforschung von Belastungen am Arbeitsplatz, stammt unser Verständnis von Resilienz zum Großteil.

Glücklicherweise sorgte ein reges Interesse an den Ursachen und der Behandlung von Angststörungen und Depressionen dafür, dass immer mehr auf diesem Gebiet geforscht wurde, während lange Zeit der Trend in der akademischen Psychologie vorherrschte, die Erforschung von Emotionen als unzeitgemäß abzutun. Jedoch ist das derzeitige steigende Interesse an Resilienz als Aspekt eines normalen Lebenszyklus von Erwachsenen – außerhalb der klinischen Psychologie und psychischen Krankheiten – eine eher jüngere Entwicklung. Am Ende dieses Buches kommen wir zu dem Schluss, dass sich Resilienz, insbesondere im betrieblichen Kontext, von einer Kur gegen Schwäche zu einem Kompetenzträger entwickelt hat, der dabei hilft, Stärken noch weiter zu stärken. Nichtsdestotrotz ist es wichtig, ein Verständnis dafür zu entwickeln, woher das Konzept stammt und warum der Bedarf an Resilienz immer noch einen negativen Beiklang hat.

Resilienz als etwas Normales anzusehen, zu akzeptieren, dass sie ein Teil des Alltags und Arbeitslebens für jeden ist, passiert zu einer Zeit, in der das Interesse an Positiver Psychologie steigt. Zweifelsfrei spielte eine jüngere Studie über „positive Emotionen und Erfahrungen" eine wichtige Rolle dabei, den potenziell nützlichen stärkenbildenden Aspekt von „positiver Belastung bzw. Herausforderung" hervorzuheben. Darüber hinaus bereicherte sie unser Verständnis davon, auf welchen unterschiedlichen Wegen Resilienz entwickelt werden kann.

Eine Einführung in die Stärkung von Resilienz am Arbeitsplatz

Zuerst richtete sich das allgemeinere Interesse an Resilienz auf das Themengebiet Arbeitsplatz. In den 1970er- und 1980er-Jahren begannen Forscher aus den USA zu untersuchen, welche Qualitäten einigen Managern bei der Bewältigung von Belastungen über einen längeren Zeitraum halfen.[4] In den späten 1980er-Jahren begann der amerikanische Psychologe Martin Seligman, sich mit der Frage zu beschäftigen, wie die Ergebnisse dazu genutzt werden könnten, Angestellten beim Umgang mit Herausforderungen am Arbeitsplatz zu helfen. Zuvor hatte sich Seligman viele Jahre lang mit der Erforschung von Angst und Depression beschäftigt. Er entwickelte ein eintägiges Resilienz-Training für Versicherungsvertreter, deren Arbeit neben Kaltakquise (unaufgefordert bei potenziellen Kunden anrufen) auch ein hohes Maß an Ablehnung beinhaltete.

Vom Erfolg von Seligmans Trainingskurs inspiriert, entwickelten Forscher des *Institute of Psychiatry* in London einen längeren und intensiveren Kurs, der in der Versicherungswirtschaft und mit Fachleuten und Führungskräften durchgeführt wurde, die länger als ein Jahr arbeitslos gewesen waren. Wieder waren die Ergebnisse sehr ermutigend und umfassten im Vergleich mit einer Kontrollgruppe, die ein anderes, aber themenbezogenes Training absolvierte, neben einem besseren allgemeinen

Wohlbefinden und höheren Verkaufszahlen auch eine längere Verweildauer (in der Studie der Versicherungsbranche) und eine höhere Anzahl von Vorstellungsgesprächen und Jobangeboten (bei den arbeitslosen Teilnehmern).[5]

Diese Kurse zur Resilienz-Stärkung wurden als praktisch und effektiv wahrgenommen und das Design wurde von einigen Firmen und Verwaltungen übernommen. Jedoch gab es einige Hindernisse, die die weitere Verbreitung dieses Ansatzes erschwerten, sogar in den Organisationen, die aufgrund ihrer Teilnahme an der Forschung davon bereits finanziell oder anderweitig profitiert hatten. Denjenigen von uns, die sich in den 1990er-Jahren mit der Verbreitung der Trainings im Wirtschaftsbereich beschäftigten, wurde klar, dass die größte Hürde darin bestand, dass Wirtschaftsorganisationen noch nicht für diese Maßnahmen bereit zu sein schienen.[6]

Das war tatsächlich ein Problem, da man mittlerweile die Bereitschaft innerhalb der Organisation als eine der wichtigsten Voraussetzungen für die erfolgreiche Implementierung von innovativen Trainings- und Entwicklungsprogrammen hält. Die „Herzen und Köpfe" der Budgetverantwortlichen und einflussreichen Interessengruppen waren durch Verkaufszahlen und Einsparungen leicht zu gewinnen, und diese rationalen und schlagenden Argumente erleichterten die Einführung von Resilienz-Trainings. Dennoch herrschte ein eher emotionales Misstrauen gegen Trainings mit einem „psychologischen" Hintergrund vor. Ängste kamen hoch, wenn es darum ging, sich mit einem Thema zu beschäftigen, dass so eng mit Stress am Arbeitsplatz verbunden war. „Resilienz-Trainings" waren einigermaßen stigmatisiert. Sie schienen sich an diejenigen zu richten, die nicht mit Belastungen zurechtkamen. Diese Wahrnehmung erschwerte es, dass die Entwicklung von Resilienz in Organisationen angenommen wurde, obgleich die finanziellen und anderen Vorteile gut belegt waren. Verbunden mit diesen Vorbehalten wurden die Programme zur Stärkung von Resilienz argwöhnisch betrachtet, weil man sie für einen manipulativen „Management-Trick" hielt, der dazu angelegt ist, sicherzustellen, dass immer mehr Druck auf die Arbeitnehmer ausgeübt werden kann, um Output und Profit zu maximieren.

Während solche Vorbehalte immer noch deutlich werden, steht ihnen die wachsende Überzeugung entgegen, dass die Fähigkeit, Belastungen standzuhalten, eine wichtige Kompetenz am Arbeitsplatz darstellt. Auch wurde die Akzeptanz dadurch erhöht, dass Resilienz-Trainings weniger als Heilmittel, sondern als ein auf Stärken basierender Ansatz gesehen werden, dessen Wurzeln in der immer populärer werdenden Bewegung der Positiven Psychologie liegen. Darüber hinaus haben jüngste Untersuchungen und die Praxis gezeigt, dass es zwischen dem individuellen Wohlbefinden und den Ergebnissen der Organisation (dazu gehört auch die Produktivität) eine starke und unmittelbare Verbindung gibt.

Es besteht immer die Gefahr, dass ein Werkzeug oder eine Methode dazu benutzt wird, auf zynische Weise Menschen oder Ressourcen auszubeuten, aber das steigende Augenmerk auf das Wohlbefinden am Arbeitsplatz hilft sicherzustellen, dass solche Interventionen sowohl zum Wohle des Individuums als auch der Organisation eingesetzt werden.

In Kapitel 3 zeichnen wir eingehender nach, wie die Entwicklung von Resilienz über die letzten zwanzig Jahre Einzug in die Organisationen gehalten hat, wobei der Impetus mittlerweile so groß ist, dass Resilienz „als Idee, deren Zeit gekommen ist" begriffen wird. Als Konsequenz suchen nun zukunftsgerichtete Führungsteams angemessene Entwicklungsmethoden für alle Mitglieder ihrer Organisation, Gruppen von Entscheidungsträgern oder diejenigen, die besonderen Belastungen ausgesetzt sind. Wir stellen eine größere Akzeptanz für diese Art von Unterstützung bei Führungskräften fest, wenn es auch vielen immer noch schwerfällt, sich das einzugestehen.

Die Geschichte von den zwei Vorstandsvorsitzenden

Wenn es um die Belastung geht, die ein Führungsposten mit sich bringt, dann besteht kein Zweifel, dass jeder Chef eines Unternehmens mit Herausforderungen konfrontiert wird, die manchmal unüberwindbar scheinen. Um überhaupt solch einen Posten zu bekommen, ist ein hohes Maß persönlicher Resilienz nötig, was aber nicht gleichzustellen ist mit Unverwundbarkeit. Mehr als ein CEO hat uns berichtet, dass die Ernennung zum Geschäftsführer die steilste – und einsamste – Lernkurve mit sich brachte, die sie oder er jemals durchgemacht hat.

Nehmen wir die beiden folgenden Geschichten: Die erste handelt von dem Gründer eines der weltweit erfolgreichsten Hi-Tech-Unternehmen, der unter Belastungen, die der Rest von uns sich kaum vorstellen kann, aufblühte, um dann einer Krebserkrankung zu erliegen, die gemeinhin als heilbar gilt. Gefragt, warum eine Operation aufgeschoben wurde, antwortete der Autor von Steve Jobs Biografie: „Ich glaube, er hatte irgendwie das Gefühl: Wenn man etwas ignoriert, von dem man nicht will, dass es existiert, können Gedanken Wunder bewirken. In der Vergangenheit stimmte das für ihn. Er hat es bereut."[7]

Unsere zweite Geschichte handelt von dem CEO der größten Privatkundenbank in Großbritannien, der sich für längere Zeit krankmeldete, nachdem er unter „Erschöpfungszuständen aufgrund von Überarbeitung" litt. Dennoch „sagen Kollegen von ihm, er ist detailbesessen, reagiert gelassen auf Belastungen und zeigt wenig Anzeichen von Stress."[8]

Natürlich werden wir in beiden Fällen nie erfahren, was wirklich schiefgelaufen ist. Dennoch zeigen diese kurzen Anekdoten, dass persönliche Resilienz nicht einfach abzutun ist, dass auch die Stärksten eine Achillessehne haben und dass immer die Gefahr besteht, von just den Qualitäten und Haltungen beeinträchtigt zu werden, die viele Jahre lang die Basis unseres Erfolgs dargestellt haben.

Vor dem Hintergrund dieser beiden Geschichten werden fünf grundlegende Prinzipien deutlich:

1. Individuen unterscheiden sich sowohl in der Art als auch im Maß ihrer Fähigkeit, Belastungen und Rückschlägen gewachsen zu sein.
2. Psychologische Resilienz ist komplex und nicht eindimensional. Es ist keine Eigenschaft, die wir haben oder nicht haben – die meisten von uns sind in gewisser Hinsicht resilient, bei anderen Themen weniger.
3. Auch die Menschen mit sehr hoher Resilienz haben ihre Grenzen, obgleich sie sich dessen nicht unbedingt bewusst sind, wenn sie diese Grenzen erreicht haben.
4. Bestimmte Qualitäten und Haltungen, wie Optimismus oder Selbstvertrauen, können in den meisten Situationen unsere Resilienz stärken, können aber auch Schaden anrichten, wenn sie zu extrem sind.
5. Resilienz resultiert aus der Interaktion eines Individuums und einer Situation, es ist kein statisches Persönlichkeitsmerkmal und kann weiterentwickelt werden.

Übersicht über den Inhalt

Unser Ziel ist es, mit diesem Buch einen Rahmen zu schaffen, der die Integration von Entwicklungsmaßnahmen für persönliche Resilienz innerhalb einer breit angelegten Strategie erlaubt, um sowohl individuelles Wohlbefinden als auch die Leistung der Organisation zu verbessern. Dabei möchten wir zu einem Verständnis des Arbeitskontexts beitragen, insbesondere zu der Einsicht, was die Hauptursachen von Belastungen am Arbeitsplatz sind und wie Unterstützung aussehen kann. Ohne dieses Verständnis ist es schwer möglich, das Beste aus den Chancen zu machen, die das Stärken von Resilienz am Arbeitsplatz mit sich bringt. Doch ist es ein Kontext, der zu weit mehr Verbesserungen führen kann als das weitverbreitete Format einer kurzen, einmaligen Trainingseinheit.

Teil I

Resilienz verstehen

In Kapitel 1 geht es um die Frage, was die individuellen Unterschiede ausmacht, und es wird ein Bezugssystem aufgestellt, um die Stärken und Risiken persönlicher Resilienz einzuordnen. Wir präsentieren eine detailliertere Definition von Resilienz und geben eine Übersicht über die relevante Forschung sowie über verschiedene Diagnosemethoden und Ansätze.

Den Einzelnen in der Organisation schauen wir uns in Kapitel 2 an. Wir beschreiben die Hauptursachen für Belastungen am Arbeitsplatz und wie Unterstützung aussieht. Darüber hinaus diskutieren wir, wie beides Individuen unterschiedlich beeinflusst, bestimmt von der Beschaffenheit und dem Maß der individuellen Resilienz. Das Hauptaugenmerk liegt hier auf der Interaktion einer Person mit ihrer Arbeitssituation und der Art und Weise, wie die individuellen Resilienz-Ressourcen von dieser Interaktion gestärkt oder unterlaufen werden.

Kapitel 3 beschreibt die Geschichte „früher und heute" für die Leser, die aus beruflichen Gründen den Hintergrund verstehen möchten, wie die Entwicklung der Resilienz-Forschung verlaufen ist, um sicherzustellen, dass es sich bei der Stärkung von Resilienz nicht nur um eine „Eintagsfliege" in ihrer Organisation handelt.

Teil II

Resilienz stärken

Die Kapitel 4 und 5 behandeln die Dinge, die jeder Einzelne tun kann, um seine Resilienz zu entwickeln, sowohl allein als auch mit der Unterstützung seines Arbeitgebers. Die Betonung liegt hier darauf, dass die Stärkung der Resilienz das Streben des Einzelnen und ein „lebenslanges" Unterfangen ist – auch wenn der Katalysator dafür und die Unterstützung im Berufskontext liegen. In Kapitel 4 geht es vor allem darum, die persönliche Ausgangssituation zu erkennen und zwei der wichtigsten Techniken für die Bildung von Resilienz anzuwenden, die sich dem Bedarf entsprechend auf eine Vielzahl von Situationen und in unterschiedlichen Kontexten anwenden lassen. Wie persönliche Resilienz innerhalb des Rahmens der vier Hauptelemente von Resilienz, die in Kapitel 1 vorgestellt werden, gestärkt werden kann, wird in Kapitel 5 beschrieben.

In Kapitel 6 und 7 konzentrieren wir uns darauf, was Manager und Beschäftigte tun können, um die Stärkung von Resilienz zu fördern. Zum einen geht es um Interventionen, die Resilienz fokussieren, wie Coaching und Resilienz-Workshops

(Kap. 6), zum anderen um gute Verfahren und Strategien des Managements, die für die Entwicklung von Resilienz besonders relevant sind (Kap. 7). Wir differenzieren zwischen der Verbesserung der Resilienz auf individueller Ebene und auf der Ebene des Teams, dabei beziehen wir uns mit dem Begriff „Team-Resilienz" auf einen eher vorübergehenden Zustand eines Kollektivs.

Teil III

Stärkung der Resilienz für zukünftigen Erfolg

In Kapitel 8 präsentieren wir eine Übersicht der Implikationen für Arbeitgeber und entwerfen darüber hinaus ein Bild, wie in Zukunft verschiedenartige Maßnahmen in Teams und Organisationen aussehen könnten.

Anhang

Anhang I bietet einen Leitfaden, um Ihren persönlichen Resilienz-Plan aufzustellen, und in Anhang II führen wir eine detaillierte Liste mit Themen auf, die in einem Resilienz-Training und bei dessen Entwicklung berücksichtigt werden können.

Schließlich müssen wir in dieser Einführung auch klarstellen, was wir in diesem Buch *nicht* behandeln werden. Da wir uns auf die Resilienz von einzelnen Personen beschränken, geht es nicht um Detailfragen über Resilienz in Gruppen oder Organisationen. Organisations-Resilienz ist viel mehr als die Summe der individuellen Resilienz von Angestellten, Managern und Führungskräften. Sie umfasst solch unterschiedliche Kompetenzen wie Notfallmaßnahmen für Technologie-Systeme oder langfristige Finanzplanung. So hängt die Resilienz von einzelnen Abteilungen und Teams als kollektive Charakteristik einer Gruppe von verschiedenen Faktoren ab wie Angemessenheit der Ressourcen, effektiven Kommunikationswegen, effizienten Strukturen oder einem konstruktiven Führungsstil.

Kurz gehen wir auf eine Art von Gruppen-Resilienz ein, die wir „Team-Resilienz" nennen. Sie wird erreicht, wenn ein hohes Maß an Wohlbefinden die Fähigkeit des Teams stärkt, mit Rückschlägen umzugehen und auch angesichts großer Herausforderungen weiterzumachen. Team-Resilienz ist ein Produkt aus effektivem Management der Auslöser von Belastungen am Arbeitsplatz und entsprechender Unterstützung (s. Kap. 2), was auch einen großen Einfluss auf die individuelle Resilienz hat. Jedoch sind diese beiden Themen ganz unterschiedlich. Eine Darstellung von Team-Resilienz würde den Rahmen dieses Buches sprengen.

Kurzanleitung für die Nutzung dieses Buches

Hier folgt ein kurzer Leitfaden zum Gebrauch des Buches, um Ihre eigenen Interventionen zur Stärkung von Resilienz zu konzipieren:

Zusammenfassung des Kapitels	Relevanz für die Planung
1. Kapitel beantwortet die Frage nach individuellen Unterschieden und entwirft einen Rahmen für das Verständnis der persönlichen Stärken und Risiken für Resilienz. Es wird eine Übersicht über die relevante Forschungslage präsentiert, ebenso wie verschiedene Diagnostikinstrumente und Herangehensweisen.	Bietet die wissenschaftliche Grundlage, um das Wesen individueller Resilienz und wie sie sich entwickelt zu verstehen und zu erklären. Führt ein Modell mit vier Elementen ein, das zur Beschreibung und Bewertung individueller Resilienz-Ressourcen dient. Einige der wichtigsten diagnostischen Messwerte werden vorgestellt, die bei dem Modul Selbsteinschätzung und Entwicklungsplan Ihrer Intervention wichtig sind.
2. Kapitel Es geht um den Einzelnen in seinem Arbeitskontext. Die Hauptursachen von Belastungen und Unterstützung am Arbeitsplatz werden beschrieben sowie die Art und Weise, wie diese uns individuell unterschiedlich beeinflussen. Die Interaktion zwischen Person und Arbeitssituation wird untersucht, ebenso in welcher Weise die Resilienz-Ressourcen dadurch entweder gefördert oder unterminiert werden.	Verschiede Ursachen von Belastungen und Unterstützung am Arbeitsplatz werden anhand wissenschaftlicher Erkenntnisse dargestellt. Es wird erklärt, wie sich Resilienz am Arbeitsplatz entwickeln kann. Präsentiert ein Modell mit sechs Elementen, mit dessen Hilfe der Einfluss von beruflichen Faktoren auf die individuelle Resilienz erhoben und gemanagt werden kann.

Zusammenfassung des Kapitels	Relevanz für die Planung
3. Kapitel zeichnet die Entwicklung des Verständnisses von Resilienz nach, stellt den Hintergrund dieses Konzepts dar und vermittelt einen breit angelegten systemischen Ansatz. Es wird gezeigt, dass es sich bei der Stärkung von Resilienz nicht um eine vorübergehende Modeerscheinung handelt.	Vermittelt einen umfassenden historischen Abriss, um neue Maßnahmen zu entwickeln oder zu beauftragen. Erklärt, warum Resilienz unternehmensweites Stress-Management und Programme zur Verbesserung des Wohlbefindens von Mitarbeitern ergänzt. Beschreibt eingehender, wie das Wissen um Belastungen am Arbeitsplatz und der Einfluss von Vorgesetzten dazu genutzt werden kann, Resilienz und Wohlbefinden zu verbessern.
4. und 5. Kapitel Was kann der Einzelne tun, um seine Resilienz sowohl selbst als auch mithilfe des Arbeitgebers zu fördern? Die Betonung liegt hier darauf, dass Resilienz das Bemühen des Einzelnen ist, das ein Leben lang währt, auch wenn der Arbeitskontext dieses Bestreben unterstützt.	Geben Details und Literaturempfehlungen zu den Techniken, die vom Einzelnen erlernt und angewendet werden können, sei es im Rahmen von Resilienz-Trainings im Unternehmen oder allein. Präsentieren weitere Informationen über die beiden einflussreichsten und flexibel einsetzbaren Techniken für die Verbesserung von Resilienz. Beschreiben Techniken, die sich besonders anbieten, jede einzelne Komponente von Resilienz (z. B. Zuversicht) zu verbessern.

Zusammenfassung des Kapitels	Relevanz für die Planung
6. und 7. Kapitel Unterstützung von Resilienz durch Führungskräfte und Organisationen. Dabei geht es um Interventionen, die Resilienz unmittelbar verbessern sollen (wie etwa Workshops) sowie generell gute Führungspraxis, die dieses Ziel verfolgt. Es wird der Unterschied zwischen der Verbesserung der Resilienz des Einzelnen und besserem Wohlbefinden im Team (Team-Resilienz) erklärt.	Vor dem Hintergrund eines breiteren Kontexts von Führung und Organisationsentwicklung und anhand von Praxisbeispielen wird ■ erläutert, wie Manager und Vorgesetzte die Entwicklung von Resilienz bei ihren Mitarbeitern fördern können, ■ anhand von anerkannten bzw. bekannten Führungsmodellen beschrieben, wie die Stärkung von Resilienz in Führungskräftetrainings integriert wird, ■ illustriert, wie gutes Management und Führungspraxis dabei helfen, Resilienz zu fördern.
8. Kapitel bietet eine Übersicht über die Implikationen für Arbeitgeber. Praktische Beispiele erklären die unterschiedlichen Ausprägungen von Interventionen für Teams und ganze Organisationen. Ein Leitfaden erklärt, wie man mithilfe dieses Buches Maßnahmen für das eigene Unternehmen entwickeln kann.	Es wird eine Übersicht über Schlussfolgerungen und Prinzipien gegeben. Praktische Szenarien für resilienzfördernde Interventionen werden entworfen, Praxisbeispiele helfen dabei.
Anhang I stellt einen Leitfaden für die Planung auf, um die eigene Resilienz zu stärken.	
Anhang II beinhaltet eine detaillierte Liste mit Themen für ein Resilienz-Training.	

Teil I

Resilienz verstehen

1. Die Einzelperson: individuelle Resilienz verstehen

1.1 Risiko- und Schutzfaktoren für Resilienz: vom Risiko-Management zur Kompetenz

Um die individuellen Unterschiede von Resilienz verstehen zu können, müssen wir uns von der Arbeitsdefinition, wie wir sie in der Einführung vorgestellt haben, lösen und uns anschauen, wie dieses komplexe Konzept definiert und erforscht wurde. In der Vergangenheit nahm die Erforschung von Resilienz im Rahmen der therapeutischen Unterstützung von Personen, die Schwierigkeiten hatten, Krisen, Verluste oder das Leben im Allgemeinen zu meistern, ihren Anfang. Um zu verstehen, warum einige Menschen besser mit Belastungen umgehen als andere, konzentrierte sich die Wissenschaft hauptsächlich auf Resilienz in der Kindheit und Jugend.

In jüngerer Zeit rückte die Forschung von Resilienz im Erwachsenenalter stärker in den Vordergrund. Eine starke Ausprägung von Resilienz wird nun als Vorzug oder Vermögen angesehen, weniger als die Lösung für ein Problem oder Milderung einer Krise. Es mehren sich auch die Belege, dass Resilienz vielleicht sogar den Normalfall darstellt und danach Menschen im Allgemeinen resilienter sind als frühere Studien angedeutet haben. George Bonanno behauptet, dass Resilienz das häufigste Ergebnis eines überwundenen traumatischen Ereignisses sei, nicht Zusammenbruch und Wiedergesundung.[9] Er nimmt außerdem die sinnvolle Differenzierung zwischen Resilienz und der Überwindung länger anhaltender Krisen bzw. Umgang mit einem „zermürbenden" Umfeld auf der einen und Resilienz angesichts einmaliger Ereignisse auf der anderen Seite vor.

Diese aktuelleren Entwicklungen der Forschung sind besonders für unser Ziel relevant, die Stärkung von Resilienz in umfassendere Maßnahmen zu integrieren, um das Wohlbefinden von Arbeitnehmern und die Produktivität des Unternehmens zu steigern. Durch diese Entwicklungen wird die Idee, Resilienz zu fördern, „gesellschaftsfähig" und nicht länger in den „Weiße-Kittel"-Kontext von Krankheit, Therapie und Krisenmanagement gerückt.

1.2 Resilienz definieren: eine Herausforderung

Auf *eine* Aussage können sich alle einigen, nämlich, dass es keine allgemeingültige Definition von Resilienz gibt. In der Tat geschieht es nicht selten, dass man innerhalb ein und desselben Buches oder Artikels verschiedene Definitionen antrifft. Als Beispiel dient hier das Handbuch von John Reich und Kollegen[10] (s. Kasten).

Definitionen und Beschreibungen von persönlicher Resilienz aus den Beiträgen in *Handbook of Adult Resilience* (2010)

„... Resilienz lässt sich am besten als das Ergebnis der erfolgreichen Anpassung an Widrigkeiten definieren. Die Charaktereigenschaften einer Person und die Besonderheiten der Situation können den Resilienzprozess beeinflussen, doch nur, wenn sie zu gesünderen Haltungen nach dem Erleben von widrigen Umständen führen" (Zautra et al., S. 4).

„In der bisherigen Forschung hat Resilienz verschiedene Bedeutungen, doch im Allgemeinen bezieht sich der Begriff auf das Muster einer funktionierenden Indikation von ‚positiver Anpassung' im Kontext von ‚Risiko' oder Widrigkeiten" (Ong et al., S. 82).

„Resilienz ist ein Begriff, den Psychologen verwenden, um die Fähigkeit zu beschreiben, mit belastenden Ereignissen umgehen zu können und einen Sinn zu sehen, auf die Individuen mit einer sinnvollen intellektuellen Reaktion und unterstützenden sozialen Beziehungen reagieren müssen (Richardson, 2002)." (in Mayer & Faber, S. 95)

„Resilienz bezieht sich auf die individuellen Unterschiede oder Lebenserfahrungen, die Menschen helfen, in positiver Weise auf Widrigkeiten zu reagieren, ihnen erlauben, in der Zukunft besser mit Stress umzugehen, und sie davor schützen, unter Belastungen mental-psychische Störungen zu entwickeln (Richardson, 2002)." (in Skodol, S. 113)

„Resilienz ist ein breit gefasstes Konzept, das sich im Allgemeinen auf eine positive Anpassung in einem beliebigen dynamischen System bezieht, das sich einer Herausforderung oder Bedrohung gegenübersieht" (Masten & Obradović, 2008).

„Menschliche Resilienz bezieht sich auf die Prozesse oder Muster positiver Anpassung und Entwicklung im Kontext von wesentlichen Bedrohungen des Lebens oder der Funktion einer Person" (Masten & Wright, S. 215).

Es ist sogar umstritten, ob man Resilienz eher als Ergebnis, als Prozess oder als Reihe von Charaktereigenschaften sehen soll. Diese Meinungsverschiedenheiten schlagen sich in den vorhandenen Erhebungen von Resilienz nieder. Während einige Forscher den Begriff Resilienz verwenden, um den Prozess von den individuellen Charaktereigenschaften abzugrenzen, nutzen andere nur einen dieser Begriffe oder beide synonym.

Folgende Definitionen sind ebenfalls zu berücksichtigen:

- Resilienz ist „das Phänomen, dass einige Individuen angesichts der Erfahrung von Risiken ein relativ gutes Ende erleben, obgleich man annehmen könnte, dass sie unter ernsten Spätschäden leiden sollten."[11]
- „Das Konstrukt von Resilienz bezieht sich auf die Fähigkeit von Individuen, sich angesichts akuten Stresses, Trauma oder fortwährenden Widrigkeiten erfolgreich anzupassen und psychologisches Wohlbefinden und physiologische Homöostase zu behalten oder wiederzufinden."[12]
- „Psychologische Resilienz bezieht sich auf das erfolgreiche Bewältigen und Anpassen trotz Verlustes, Mühsal oder Widrigkeiten."[13]
- „Resilienz ist der Prozess, mit wichtigen Auslösern von Stress oder Trauma umzugehen, sie zu bewältigen und sich anzupassen."[14]

Die Vielzahl der Definitionen verwirrt und lässt aus akademischer Sicht Präzision vermissen, aber dem Praktiker bietet sie auch ein umfassenderes Verständnis der unterschiedlichen Perspektiven und Erkenntnisse. Wie die Psychologen Christopher Peterson und Martin Seligman in ihrem Buch über Charakterstärken und Vorzüge nahelegen, ist Resilienz kein einheitliches Konstrukt und ist am besten wohl als Überbegriff zu verstehen.[15] Wir haben entschieden, es genau so in diesem Buch zu handhaben: Mit anderen Worten beschränken wir den Begriff Resilienz nicht auf ein spezifisches akademisches Konstrukt.

Unsere Haltung zeigt sich in der sehr weit gefassten Arbeitsdefinition, die wir in der Einführung vorgestellt haben: *Resilienz ist die Fähigkeit, sich von Rückschlägen zu erholen und auch angesichts großer Herausforderungen und schwieriger Umstände weiterzumachen, dazu gehört auch eine nachhaltige Stärke, die daraus entsteht, mit herausfordernden oder belastenden Ereignissen fertigzuwerden.* Unsere Beschreibung betont bewusst den prozess- und ergebnishaften Aspekt von Resilienz. Wir verstehen die Persönlichkeit und andere individuelle Charaktereigenschaften neben äußeren Umständen und Ereignissen als prädiktive Faktoren, die erklären, warum einige Menschen besser mit Krisen umgehen und am Ende stärkere Resilienz zeigen als andere. In diesem Kapitel erläutern wir unsere Sicht auf individuelle Charaktereigenschaften als die Faktoren, die Resilienz untermauern.

„Vier Wellen" in der Resilienzforschung

In ihrer Zusammenfassung der wissenschaftlichen Erforschung von Resilienz sprechen Ann Masten und Margaret Wright[16] von „vier Wellen in der Resilienz-Forschung". Die *erste Welle* konzentrierte sich auf die Beschreibung, Definition und Erhebung von Resilienz. Sie brachte sehr konsistente Ergebnisse hervor, was die Charaktereigenschaften von Individuen, Beziehungen und Ressourcen angeht, die einen Schluss auf Resilienz zuließen (wenn nicht sogar hinsichtlich dessen, wie Resilienz definiert werden sollte!). Die *zweite Welle* beschäftigte sich mit den Prozessen, durch die Resilienz entsteht, während die *dritte Welle* versuchte, anhand des Verständnisses dieser Prozesse Maßnahmen für die Entwicklung von Resilienz zu entwerfen.

Die *vierte Welle* kombiniert die Erkenntnisse und Methoden verschiedener Gebiete, wie Psychologie, Genetik, neurobehavioristische Entwicklung und Statistik. Wie bereits erwähnt, liegt das Augenmerk mehr auf den positiven, die Stärken betonenden Aspekten von Resilienz. Dem Praktiker in Organisationszusammenhängen kommt dieser Ansatz sehr entgegen, denn er ermöglicht die Förderung von Resilienz in einem Kontext, wo Abhilfemaßnahmen mit Argwohn betrachtet oder in die Ecke der Arbeitsmedizin geschoben werden.

Was wissen wir also über die Prädiktoren von Resilienz? Aus der Untersuchung von Resilienz in der Kindheit sind folgende Faktoren als die kritischen hervorgegangen: *Beziehungen* (besonders die frühen Eltern-Kind-Beziehungen), *individuelle Ressourcen* (dazu gehören die Fähigkeit, Probleme zu lösen, Selbstmotivation, Selbstkontrolle und Optimismus bzw. positive Haltung) und *kulturelle Einflüsse*. Unter kulturellen Einflüssen ist die potenzielle Schutzfunktion von kulturellen oder religiösen Glaubenssätzen und Praxen zu verstehen. Beispielsweise zeigen in den USA lebende Lateinamerikaner einen ähnlichen Status physischer Gesundheit wie die nicht lateinamerikanischen weißen Amerikaner oder sogar einen besseren, obgleich erstere Gruppe einer ganzen Reihe sozioökonomischer und anderer Belastungen ausgesetzt ist.[17] Kulturelle Unterschiede sind ein wichtiger Aspekt, der bei der Planung und Umsetzung von Maßnahmen zur Resilienz-Stärkung am Arbeitsplatz berücksichtigt werden muss.

Christopher Peterson und Martin Seligman zufolge fehlt jedoch in der wissenschaftlichen Literatur „jegliche Diskussion darüber, welche Schutzfaktoren unter welchen belastenden Umständen und hinsichtlich der gewünschten Ergebnisse für wen wichtig sind."[18] Sie nehmen an, dass solcherlei Verbindungen eher allgemeiner denn hochspezifischer Natur sind, doch sollten wir bei unserer Sichtweise stärker die Umweltfaktoren berücksichtigen, wenn es darum geht, Menschen dabei zu helfen, ihre persönliche Resilienz einzuschätzen und zu verbessern.

Dies ist ein Aspekt, den wir bei unserem Ansatz der Resilienz am Arbeitsplatz berücksichtigen möchten – indem wir uns auf einen wissenschaftlich fundierten Rahmen der Hauptursachen für Belastungen und Unterstützung am Arbeitsplatz beziehen.[19] Angesichts der Vielschichtigkeit von Resilienz beeinflussen zweifelsfrei verschiedene Belastungen am Arbeitsplatz jeden Einzelnen in unterschiedlicher Weise. Dies liegt nicht nur an der jeweiligen aktuellen Situation, sondern auch an dem Zusammenspiel von Schutzfaktoren, die die Basis für die individuelle Resilienz darstellen. Jedenfalls profitieren Teilnehmer einer Maßnahme zur Stärkung ihrer Resilienz mit größerer Wahrscheinlichkeit von einer Evaluation ihrer individuellen Resilienz-Stärken und -Schwächen, wenn sich die Analyse im Kontext typischer Herausforderungen und Belastungen bewegt, die sie im täglichen Arbeitsumfeld erleben.

1.3 Resilienz: individuelle Merkmale

Im folgenden Kapitel präsentieren wir den Rahmen, um die Ursachen von Belastungen am Arbeitsplatz sowie die Unterstützung („die Situation") zu verstehen. Zunächst betrachten wir dabei die Seite des Individuums. Dabei geht es um die Frage, welche persönlichen Charakteristiken Resilienz untermauern oder vorhersagen. Tabelle 1.1 zeigt die Bandbreite der Erkenntnisse und Perspektiven zu diesem Thema auf. Die Ergebnisse stammen aus Studien, die sich u. a. mit der Entwicklung von Resilienz in der Kindheit und im Jugendalter beschäftigen sowie mit Resilienz bei Erwachsenen, genetischen und biologischen Determinanten, der sportlichen Leistungsfähigkeit, körperlicher Gesundheit, Therapie und Beratung sowie Umgang mit Wandel in der Organisation.

Autor/ Wissenschaftler	Charaktereigenschaften, die mit Resilienz assoziiert werden	Literatur
Diane Coutu	Vermögen, Realität zu akzeptieren und sich mit ihr zu konfrontieren; Fähigkeit, einen Sinn im Leben zu sehen; Fähigkeit zu improvisieren	„How Resilience Works" in: *Harvard Business Review* on Building Personal and Organizational Resilience[20]
Salvatore Maddi und Deborah Khoshaba	Widerstandsfähigkeit – ein Muster aus Einstellungen und Fertigkeiten *Resiliente Haltungen:* Verpflichtung (Commitment), Kontrolle, Herausforderung *Lebensfertigkeiten:* Umgang mit Übergangssituationen (um Probleme zu lösen), Interaktion mit anderen (um sozialen Rückhalt zu verbessern)	*Resilience at Work: How to Succeed No Matter What Life Throws at You*[21]

Autor / Wissenschaftler	Charaktereigenschaften, die mit Resilienz assoziiert werden	Literatur
Dennis Charney	In der Kindheit und Adoleszenz wurde Resilienz entwickelt. *Schlüsselfaktoren aus der Forschung:* „gute intellektuelle Fähigkeiten, effektive Selbstregulierung von Gefühlen und Bindungsverhalten, ein positives Selbstkonzept, Optimismus, Altruismus, Fähigkeit, die auf ein Trauma zurückgehende erlernte Hilflosigkeit in Selbstwirksamkeit umzuwandeln, und angesichts eines Stressfaktors ein aktiver Bewältigungsstil." *Untersuchungen mit Erwachsenen (meist bei militärischen Missionen):* „die Fähigkeit, sich einer Gruppe mit einer gemeinsamen Zielsetzung anzuschließen, Altruismus einen hohen Wert beizumessen und die Fähigkeit, ein hohes Maß an Angst zu tolerieren und dennoch effektiv Leistung erbringen zu können."	*Psychobiological Mechanisms of Resilience an Vulnerability: Implications for Successful Adaptation to Extreme Stress*[22]
Timothy Smith	Resilienz gegenüber (physischen) Gesundheitsgefährdungen *Negativfaktoren:* anhaltende Wut / Feindseligkeit; Neurotizismus / negative Affektivität wie Nervosität oder Traurigkeit; ein sozial dominanter Stil *Positivfaktoren:* Optimismus, Gewissenhaftigkeit	„Personality as Risk and Resilience in Physical Health"[23]

Autor/ Wissenschaftler	Charaktereigenschaften, die mit Resilienz assoziiert werden	Literatur
Anthony Mancini und George Bonanno	*Resilienz angesichts eines Verlusts:* selbstverstärkende Einstellungen, Bindungsstil, repressiver Bewältigungsstil, A-priori-Glaubenssätze, Fortbestand und Komplexität der Identität und positive Gefühle	„Predictors and Parameters of Resilience to Loss: Toward an Individual Differences Model"[24]
Andrew Skodol	*Resiliente Persönlichkeiten:* Selbstbild (stark, differenziert und integriert), dazu gehören Selbstbewusstsein, Selbstachtung, Selbsteffizienz, Selbstverständnis und Selbstkontrolle *Soziale Kompetenzen:* Geselligkeit, emotionale Ausdrucksfähigkeit und Verständnis für andere	aus Handbook of Adult Resilience[25]

Tabelle 1.1: Beispiele für individuelle Merkmale, die mit Resilienz in Verbindung stehen

In diesem Buch über individuelle Resilienz am Arbeitsplatz gehen wir nicht weiter auf die biologischen, kulturellen, familiären und umweltbedingten Faktoren ein, die einen Einfluss auf die Entwicklung in Kindheit und im Jugendalter nehmen und bestimmen, wie hoch das Niveau an Resilienz bei Belastungen im Job ist. Unser Augenmerk liegt darauf, bei der Evaluation und Entwicklung bestimmter Stärken, die jeder Mensch an seinem Arbeitsplatz mitbringt, zu helfen. Ebenso müssen die Schwierigkeiten berücksichtigt werden, die der Einzelne bewältigen muss, um resilient auf Belastungen im Berufs- und Privatleben reagieren zu können. Daher müssen wir den Zusammenhang zwischen den persönlichen Eigenschaften der Arbeitnehmer, die Hauptursachen für Belastungen ebenso wie Unterstützung am Arbeitsplatz und den Prozess verstehen, durch den Resilienz im Ergebnis entsteht (s. Abb. 1.1). Dieses Wechselspiel wird in der Psychologie häufig als die Interaktion zwischen dem Individuum und der Umwelt bezeichnet. Um zu erläutern, wie dies geschieht, ist ein Rahmen nötig, der das Individuum beschreibt, und ein weiterer für die Situation.

Wie bereits erwähnt, ist unser Bezugsrahmen für die Situation am Arbeitsplatz ein anerkanntes und valides Modell für die Hauptursachen von Belastungen am Arbeitsplatz sowie die unterstützenden Faktoren (s. Kap. 2). Für das Individuum nutzen wir das Fünf-Faktoren-Modell der Persönlichkeit[26], (FFM, auch als Big-Five-Modell bekannt), dabei greifen wir, wo angemessen, auf andere Konstrukte wie die Fähigkeit zu logischen Schlussfolgerungen zurück. Indem wir der Persönlichkeit besondere Bedeutung beimessen, stimmen wir der Sicht von John Mayer und Michael Faber zu, die Persönlichkeit bezeichnen als „das wichtigste psychologische System des Einzelnen, [das] mentale Subsysteme, wie Motive, Gedanken und Selbstkontrolle, lenkt und organisiert."[27] Dieses System stellt das Produkt der Interaktion aus biologischen, umweltbedingten und anderen Faktoren in der Kindheit und im Jugendalter dar.

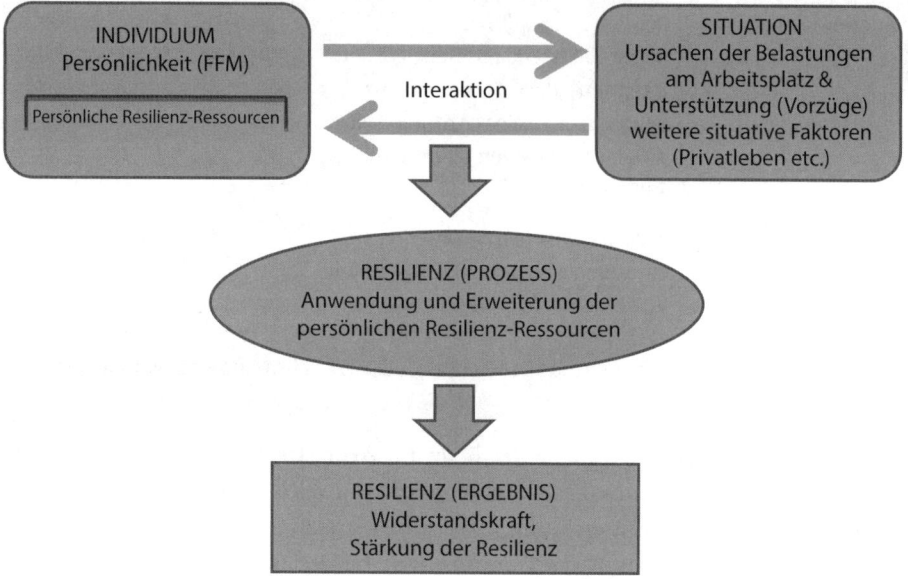

Abbildung 1.1: Rahmen zum Verständnis von Resilienz eines Arbeitnehmers bei Belastungen am Arbeitsplatz

Wir verwenden das FFM, um die Verknüpfung zwischen dem Individuum und der Arbeitssituation dazustellen, da das Modell gemeinhin als die robusteste und am gründlichsten erforschte Beschreibung der Persönlichkeitsstruktur von Erwachsenen gilt.[28] Darüber hinaus haben wir selbst und andere viele Jahre den Zusammenhang zwischen Charaktermerkmalen des FFM auf der einen Seite und den Ergebnissen (dazu zählen Leistung und Wohlbefinden), die mit der Arbeit in Verbindung stehen, auf der anderen erforscht.[29]

Gründe für das FFM

Das Fünf-Faktoren-Modell der Persönlichkeit hielt 1991 Einzug in den Mainstream der Persönlichkeitsforschung aufgrund von zwei einflussreichen Studien.[30]

Beide

- waren „Metaanalysen", sie fassten die Ergebnisse kleinerer Studien zusammen und analysierten sie, indem sie eine breite Auswahl an Erhebungen von Persönlichkeitsmerkmalen verwendeten;
- bezogen sich unmittelbar auf die Validität von Persönlichkeitsmerkmalen für die Prognose von Arbeitsleistung;
- nutzten das FFM als den übergeordneten Rahmen, um unterschiedliche Persönlichkeitsmodelle, die von den kleineren Studien eingesetzt wurden, zu kombinieren;
- kamen zu einflussreichen Ergebnissen, was den Zusammenhang zwischen Persönlichkeit und Leistung am Arbeitsplatz anging.

Das FFM wurde eingesetzt, weil es auf immer größeren Konsens unter Experten stieß, was auf diesem Gebiet noch nie da gewesen war. Diese Zustimmung bezog sich auf die Anzahl der Persönlichkeitsfaktoren (Cluster von Charakterzügen) und die beste Art, Persönlichkeit zu beschreiben und zu kategorisieren. Sogar überzeugte Unterstützer des 16-Persönlichkeits-Faktoren-Tests (16PF[31]), von Myers-Briggs[32] und dem Occupational Personality Questionnaire (OPQ[33]) mussten in einer Reihe von Studien und Artikeln schnell feststellen, dass diese Instrumente der Struktur des Fünf-Faktoren-Modells unterlegen waren. In den 1990er-Jahren revolutionierten die Forscher, die das FFM einsetzten, daher die Einschätzung von Persönlichkeit, um die kompetenzbasierte Leistung und andere Arbeitsergebnisse vorherzusagen und weiterzuentwickeln.

In hohem Maße ungenutzt blieb dieses Potenzial jedoch, wenn es um die Auswahl und Bewertung in Arbeitszusammenhängen ging. Dafür gibt es eine Reihe von nachvollziehbaren Gründen, beispielsweise die Vormachtstellung gewisser kommerzieller Erhebungsmethoden für Persönlichkeitsmerkmale auf dem Markt. Außerdem ist die Wirkmächtigkeit des FFMs auf seine detaillierte Ausarbeitung zurückzuführen (wie beispielsweise die 36 Aspekte umfassende Skala seines renommiertesten Fragebogens, dem NEO PI-R), während die meisten populären Messinstrumente für die Anwendung am Arbeitsplatz sehr einfache und intuitive zusammenfassende Profile abbilden. Doch findet das FFM mit der Zeit immer weitere Verbreitung. Ursächlich dafür sind gut informierte Praktiker und einzelne Berichte auf Grundlage von Expertensystemen, die die Details zugänglicher und damit intuitiver nutzbar machen.[34]

Warnung: Die Bezeichnungen, die die Skalen typischerweise tragen (s. Abb. 1.2), suggerieren, es sei „besser", sich einem Ende der Skala zuzuordnen als dem anderen, beispielsweise emotional stabil zu sein anstatt neurotisch. Schaut man jedoch hinter diese Begriffe, muss man feststellen, dass beide Pole der Skalen Gefahren bergen. Menschen, die einen sehr niedrigen Wert für die Ausprägung Neurotizismus haben, können sich und andere beispielsweise in Gefahr bringen, weil sie ein Problem unterschätzen, während Menschen, die einen sehr hohen Wert für Gewissenhaftigkeit haben, inflexibel sein können. Forschungserkenntnisse scheinen zu belegen, dass es einen evolutionären Vorteil gibt, unterschiedliche Persönlichkeitszüge in verschiedenen Situationen zu zeigen – Ängstlichkeit kann in einigen Situationen das eigene Überleben sichern, Konservativismus oder Introversion in anderen etc.

Im Normalfall bemühten sich die Wissenschaftler darum, eine begrenzte Anzahl von spezifischen Persönlichkeitsmerkmalen zu identifizieren, durch die sich äußerst resiliente Menschen auszeichnen. Demgegenüber steht ein umfassendes Persönlichkeitsmodell wie das FFM, das die unterschiedlichen Weisen untersucht, wie jedes einzelne Charakteristikum oder die Kombinationen von ihnen in verschiedenen Situationen zur Resilienz beitragen. Der Ansatz der „resilienten Persönlichkeit" lässt sich mit dem Modell der psychologischen Widerstandsfähigkeit beschreiben, das eines der wenigen Modelle ist, die speziell für den beruflichen Kontext entwickelt worden sind.

OFFENHEIT FÜR ERFAHRUNGEN

konventionell / konservativ   offen für Erfahrungen

Spezielle Persönlichkeitsmerkmale:
Kreativität, Sinn für Ästhetik, Offenheit für emotionale Erfahrungen, Offenheit für neue Tätigkeiten und Herangehensweisen, intellektuelle Neugier, Offenheit verschiedenen Wertvorstellungen gegenüber

GEWISSENHAFTIGKEIT

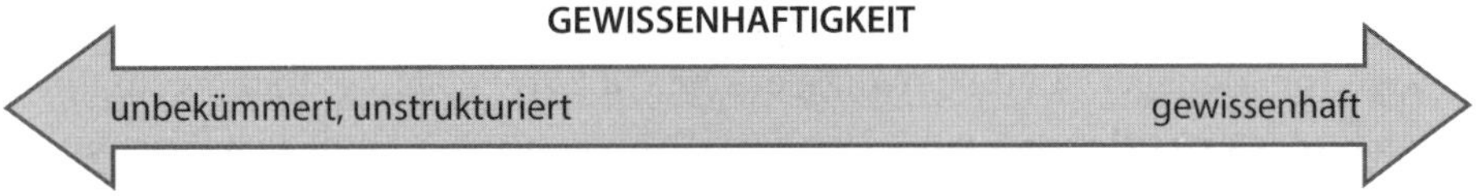

unbekümmert, unstrukturiert   gewissenhaft

Spezielle Persönlichkeitsmerkmale:
Gefühl, kompetent zu sein, Ordnungssinn, Pflichtbewusstsein, Zielstrebigkeit, Selbstdisziplin, Bedächtigkeit

EXTRAVERSION

introvertiert   extravertiert

Spezielle Persönlichkeitsmerkmale:
Wärme, Geselligkeit, Durchsetzungsvermögen, Aktivität / Energie, Wunsch nach Aufregung, positive Emotionen

VERTRÄGLICHKEIT

egozentrisch, skeptisch   selbstlos, kooperativ

Spezielle Persönlichkeitsmerkmale:
Bereitschaft, anderen zu vertrauen, Direktheit / offen seine Meinung sagen, Selbstlosigkeit, Konformität / Toleranz, Bescheidenheit, Mitgefühl / Sympathie

NEUROTIZISMUS

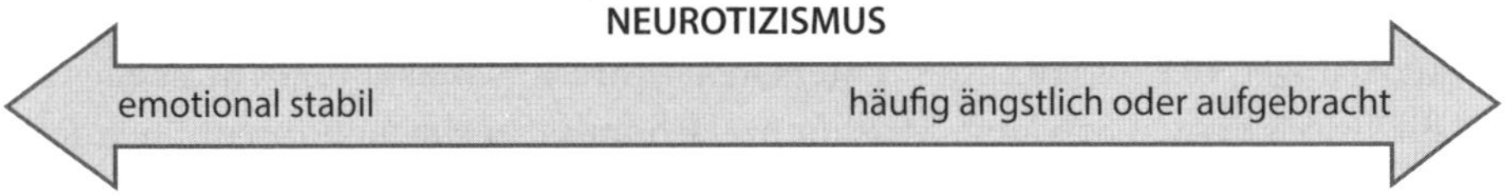

emotional stabil   häufig ängstlich oder aufgebracht

Spezielle Persönlichkeitsmerkmale:
Ängstlichkeit, wütende Feindschaft, Depression, Befangenheit, Impulsivität (geringe Selbstkontrolle), Stressanfälligkeit

Hinweis: Spezielle Persönlichkeitsmerkmale wurden abgeleitet vom NEO PI-R-Fragebogen und ähnlichen Rahmenwerken.

Abbildung 1.2: Fünf-Faktoren-Modell der Persönlichkeit in der Übersicht

Psychologische Widerstandsfähigkeit

Einige der in Tabelle 1.1 (S. 29–31) genannten Wissenschaftler bezogen persönliche Charaktereigenschaften als ein Element in ihre Untersuchung von Resilienz mit ein. Andere konzentrierten sich darauf, gerade diese individuellen Unterschiede zu identifizieren. Beispielsweise dokumentierte Suzanne Kobasa[35] 1979 ihre Ergebnisse über die Schutzfunktion einer Reihe von Persönlichkeitsmerkmalen, die sie als „Widerstandsfähigkeit" *(hardiness)* bezeichnete. In ihrer Untersuchung verglich sie eine Gruppe von Managern und Führungspersonen, die stressbedingt unter gesundheitlichen Problemen litten, mit einer zweiten Gruppe, die unter ähnlichen Belastungen gesund blieben. Bei denjenigen, die auch unter hohem Druck gesund waren, stellte sie bei drei Merkmalen ein höheres Niveau fest: die Dispositionen Engagement, Kontrolle und Herausforderung („3Cs": *commitment, control, challenge). Engagement* bezieht sich auf das Einbringen in die Umwelt und das Bewusstsein, einen Zweck oder Sinn zu haben. *Kontrolle* beschreibt das Gefühl, in der Lage zu sein, Ereignisse beeinflussen zu können (manchmal auch als internen Ort der Kontrolle bezeichnet). *Herausforderung* verweist auf eine Haltung, Veränderungen als normal zu empfinden und zu begrüßen, sie also eher als Chance denn als Bedrohung zu sehen.

Diese Arbeit gehört zu einer langen und beständigen Forschungstradition, an der eine Reihe von einflussreichen Psychologen wie Salvatore Maddi mitarbeiteten, der schließlich das *Hardiness Institute* in Kalifornien gründete, und Mihaly Csikszentmihalyi, eine zentrale Figur der Positiven-Psychologie-Bewegung. Weitere Forschungsarbeiten konzentrierten sich besonders auf das Konzept der Widerstandsfähigkeit. Darunter war eine groß angelegte Studie, die über zwölf Jahre (1975–1986) Vorgesetzte und Manager der Firma *Illinois Bell Telephone* während umfassender Veränderungen der Organisation untersuchte. Ihre Ergebnisse und Konsequenzen für die Praxis fassten Salvatore Maddi und Deborah Khoshaba in ihrem Buch *Resilience at Work: How to Succeed No Matter What Life Throws at You*[36] zusammen. Interessanterweise werden in dieser späteren Beschreibung von Widerstandsfähigkeit die drei Charaktermerkmale Engagement, Kontrolle und Herausforderung als „resiliente Haltungen", nicht als Dispositionen dargestellt. Sie werden durch „zwei lebenswichtige Fähigkeiten" ergänzt, nämlich der Bewältigung von sich verändernden Verhältnissen (die Umwandlung von potenziell belastenden Veränderungen zum eigenen Vorteil) sowie der Unterstützung vom sozialen Umfeld (Umgang mit anderen in konstruktiver Weise, sodass Beziehungen aufgebaut und erhalten werden). Dieser Wandel stimmt mit unserer Sicht von Resilienz als Prozess und Ergebnis überein, die von beständigeren Persönlichkeitsmerkmalen und anderen individuellen Charakteristika untermauert werden – im Gegensatz zur Annahme, Resilienz sei ein oder eine Reihe von Persönlichkeitsmerkmalen.

Mentale Stärke im Sport

Während viele Untersuchungen sich mit Widerstandsfähigkeit im Kontext von Supervision und Management in Organisationen beschäftigten, gewann das verwandte Konzept „mentale Stärke" in der Welt des Sports an Bedeutung. Angesichts der Bedeutungsvielfalt der Bezeichnung ist es vielleicht nicht weiter überraschend, dass mentale Stärke in unterschiedlichen Zusammenhängen unterschiedliche Bedeutung hat. Diese Situation wird nicht gerade dadurch verbessert, dass offensichtlich ein Mangel an Klarheit und konsequenter Forschung auf diesem Gebiet herrscht.[37] In einer der zuverlässigeren Untersuchungen bezogen sich Peter Clough und Keith Earle[38] unmittelbar auf die Erforschung mentaler Stärke und ihre eigenen Ergebnisse aus der Befragung von Spielern in der Rugby-Liga. Sie warteten mit einem neuen Modell auf und entwickelten einen Fragebogen, den MTQ48, *Mental Toughness Questionnaire 48*. Zu den bisherigen drei Aspekten Engagement, Kontrolle und Herausforderung fügten sie einen vierten hinzu: *Vertrauen* im Sinne von Vertrauen in interpersonale Situationen und Vertrauen in die eigenen Fähigkeiten. Jüngere Untersuchungen beschäftigten sich mit dem Zusammenhang von mentaler Stärke und verschiedenen Eigenschaften, die für Resilienz von Belang sind. In einer dieser Studien wurde der Zusammenhang zwischen mentaler Stärke und Optimismus sowie die Fähigkeit, Belastungen zu bewältigen, insbesondere mit der Tendenz, Probleme direkt anzugehen, anstatt ihnen auszuweichen, belegt.[39]

1.4 Individuelle Persönlichkeitsmerkmale, die Resilienz stärken: häufige Themen

Es existieren zahlreiche weitere Theorien und Ansätze bezüglich der Untersuchung individueller Unterschiede in der Reaktion auf Belastungen. Einige davon werden wir in späteren Kapiteln berücksichtigen, wenn es um das Forschungsdesign und die Implementierung von Maßnahmen zur Stärkung von Resilienz am Arbeitsplatz geht. Jedoch treten einige klare Gemeinsamkeiten und Themen auf, die wir im Folgenden darstellen werden.

Intelligenz und Problemlösung

Der Zusammenhang zwischen Ängstlichkeit / Besorgnis, Stress und Leistungsvermögen am Arbeitsplatz ist komplex, wie man seit Langem weiß. Angst und Stress sind eindeutig miteinander verknüpft, und ein hohes Niveau an Stress beeinträchtigt die Arbeitsleistung. Jedoch scheint das Persönlichkeitsmerkmal Ängstlichkeit (im Sinne von typischerweise eine ängstliche / besorgte Person sein) weniger einen negativen Effekt auf die Performance zu haben als angenommen. Wie sich herausstellt, liegt das an anderen Faktoren, die dabei ins Spiel kommen und bestimmen, in welchem Ausmaß Ängstlichkeit einen hinderlichen Effekt hat. Einer dieser Faktoren ist Intelligenz bzw. logisches Denken oder kognitive Fähigkeit. Intellektuelle Kompetenz hilft einfach, eine Situation einzuschätzen, Lösungen zu erkennen, Optionen zu bewerten und einen Handlungsplan zu erstellen. Auch Menschen mit guten Problemlösefähigkeiten können ängstlich sein, aber sie haben eine höhere Chance, die Lösung eines Problems zu erkennen. Ihre intellektuellen Fähigkeiten wirken als Schutzfaktor gegen Stress und Leistungsabfall. Unter diesen Umständen kann ein gewisses Maß an Ängstlichkeit Resilienz sogar zuträglich sein, da durch sie sichergestellt wird, dass Probleme erkannt und angegangen werden.

Das wiederum heißt nicht, dass die resilientesten Menschen automatisch die intelligentesten sind. Es geht mehr um die Frage, ob jemand in der Lage ist, ein zutreffendes Verständnis der eigenen Situation zu bekommen und ihre mögliche zukünftige Entwicklung vorauszusehen sowie die eigenen Optionen richtig einzuschätzen. Jedoch gibt es in der Tat Hinweise darauf, dass Menschen mit einem höheren Intelligenzniveau empfänglicher für bestimmte Arten von Belastungen sind als andere.[40]

Heutzutage wird „die Fähigkeit, logisch zu denken", nicht mehr als die einzige Art von Intelligenz betrachtet. Der Psychologe und Autor Daniel Goleman hat für die Popularität seiner Idee der emotionalen Intelligenz gesorgt: „Emotionale Intelligenz lässt sich feststellen, wenn eine Person zu gegebener Zeit und ausreichend häufig eine Kombination von Kompetenzen zeigt, die aus Selbst-Einsicht, Selbst-Management, sozialem Bewusstsein und Sozialkompetenzen besteht und die sich in der jeweiligen Situation als effektiv erweist."[41] Davor bezeichnete man besagte Kompetenz als soziale / interpersonelle Intelligenz, intrapersonelle / persönliche Intelligenz und praktische Intelligenz. Diese Konstrukte werden manchmal als „heiße Intelligenz" zusammengefasst, um zum Ausdruck zu bringen, dass sie eng mit Emotionen verbunden ist, und um sie von „kalter", logischer Intelligenz, die mit Standardtests für logisches Denken und dem „IQ" messbar ist, zu unterscheiden. Diese „heißen" Formen von Intelligenz spielen bei der Resilienz eine große Rolle, darauf gehen wir in den folgenden Abschnitten noch näher ein.

Selbstkontrolle

Selbstkontrolle, manchmal auch Selbstmanagement oder Selbstregulierung genannt, beinhaltet die Fähigkeit, die eigenen Gefühle und sein Verhalten zu kontrollieren, sodass es für einen selbst und die Menschen um einen herum zu einem positiven Ergebnis führt. Hier spielen verschiedene Faktoren zusammen, die sich individuell unterscheiden. Dazu gehört, bestimmte Aspekte der sozialen Umwelt selektiv wahrzunehmen und „Belohnungen" aufschieben zu können – sich beispielsweise bei seinen Lieblingskeksen zurückzuhalten, um im Urlaub wieder in die Badeshorts zu passen!

Wie bei allen persönlichen Charaktermerkmalen ist Selbstkontrolle ein Ergebnis des Zusammenspiels von verschiedenen biologischen, sozialen und Umweltfaktoren. Der Zusammenhang mit der Erziehung im Kindesalter ist klar. Viele Eltern verwenden viel Energie auf die Entwicklung der Fähigkeit ihres Kindes, mit Emotionen umzugehen und sein Verhalten anzupassen. In der Tradition der Psychoanalyse, den Theorien von Sigmund Freud, Carl Gustav Jung und ihren Kollegen folgend, war der Prozess der Entwicklung von Selbstkontrolle und ihre Implikationen ein wichtiger Aspekt für Psychologen und Psychiater.

In der am häufigsten verwendeten Version des Fünf-Faktoren-Modells (s. Abb. 1.2, S. 35) wird die Skala „Impulsivität" unter dem Merkmals-Cluster *Neurotizismus* eingeordnet. Dabei wird ein hohes Maß an Impulsivität mit einem geringen Maß an Selbstkontrolle gleichgesetzt. *Neurotizismus,* dessen Gegenpol gemeinhin als *emotionale Stabilität* bezeichnet wird, wird häufig mit einem Mangel an Resilienz assoziiert.

Erwachsene mit geringer Selbstkontrolle tendieren dazu, ihren Impulsen nachzugeben, obgleich eine warnende innere Stimme ihnen davon abrät. Zu den zahlreichen Gründen, warum sich dies negativ auf ihre Resilienz auswirkt, gehört der potenzielle Schaden an ihrem Selbstwertgefühl und an den Beziehungen zu Freunden und Familie, die eine wichtige Unterstützung in schweren Zeiten sein können.

Selbstwahrnehmung

Wie die Beobachtungen zum Thema Selbstkontrolle, Selbstwertgefühl und Beziehungen zeigen, sind die Verbindungen zwischen den verschiedenen resilienzbezogenen Persönlichkeitsmerkmalen und Fähigkeiten so zahlreich wie komplex. Es ist schwer vorstellbar, dass jemand seine Emotionen und sein Verhalten effektiv managt, ohne sich einigermaßen treffend selbst wahrzunehmen. Menschen, die wissen, warum sie sich so oder so fühlen und die voraussagen können, wie sie auf bestimmte

Umstände reagieren, verfügen über eine bessere Ausgangsposition, wenn es darum geht zu entscheiden, was als Nächstes zu tun ist. Dennoch ignorieren sie vielleicht die innere Stimme und gehen ihrem ersten Impuls nach. Es ist sehr gut möglich, zwar über eine gute Selbstwahrnehmung zu verfügen, aber dennoch kaum Selbstkontrolle zu haben.

Selbstwahrnehmung ist darüber hinaus eng mit der Entwicklung und Pflege von unterstützenden Beziehungen verknüpft. Menschen mit einer mangelnden Selbstwahrnehmung stellen zum Beispiel fest, dass sie andere verärgern, ohne vorherzusehen, dass dies wahrscheinlich geschehen wird – nicht aus böser Absicht, sondern weil sie keinen Zugang zu ihren eigenen Haltungen, Annahmen oder Gefühlen haben. Dies liegt beispielsweise vor, wenn jemand wütender ist, als er oder sie es selbst wahrnimmt. Diese Person spricht vielleicht in einem Tonfall, der ihren ganzen Ärger deutlich macht, obgleich sie versucht, mit der Situation rational und konstruktiv umzugehen.

Wahrnehmung von anderen bzw. Empathie

Das Komplementär zu Selbstwahrnehmung ist die Wahrnehmung von anderen, die Fähigkeit, schnell aus dem Gesagten oder dem Handeln anderer zu schließen, wie sie sich fühlen, und daraus zutreffende Schlüsse zu ziehen, was sie denken. Diese Informationen über die Gedanken, Haltungen und Intentionen der Kollegen sind in vielfacher Hinsicht von unschätzbarem Wert. Sie dienen dazu, Teams zu motivieren, tragfähige Beziehungen zu gestalten und auch bei den härtesten Verhandlungen eine Einigung zu erzielen. Ohne die Wahrnehmung von anderen stochert man im Dunkeln, während man versucht, sich durch das Minenfeld zwischenmenschlicher Beziehungen hindurchzumanövrieren.

Häufig wird die Wahrnehmung von anderen als „Empathie" bezeichnet. Dabei geht es um die Fähigkeit, sich in die Situation des anderen zu versetzen und seine Gefühle zu erkennen. Doch Empathie bedeutet mehr, als einfach nur die Emotionen eines anderen Menschen zu erahnen, sie beinhaltet auch, dass man dieselbe Emotion zu einem gewissen Grad selbst durchlebt. Das hängt mit Mitgefühl zusammen, doch steckt ein anderes Konzept dahinter. Mitgefühl ist eine unterstützende Reaktion auf die Schwierigkeiten oder Sorgen eines anderen Menschen. Man kann die Situation seines Gegenübers mitfühlend betrachten, ohne notwendigerweise seine Gefühlszustände selbst zu durchleiden. Ebenso ist es denkbar, keinerlei Mitgefühl mit jemandem zu haben – beispielsweise, wenn ein Verhandlungspartner eine höhere Summe verlangt als vernünftig erscheint –, und doch können Sie sehr gut nachempfinden, wie ihm zumute ist (Empathie) und warum er diese Forderung stellt.

Genau zu verstehen, warum jemand eine bestimmte Entscheidung getroffen hat, ba-siert nicht unbedingt darauf, vorab einzuordnen, wie jemand sich fühlt. Die Emo-tionen von anderen zu erkennen, versetzt einen recht gut in die Lage, Hypothesen da-rüber zu bilden, wie sie in der Vergangenheit reagiert haben und wie ihre Reaktionen in Zukunft aussehen werden – doch bleiben es immer Hypothesen. Auch wenn man ganz zutreffend die Emotionen eines anderen Menschen erkannt hat, weiß man noch immer nicht, was er denkt. Vielleicht ist der andere darüber frustriert, dass man so begriffsstutzig ist, oder von sich selbst enttäuscht, dass er die Antwort auf seine Frage nicht kennt. Nur zu wissen, dass jemand frustriert ist, reicht aber nicht aus, um auch zu wissen, wie man sich in dieser Situation dem anderen gegenüber verhalten soll. Die Emotionen zu erkennen, gibt noch nicht mal einen guten Hinweis darauf, wie der andere die Situation einschätzt.

Einen anderen Menschen vollkommen wahrzunehmen, bedeutet, zu erkennen, wie er sich fühlt, und daraus objektive, belastbare Schlüsse zu ziehen, welche Haltun-gen, Gedanken und Glaubenssätze diese Emotionen auslösen. Um konstruktive und unterstützende Beziehungen am Arbeitsplatz entwickeln, unterhalten und managen zu können, stellt die Wahrnehmung anderer den ersten Schritt zu einem Schutzfak-tor für Resilienz dar. Sie ist (zum Beispiel in harten Verhandlungen) auch eine der wichtigsten Fähigkeiten, die man braucht, um sich selbst vor schädlichen Vorhaben anderer Menschen zu schützen und um in Anbetracht schwieriger Umstände für sich selbst, das Team, Auftraggeber, Klienten und andere Akteure zu positiven Er-gebnissen zu kommen.

Hinsichtlich des FFM ist die Wahrnehmung von anderen und die des Selbst am engsten mit den spezifischen Charaktermerkmalen der *Offenheit gegenüber emotio-nalen Erfahrungen* verwandt. Diese Nähe ist allerdings nicht so einfach und direkt wie im Fall der Selbstkontrolle. Man kann beispielsweise davon ausgehen, dass das gesellige Interesse an anderen Menschen auch eine wichtige Rolle bei der Wahrneh-mung von anderen spielt.

Geselligkeit

Geselligkeit und das damit verbundene Merkmal der *Wärme* wurden von Resilienz-forschern als an sich wichtige Aspekte für Resilienz ermittelt, abgesehen von ihrer Rolle bei der Entwicklung der Wahrnehmung anderer Menschen. Personen, die sich an der Gesellschaft anderer erfreuen, haben eher die Tendenz, Möglichkeiten des Beziehungsaufbaus zu nutzen, und sie verwenden typischerweise mehr Energie da-rauf, ein hohes Maß an Interaktion zu unterhalten. Wärme und Geselligkeit sind im FFM innerhalb des Clusters *Extraversion* zwei spezifische Persönlichkeitsmerkmale. Es gibt Forscher, die davon ausgehen, dass Extraversion insgesamt ein positiver Prädiktor für Resilienz darstellt. Dies mag der Fall sein, wenn Extraversion als einzelner übergreifender Faktor erhoben wird, geht man jedoch tiefer ins Detail, zeigt sich ein Aspekt von Extraversion, der mit Resilienz komplexer verwoben ist. Es geht um das Charaktermerkmal *Dominanz* oder *Durchsetzungsvermögen.* In Tabelle 1.1 (S. 29–31) wird ein sozial dominanter Stil als negativer Prädiktor für Resilienz dargestellt, betrachtet man die Ergebnisse bezüglich der physischen Gesundheit. Scheinbar beinhaltet ungeduldiges und bestimmendes Verhalten gewisse Risiken für auf Stress basierende Gesundheitsgefährdungen. Es liegt außerdem nahe, dass es sich ebenfalls negativ auf die psychologische Resilienz auswirkt. Als Beispiel sei hier nur der Einfluss eines übertrieben dominanten Verhaltens auf die Beziehung zu Kollegen genannt.

Ein weiteres Persönlichkeitsmerkmal, das mit Resilienz nur mittelbar verbunden ist, ist der FFM-Faktor der *Verträglichkeit,* also der mitfühlende und kooperative Umgang mit anderen Menschen. Einige Autoren, die sich mit Resilienz beschäftigen, fassen Geselligkeit und Verträglichkeit zusammen, was auf den ersten Blick vollkommen nachvollziehbar ist. Sind doch beide Merkmale wichtig, um gute Beziehungen zu anderen aufzubauen und zu unterhalten. Extraversion und Verträglichkeit sind jedoch jeweils deutlich ausgeprägte Persönlichkeitsfaktoren, und es ist sehr gut möglich, dass jemand ein hohes Maß an Extraversion zeigt, dabei aber über geringe Verträglichkeit verfügt. Dieses Verhaltensmuster wird auch als „unangenehm extravertiert" bezeichnet. Einige Menschen sind offen und gesellig und dabei gleichzeitig ihren Mitmenschen gegenüber recht konkurrenzbewusst und starrsinnig. Die Feststellung, dass diese Menschen bei näherem Kennenlernen weniger „knuddelig" sind als vermutet, kommt dann für viele überraschend.

Jedoch wurde in Studien, die ein hohes Niveau an Verträglichkeit mit einem hohen Maß an Resilienz in Verbindung bringen, möglicherweise ein wichtiges Detail übersehen. Sicherlich ist es zur Bildung eines unterstützenden Netzwerks, das für die eigene Resilienz unabdingbar ist, wichtig, Freunde, Familienangehörige und Kollegen zu unterstützen. Dennoch gibt es viele Situationen, in denen Resilienz untergraben wird, ist die betreffende Person zu naiv, vertrauensselig oder zu wenig durchsetzungsstark – Eigenschaften, die allesamt dem Faktor Verträglichkeit zuzurechnen sind.

An dieser Stelle scheitern die Versuche, die „resiliente Persönlichkeit" zu definieren. Da Resilienz multidimensional ist, können Persönlichkeitsmerkmale wie Verträglichkeit in der Realität in gewisser Hinsicht positiv sein – etwa um tragfähige Beziehungen aufzubauen –, aber in anderen Situationen negativ, nämlich wenn man sich beispielsweise gegen unverschämte Forderungen nicht zur Wehr setzen kann. Darüber hinaus können Charakteristika, die in bestimmten Situationen eine Schutzfunktion erfüllen, im Übermaß einen gegenteiligen Effekt haben. Beispielsweise ist Kompromissbereitschaft in Beziehungen positiv, da Verhalten dadurch flexibel bleibt, im Extrem verwandelt sie sich jedoch in Konfliktscheue, die zum Scheitern einer Beziehung führen kann, wenn Probleme nicht offen und zeitnah angesprochen werden.

Gewissenhaftigkeit

In der Forschung gilt ein weiterer FFM-Faktor für Resilienz als wichtig: *Gewissenhaftigkeit*. Dazu gehören *Pflichtgefühl*, eine Neigung zu Ordnung und Struktur *(Ordnungssinn)* und eine ausgeprägte *Selbstdisziplin*. Auch der Wunsch, etwas zu erreichen, wird als ein Aspekt von Gewissenhaftigkeit angesehen, obgleich andere Modelle dieses Persönlichkeitsmerkmal als einen getrennten Faktor nennen. Wie bei Verträglichkeit scheint das Verhältnis von Gewissenhaftigkeit und Resilienz zu allgemein und grob erhoben worden zu sein. Schaut man sich die Details an, sehen wir ein ähnliches Muster wie oben beschrieben. Ist jemand gut organisiert, weil er einen ausgeprägten Ordnungssinn hat, kann dieses Verhalten nützlich sein, um Problemen zuvorzukommen und mit Druck umzugehen. Jedoch steht es außer Zweifel, dass ein übersteigertes Ordnungsbedürfnis es erschwert, auf Situationen angemessen und flexibel zu reagieren.

Anpassungs- bzw. Improvisationsfähigkeit

Die Fähigkeit, sich an veränderte Umstände anzupassen, gehört in der heutigen Arbeitswelt zu den typischen Resilienz-Voraussetzungen. Offensichtlich stehen diejenigen, denen es schwerfällt, sich auf schnelle und ständige Veränderungen einzustellen, unter wachsendem Druck, da die soziale, wirtschaftliche und umweltbedingte Ungewissheit eskaliert und sich Organisationen dementsprechend ständig neu erfinden müssen, um überleben zu können. Sowohl heiße als auch kalte Intelligenz sind Determinanten für Anpassungsfähigkeit. Darüber hinaus haben Studien, in denen andere Persönlichkeitsmerkmale und Kompetenzen[42] in Verbindung gesetzt wurden, eine ganze Reihe interessanter Ergebnisse erbracht.

In Bezug auf den gerade genannten Aspekt Gewissenhaftigkeit gibt es Hinweise darauf, dass zwischen moderat niedrigen Werten bei bestimmten Merkmalen von Gewissenhaftigkeit auf der einen und der Fähigkeit, flexibel zu denken und zu reagieren auf der anderen Seite eine positive Korrelation besteht. Menschen, die eher unstrukturiert an eine Sache herangehen, die die Dinge lieber offenlassen, die Details nicht so gern im Voraus planen und organisieren, sind im Vorteil, wenn sie flexibel auf etwas reagieren und kreative Lösungen entwickeln müssen. Das trifft insbesondere dann zu, wenn sie gern schnell umdenken und agieren, ohne alle Fakten zu kennen.

Das soll nicht heißen, dass es organisierten und strukturierten Menschen an Anpassungsfähigkeit mangelt. Natürlich kann Planung dabei helfen, auf sich verändernde Situationen und Anforderungen zu reagieren. Jedoch hängt die persönliche Resilienz mit ihren Stärken und Risiken sehr davon ab, ob es sich um einen von Haus aus sehr organisierten Menschen oder um jemanden handelt, der es vorzieht, die Dinge so zu nehmen, wie sie kommen. Hier ist es – noch einmal – entscheidend, die Komplexität von Resilienz ebenso zu berücksichtigen wie die Risiken, die Persönlichkeitsmerkmale in extremen Ausprägungen bergen.

Der FFM-Aspekt, der der Anpassungsfähigkeit am nächsten kommt, ist die *Offenheit für Erfahrungen,* insbesondere die Persönlichkeitsmerkmale Fantasie, Offenheit neuen Aktivitäten und Ansätzen gegenüber sowie intellektuelle Neugierde. Von allen Persönlichkeitsfaktoren ist die Offenheit am stärksten von den intellektuellen Fähigkeiten wie Kreativität und Problemlösungsvermögen abhängig. Bei unseren Untersuchungen fanden wir heraus, dass sie einer der wichtigsten Prädiktoren für die Führungskompetenz, strategisch Perspektiven zu entwickeln, ist, also dafür, das große Ganze zu sehen und zukünftige Herausforderungen und Bedarfe zu erkennen und auf sie zu reagieren.

Positive Gefühle

Dass positive Gefühle mit Resilienz zu tun haben, ist vielleicht zu offensichtlich, um den Zusammenhang überhaupt zu erwähnen. Jedoch lautet die interessante Frage, wie dieser Zusammenhang sich gestaltet. Betrachtet man Resilienz als Ergebnis, dann kann man davon ausgehen, dass Menschen, die dieses Ergebnis erreichen, sich gut fühlen. Ohne Zweifel hat die Bewältigung einer großen Herausforderung diesen Effekt, doch scheinbar stimmt auch das Gegenteil: Dass die Erfahrung positiver Gefühle genauso eine wichtige Rolle dabei spielen kann, überhaupt resilient auf eine Schwierigkeit zu reagieren.

Die Wissenschaftlerinnen der Positiven Psychologie Michele Tugade und Barbara Fredrickson[43] untersuchten, wie resiliente Menschen scheinbar aktiv positive Emotionen generieren, sobald sie sich einer möglicherweise belastenden Situation ausgesetzt sehen. Verschiedene Untersuchungen brachten Belege hervor, dass diese Menschen sich verschiedener Strategien bedienen, darunter Humor, Entspannung und optimistisches Denken. Tugade und Fredrickson machten sich daran, eingehender zu untersuchen, wie der Zusammenhang zwischen positiven Gefühlen und Resilienz funktioniert, wobei sie sich auf die Broaden-and-Build-Theorie positiver Emotionen beriefen. Diese Theorie besagt, dass die Bandbreite der Gedanken und Handlungen einer Person durch die Erfahrung positiver Emotionen erweitert wird, mit dem Ergebnis, dass die persönlichen Ressourcen gestärkt werden.

Tugades und Fredricksons Studien belegten, dass die Entwicklung von positiven Gefühlen eine Bewältigungsstrategie an sich darstellt und nicht einfach nur das Ergebnis ist, auf eine Situation auf resiliente Weise zu reagieren. Einige der Forschungsergebnisse stammen aus der Untersuchung von Reaktionen auf das Terrorattentat vom 11. September 2001. Diese Studie erforschte insbesondere Resilienz, positive Affekte (positive Emotionen) und das FFM. Die Ergebnisse legten nahe, dass ein geringes Maß an Neurotizismus und hohe Werte in Extraversion und Offenheit gegenüber Erfahrungen zu positiven Affekten führen, und wurden mit resilienten Ergebnissen in Verbindung gebracht.[44]

Andere Belege deuten darauf hin, dass diese Persönlichkeitsmerkmale, insbesondere Neurotizismus und Extraversion, zumindest zum Teil „fest verdrahtet" sind, also auf biologischen Prädispositionen beruhen. Unzweifelhaft ist, dass jeder Mensch sich auf einem Kontinuum jedes dieser Merkmale befindet, beispielsweise zwischen Introversion und Extraversion. Daraus lässt sich folgern, dass Menschen im Vorteil sind, wenn sie positive Emotionen generieren können, die sie vor Stress schützen und ihnen ermöglichen, Rückschläge zu meistern.

Positive Einstellungen und Überzeugungen

Um zu verstehen, wie positive Emotionen von der betreffenden Person kontrolliert werden können, müssen wir uns einen Aspekt von Resilienz anschauen, der vielleicht wichtiger als alle anderen ist, wenn es darum geht, Maßnahmen zur Stärkung von Resilienz am Arbeitsplatz zu entwickeln. Es geht darum, welche Macht den eigenen Gedanken, Einstellungen und Überzeugungen innewohnt und wie sie die Gefühle und das Verhalten des Menschen steuern. Geschieht jemandem etwas Positives, bemerkt der Betreffende zuerst, dass er sich gut fühlt, bevor er seine Reflexionen oder Gedanken darüber wahrnimmt. In vielen Fällen kann man gar nicht greifen, was diese Gedanken oder Überzeugungen sind, auch wenn die vorherrschenden Gefühle sehr stark sind. Dennoch konnte vor einigen Jahren bewiesen werden, dass die Reihenfolge der Ereignisse immer folgendermaßen aussieht: Zuerst kommen die Gedanken, dann die Gefühle und schließlich die Handlung. Abbildung 1.3 zeigt, dass die Art, wie etwas geschieht (auslösendes Ereignis), wie man sich fühlt und wie man sich verhält (Konsequenz), davon abhängt, was man als wahr anerkennt (Überzeugung): Wie man die Situation wahrnimmt, wie man die eigene Rolle und die der anderen interpretiert, was man glaubt, was als Nächstes passieren wird etc.[45]

Der Grund, warum Menschen häufig als Erstes ihre Gefühle wahrnehmen, ist, dass einige der wirkungsmächtigen Gefühle von „automatischen" Gedanken geleitet werden – flüchtige Gedanken stammen aus tiefsten Überzeugungen und Annahmen, derer man sich kaum, wenn überhaupt, bewusst ist. Wenn Sie also von Ihrer Chefin zu einem Gespräch am folgenden Tag gebeten werden und Sie sofort ängstlich darauf reagieren, ist Ihnen vielleicht von einem anderen Kollegen gesagt worden, dass sie keine guten Nachrichten für Sie hat. Vielleicht haben Sie auch keine Ahnung, was Ihre Chefin beabsichtigt, aber Sie gehen vom Schlimmsten aus. Fehlt Ihnen jeglicher Hinweis, worum es in diesem Gespräch wohl gehen mag, müssen Sie eine Annahme treffen. Ein Problem entsteht, wenn diese Annahmen auf einer tiefen inneren (und häufig nicht zugänglichen) Überzeugung basieren, die unzutreffend ist – beispielsweise bezogen auf die eigene Verletzlichkeit, den Mangel an Kompetenz etc.

Dieses Wissen darum, wie Gedanken Emotionen beeinflussen, ist wichtig, wollen wir Resilienz am Arbeitsplatz stärken, denn der Erfolg solcher Trainings beruht darauf, den Teilnehmern zu zeigen, wie sie ihre flüchtigen, automatischen Gedanken „einfangen" und einer eingehenden Prüfung unterziehen können. Es geht darum, diese tiefsten Überzeugungen über sich selbst zu hinterfragen, die einer Betrachtung bei Lichte nicht standhalten. Sie lernen, diese Gedanken durch ebenfalls glaubhafte, aber hilfreichere und treffendere Alternativen zu ersetzen. Die in diesen Trainings eingesetzten Techniken stammen aus der kognitiven Verhaltenstherapie, einem Ansatz, der zur Behandlung von Angststörungen und Depression auf Gedanken und Verhalten fokussiert.

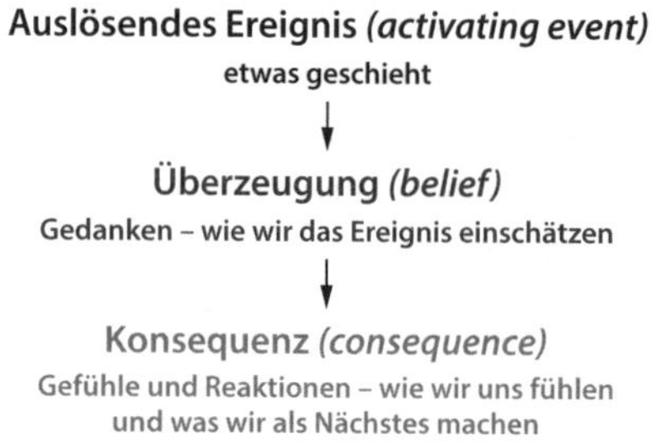

Auslösendes Ereignis *(activating event)*
etwas geschieht

↓

Überzeugung *(belief)*
Gedanken – wie wir das Ereignis einschätzen

↓

Konsequenz *(consequence)*
Gefühle und Reaktionen – wie wir uns fühlen
und was wir als Nächstes machen

Abbildung 1.3: Das ABC-Modell von Albert Ellis

Die Adaption dieses Ansatzes für die im Vorwort erwähnten Fortbildungsmaßnahmen zur Stärkung von Resilienz am Arbeitsplatz führte zum Erfolg. Heute berufen sich fast alle Interventionen auf diesem Gebiet auf diese Techniken, auf die wir später detailliert zu sprechen kommen.

Optimismus

Schon vor Jahren wurde das Persönlichkeitsmerkmal Optimismus, ein Aspekt der positiven Überzeugung, als wesentlich für Resilienz erkannt. Martin Seligman erweiterte in seinem Buch *Pessimisten küsst man nicht: Optimismus kann man lernen,* das 1991 (in den USA als *Learned Optimism*[46]) erschien, die Beziehung von Gedanken und Gefühlen, indem er optimistische von pessimistischen Denkstilen unterschied. Seine frühen Studien deckten den Zusammenhang zwischen pessimistischem Denkstil und „erlernter Hilflosigkeit" auf, angesichts widriger Umstände zu glauben, dass man die Geschehnisse, die Wohlbefinden und Erfolg im Leben ausmachen, nicht beeinflussen könne. Die Erkenntnis, dass Not häufig zu dem entgegengesetzten Ergebnis führt, nämlich gesteigerter Resilienz, führte zu weiteren Untersuchungen und einem eingehenderen Verständnis dessen, was den Unterschied zwischen einem positiven und einem negativen Resultat ausmacht. Diese Arbeit identifizierte einen Faktor, der als erklärender oder Attributionsstil bekannt wurde. Dabei geht es um die Art und Weise, wie man normalerweise (für sich selbst) *erklärt,* was geschehen ist, und speziell um das Maß, nach dem man positive oder negative Ereignisse den eigenen Qualitäten *zuschreibt* (attribuiert). Jene Qualitäten sind nachhaltig und auf viele unterschiedliche Situationen übertragbar.

Zum Beispiel gibt es Menschen, die dazu tendieren zu glauben „Da habe ich Glück gehabt", wenn etwas gut läuft. Sie erkennen nicht an, dass ihre persönlichen Fähigkeiten und Fertigkeiten bei dem Ausgang eine wichtige Rolle spielen (zumindest manchmal). Leicht kann diese Haltung ihre Resilienz unterminieren, weil sie sich in ihrer Haltung eher vom Glück abhängig wähnen als von ihren Kompetenzen. Der Gedanke „Glück gehabt" stellt kein Problem dar, wenn er gelegentlich auftritt. Wenn jemand allerdings etwas Ähnliches in jeder Situation glaubt, in der es um ein erfolgreiches Resultat geht, unterwirft er sich eindeutig einer negativen Voreingenommenheit *(negative bias),* wenn es darum geht, das Ereignis zu erklären.

Hat ein Ereignis auf der anderen Seite ein negatives oder enttäuschendes Resultat, ist die Tendenz zu denken „Ich hatte Pech" hilfreich für die eigene Resilienz, jedenfalls solange der Betreffende seine Fehler realistisch einschätzen und aus ihnen lernen kann. (In all diesen Fällen geht es um *realistisches* positives Denken!) Gedanken wie „Ich hatte Pech" reflektieren, dass die temporären Faktoren, die in der Situation eine Rolle spielten, erkannt werden und helfen, nicht zu streng mit sich zu sein. Im Zusammenhang mit unerfreulichen Ereignissen hat der Schutzfaktor weniger mit dem Ort der Kontrolle *(locus of control)* zu tun (innerhalb oder außerhalb des Individuums), sondern mehr mit der Fähigkeit, die Ursache des Problems als begrenzt auf diesen bestimmten Zeitpunkt und die Situation zu sehen (vgl. Tab. 1.2–1.6). Die schadhaftesten Gedanken entsprechen tief sitzenden negativen Selbstüberzeugungen, derer man sich häufig kaum bewusst ist, wie: „Ich begreife Dinge einfach nicht so schnell wie andere Leute" oder „Ich bin immer so chaotisch". Menschen, die dies denken, sind der Meinung, dass sie die Ursachen ihrer Probleme immer mit sich herumschleppen, egal, wie sich die jeweilige Situation darstellt oder wie die Zukunft aussehen mag. Es überrascht nicht, dass solche Gedanken Resilienz unterminieren!

Daher ist für das Verständnis des Unterschieds zwischen optimistischen und pessimistischen Denkweisen entscheidend, zu analysieren, wie jede Person ihren Erfolg, ihre Enttäuschungen oder ihren Misserfolg typischerweise betrachtet. Die gute Nachricht ist, dass sich Fortbildungsmaßnahmen zur Stärkung der Resilienz am Arbeitsplatz als wirksam erwiesen haben. Sie helfen den Teilnehmern, ihren Attributionsstil zu verändern. Dies wirkt sich unmittelbar positiv auf ihr Wohlbefinden, ihre Leistung und andere wünschenswerte Resultate aus. Im Detail beschreiben wir in Kapitel 4, welche Techniken bei diesen Maßnahmen zum Einsatz kommen.

Permanent (das Beschriebene ist immer der Fall, jetzt und in Zukunft)	Temporär (es wird in der Zukunft wahrscheinlich anders sein)
Internal (lässt sich auf mich zurückführen)	External (lässt sich auf die Umstände zurückführen)
Global (betrifft alles)	Spezifisch (betrifft nur diese Situation)

Tabelle 1.2: Drei Dimensionen des Attributionsstils

ERFOLGE	
Positiver Attributionsstil	**Negativer Attributionsstil**
Permanent (das Beschriebene ist immer der Fall, jetzt und in Zukunft)	**T**emporär (es wird in der Zukunft wahrscheinlich anders sein)
Internal (lässt sich auf mich zurückführen)	**E**xternal (lässt sich auf die Umstände zurückführen)
Global (betrifft alles)	**S**pezifisch (betrifft nur diese Situation)

Tabelle 1.3: Extrem positive und negative Attributionsstile für Erfolg

MISSERFOLG ODER ENTTÄUSCHUNGEN	
Positiver Attributionsstil	**Negativer Attributionsstil**
Temporär (es wird in der Zukunft wahrscheinlich anders sein)	**P**ermanent (das Beschriebene ist immer der Fall, jetzt und in Zukunft)
External oder internal	**I**nternal (lässt sich auf mich zurückführen)
Spezifisch (betrifft nur diese Situation)	**G**lobal (betrifft alles)

Tabelle 1.4: Extrem positive und negative Attributionsstile für Misserfolg

Beispiel: Meine Präsentation ist gut angekommen		
Gedanke / Überzeugung, warum dies so geschehen ist		**Positive Bewertung**
Dieses Mal habe ich mich gut vorbereitet	T I S	niedrig
Mir ist wichtig, dafür zu sorgen, dass ich gut vorbereitet bin	P I S	mäßig
Es gelingt mir gut, mich vorzubereiten	P I G	hoch

Tabelle 1.5: Beispiel für ein positives Resultat

Beispiel: Unser Angebot wurde abgelehnt		
Gedanke/Überzeugung, warum dies so geschehen ist		**Positive Bewertung**
Dieses Mal habe ich weniger Zeit darauf verwendet, die Details zu überprüfen	T I S	hoch
Mein Kollege hat nicht genügend Zeit darauf verwendet, die Details zu überprüfen	T E S	hoch
Unter Zeitdruck bin ich nicht gut	P I G	niedrig
Es fällt mir schwer, Kostenvoranschläge zu verstehen	P I S	mäßig

Tabelle 1.6: Beispiel für ein enttäuschendes Resultat

In Paul Costas und Robert McCraes Version des FFM (der NEO PI-R und in der jüngsten Version der NEO PI-3) ist Optimismus für das zur Persönlichkeitskategorie *Extraversion* gehörende spezielle Persönlichkeitsmerkmal *Positive Emotionen* (Optimismus, Begeisterungsfähigkeit) am stärksten. Pessimismus hingegen wird verbunden mit der *Neurotizismus*-Skala (Ängstlichkeit, Depression etc.) und negativen Effekten (negativen Emotionen). Diese Tatsache bestätigt die Forschungsergebnisse, dass, obgleich Optimismus und Pessimismus eindeutig miteinander in Beziehung stehen, die zugrunde liegenden Persönlichkeitsmerkmale, die mit optimistischem oder pessimistischem Denken verbunden sind, nicht direkt entgegengesetzte Pole darstellen.[47] Introvertierte Menschen, die emotional stabil sind (also geringe Werte auf der Neurotizismus-Skala aufweisen) können vom Attributionsstil her eher ernst und „tragend" sein, ohne generell zu glauben, dass die Dinge immer nur schlecht ausgehen. Im Gegensatz dazu kann ein „neurotischer extravertierter Mensch" vollkommen ängstlich sein und sich schnell entmutigen lassen, sich dann jedoch schnell wieder erholen als Reaktion auf eine günstige Entwicklung oder auf eine neue Perspektive des Problems.

Selbstüberzeugung und Selbstbewusstsein

Die Arbeit mit Attributionsstilen zeigt, wie wichtig Selbstbewusstsein für die Resilienz ist. Es wird auch deutlich, dass es sich dabei um echtes Selbstbewusstsein bezüglich der eigenen Person und Fähigkeiten handeln muss, nicht nur um dessen Darstellung nach außen. Der *Attributionsstil* entspricht den festen Überzeugungen eines Menschen bezüglich seiner Einflussmöglichkeiten auf Geschehnisse – zum Guten oder zum Schlechten hin. Wird im Kontext von Resilienz der Begriff „Selbstüberzeugung" gebraucht, beschreibt er im Allgemeinen einen tief verwurzelten Glauben daran, dass man in der Lage ist, auch schwierige Herausforderungen zu meistern, sich unter Kollegen zu behaupten, Erfolg zu haben – gleich, worum es auch gehen mag – und die Dinge zum Positiven beeinflussen zu können.

In Tabelle 1.1 sind zahlreiche verwandte Konzepte beschrieben, darunter ein positives Selbstkonzept, selbstbestätigende Haltungen, Selbstwertgefühl, Selbstbewusstsein und Selbstwirksamkeit. Diese Konzepte ähneln sich, doch es bestehen nicht nur semantische Unterschiede. Schauen wir uns noch einmal den FFM-Rahmen in Abbildung 1.2 (S. 35) an, erkennen wir, wie das Verhalten, das wir als Selbstbewusstsein beschreiben, im Prinzip von einer Anzahl von Merkmalen verschiedener Persönlichkeitszüge beeinflusst wird (s. Tab. 1.7).

Einige dieser FFM-Merkmale sind direkt qua Selbstüberzeugung mit Resilienz verknüpft. Wie gezeigt wurde, ist auch *Kompetenz* eng mit Selbstachtung und interner Kontrollüberzeugung *(internal locus of control)* verbunden.[48] Andere Persönlichkeitsmerkmale in Tabelle 1.7 werden mit Selbstbewusstsein und Resilienz in Verbindung gebracht, jedoch in geringerem Maße. Im Fall von *Durchsetzungsvermögen* halten sich weniger extravertierte Menschen bei Konversationen häufig zurück, aus dem einfachen Grund, weil sie nicht das Bedürfnis haben, sich in den Vordergrund zu drängen, und lieber warten, bis sie etwas Wichtiges zu sagen haben. Auf der anderen Seite kann Schweigen manchmal auch die angemessenste Reaktion auf bestimmte Situationen sein. Im Allgemeinen haben durchsetzungsstarke Personen mehr Kontrolle über Ereignisse, und diese Kontrolle trägt in positiver Weise zu resilienten Resultaten bei.

Einmal mehr erkennt man, dass die Verknüpfung zwischen Persönlichkeit und Resilienz weder simpel noch linear ist.

NEO PI-R (spezielle Persönlichkeitsmerkmale)	Verfügt scheinbar über wenig Selbstvertrauen	Wirkt selbstbewusst	FFM-Persönlichkeitsfaktor (NEO PI-R allgemeine Persönlichkeitsmerkmale)
Befangenheit (N4)	schüchtern, befangen, leicht peinlich berührt	sozial unbefangen, selbstbewusst im Umgang mit anderen	Neurotizismus (N)
Stressanfälligkeit (N6)	fühlt sich nicht in der Lage, mit der Situation umzugehen, in belastenden Situationen abhängig oder hoffnungslos	nimmt sich als fähig wahr, schwierige oder potenziell belastende Situationen zu meistern	Neurotizismus (N)
Durchsetzungsfähigkeit (E3)	nimmt sich lieber zurück und lässt andere die Leitung übernehmen	energisch, dominant, bereit, die Meinung zu sagen und die Führung zu übernehmen	Extraversion (E)
Positive Emotionen (E6)	ernst, tendiert dazu, die Möglichkeiten einer Situation herunterzuspielen	fröhlich, begeistert, angesichts der Möglichkeiten optimistisch	Extraversion (E)
Konformität (V4)	konfliktscheu, widerwillig, den eigenen Standpunkt zu vertreten	ehrgeizig, anspruchsvoll, kann halsstarrig sein	Verträglichkeit (V)
Bescheidenheit (V5)	bescheiden, demütig, zurückhaltend	versteht sich anderen gegenüber als überlegen, arrogant	Verträglichkeit (V)
Gefühl, kompetent zu sein (G1)	unsicher bezüglich der eigenen Fähigkeiten, häufiges Gefühl der Ineffektivität	starkes Bewusstsein der eigenen Fähigkeiten und Effektivität	Gewissenhaftigkeit (G)

Tabelle 1.7: Einige FFM-Merkmale (vgl. S. 35) verbunden mit Selbstbewusstsein

Sinn oder Zielstrebigkeit

Während die meisten Menschen Selbstbewusstsein wohl intuitiv mit Resilienz in Verbindung bringen würden, ist die Bedeutung eines starken Sinnerlebens und einer starken Zielorientierung bisher häufig übersehen worden. In diesem Kontext bedeutet „Sinn" im Großen und Ganzen der feste Glaube an eine Religion, die Zukunft und den Sinn des Lebens. In der Literatur gibt es zahlreiche Berichte von Situationen, in denen dieser Glaube an den Sinn des Lebens für Resilienz und das schiere Überleben entscheidend waren. Ein berühmtes Beispiel dafür ist Viktor Frankls ... *trotzdem Ja zum Leben sagen: Ein Psychologe erlebt das Konzentrationslager.*[49] Natürlich handelt es sich dabei um ein zweischneidiges Schwert, denn wenn solch ein Glaubenssystem gefährdet ist und durch traumatische Erfahrungen zerstört wird, kann das auf die Resilienz negative Auswirkungen haben, die nur schwer rückgängig zu machen sind.

„Zielstrebigkeit" ist ein Begriff, der für den Sinn des Lebens eher auf Alltagsebene verwendet wird. Er kann sich auf ganz verschiedene Ziele beziehen, seien es langfristige Karriereziele bis hin zu kurzfristigen Vorsätzen, die dem Menschen eine sinnvolle Struktur und Richtung für seine Handlungen geben. All dies kann dazu beitragen, Resilienz zu stärken, solange der Betreffende sich mit den Zielen identifiziert und sie sowohl als vernünftig als auch als erreichbar bewertet.

Individuelle Eigenschaften – eine neue Perspektive

Mit der Darstellung häufig auftretender Themen bezüglich der individuellen Eigenschaften, die mit Resilienz verbunden sind, argumentieren wir für eine neue Perspektive, wobei folgende Punkte zu betonen sind:

- Die Beziehung zwischen Persönlichkeitsmerkmalen auf der einen und Resilienzprozessen und -resultaten auf der anderen Seite ist komplex und nicht linear. Beispielsweise kann ein freundliches und zuvorkommendes Verhalten in einigen Situationen eine Schutzfunktion erfüllen, während in anderen das Vertreten des eigenen Standpunktes eher von Resilienz zeugt.
- Das bedeutet, dass nur wenige Persönlichkeitsmerkmale uneingeschränkt gut oder schlecht im Sinne der Resilienz sind. Sogar Ängstlichkeit, die gemeinhin mit einer Empfänglichkeit für Stress assoziiert wird, spielt eine wichtige Rolle, wenn es darum geht, Gefahren zu erkennen und vorausschauend zu handeln. Es wäre falsch anzunehmen, dass eine wenig ängstliche Person immer wesentlich resilienter sei – es kommt auf die Situation an.

- Offenkundig ist es wichtig, den Kontext zu berücksichtigen, um zu verstehen, ob sich bestimmte Persönlichkeitsmerkmale positiv oder negativ auf die individuelle Resilienz auswirken. Insbesondere muss dabei bedacht werden, wie jeder einzelne auf unterschiedliche Belastungen am Arbeitsplatz reagiert, was von seiner Persönlichkeit, seinen Überzeugungen, Haltungen und Fähigkeiten abhängig ist.
- Einige der von Resilienzforschern vorgeschlagenen Persönlichkeitsmerkmale sind eher wie Prozesse oder Resultate zu verstehen und werden von verschiedenen Eigenschaften, Haltungen und Kompetenzen bestimmt. Ein Beispiel dafür ist „Ego-Resilienz", die als die Fähigkeit definiert wird, Widrigkeiten zu überwinden. Sie wird den Forschungsergebnissen zufolge in Verbindung gebracht mit einem Verhalten, das herzlich, freundlich, empathisch und selbstbewusst ist.
- Das Fünf-Faktoren-Modell (FFM, NEO PI-R-Version) ist ein robuster, eingehend erforschter Rahmen, der eine umfassende Beschreibung der Persönlichkeit anhand von 36 spezifischen Merkmalen bietet, die zu fünf breiteren Faktoren (Offenheit für Erfahrungen, Gewissenhaftigkeit, Extraversion, Verträglichkeit, Neurotizismus) zusammengefasst werden. Dieses nützliche Gerüst dient der Erforschung dessen, wie bestimmte Persönlichkeitsmerkmale im Verhältnis zur Resilienz stehen, wobei komplexe Fähigkeiten oder Fertigkeiten wie „emotionale Intelligenz" oder „Selbstregulierung" eingesetzt werden. Es bietet einen sinnvollen Leitfaden, um zu ermitteln, welche Elemente grundsätzliche Wesenszüge und Fähigkeiten darstellen und welche eher Fertigkeiten und Strategien sind, die noch entwicklungsfähig sind.

Forschungsdesiderat ist die noch eingehendere Untersuchung der Beziehung zwischen FFM und Resilienz. Bisher gab es relativ wenige Forschungsarbeiten, deren Ergebnisse jedoch recht deutlich dieses Verhältnis aufgezeigt haben und mit der bisherigen Forschung und den Hypothesen der Autoren dieses Buches übereinstimmen. Beispielsweise stellten Barbara Fredrickson und Kollegen[50] eine signifikante Korrelation zwischen Resilienz und *Neurotizismus* heraus, in der hohe Resilienz mit geringen Ausprägungen des Merkmals *Neurotizismus* in Verbindung gebracht wird, es sich also um ein negatives Verhältnis handelt. Darüber hinaus stellten sie eine statistisch signifikante Verbindung von Resilienz und *Extraversion* fest: Eine starke Resilienz ist verknüpft mit einer hohen Ausprägung von *Extraversion*. Ebenso gibt es eine Korrelation zwischen Resilienz und *Offenheit gegenüber Erfahrungen*, indem eine starke Resilienz mit einer großen Offenheit zusammenfällt. Andere Studien belegten eine signifikante Korrelation zwischen *Extraversion* und *emotionaler Stabilität* (also geringem *Neurotizismus*) auf der einen Seite und Resilienz auf der anderen.[51]

Indem wir unser Verständnis von der Struktur der individuellen Unterschiede mit unserem Wissen von den Prozessen, die zu einer Stärkung von Resilienz führen, kombinieren, haben wir individuelle Fähigkeiten und Attribute, die häufig mit Resilienz in Verbindung gebracht werden, in vier umfassende, sich überschneidende Cluster gruppiert (s. Abb. 1.4).

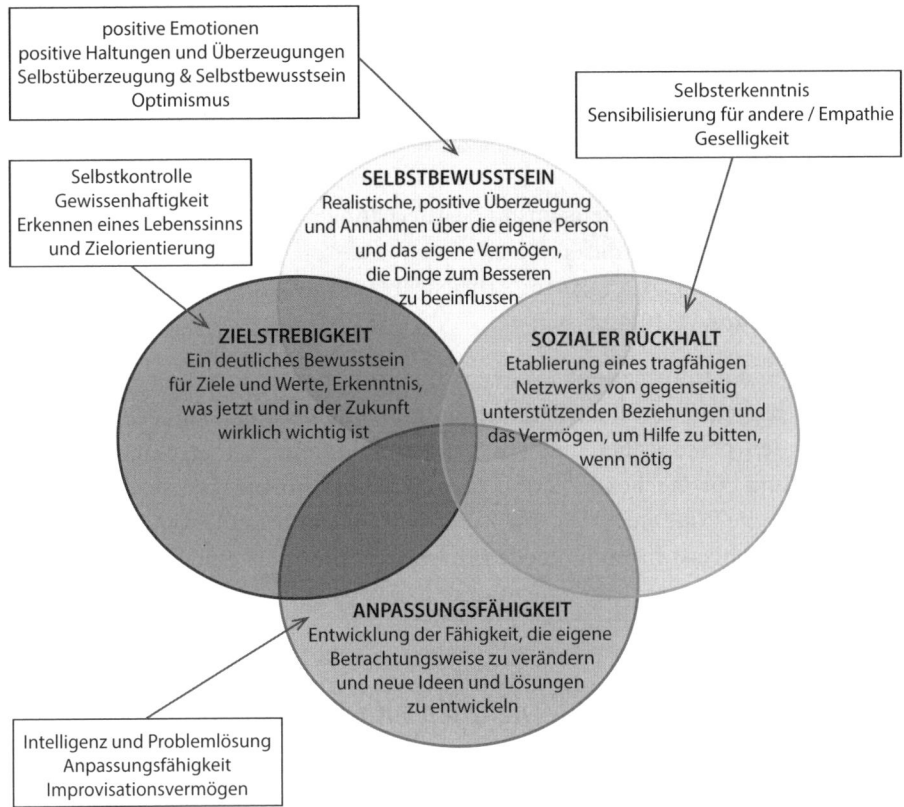

Abbildung 1.4: Entwicklung von Resilienz: vier persönliche Ressourcen für den Aufbau von Resilienz in Verbindung mit den häufigsten persönlichen Attributionsfeldern aus der Resilienzforschung

Jedes Cluster stellt die *Ressource für individuelle Resilienz* dar, die entwickelt werden kann, wie wir später darstellen werden. Dieses Konzept verwenden wir seit einigen Jahren, beispielsweise in dem *i-resilience*-Fragebogen[52] und den dazugehören Maßnahmen zur Stärkung von Resilienz.

1.5 Messung individueller Resilienz

Was heißt das, wenn es um die Erhebung und Entwicklung von Resilienz von Arbeitnehmern geht? Um herauszufinden, ob Ihre neue Kollegin Petra der Belastung am Arbeitsplatz gewachsen ist, sollte zu Beginn festgestellt werden

- was sie mitbringt in Bezug auf
  - ihre persönlichen Resilienz-Ressourcen, die sich zeigen in
    - fortdauernden Charaktereigenschaften und Fähigkeiten,
    - Fertigkeiten und Bewältigungsstrategien, die sie über die Jahre entwickelt hat,
  - ihre allgemeinen Lebensumstände (Belastungen im Privatleben, Unterstützung durch die Familie etc.)
- und die Art der Belastungen am Arbeitsplatz und welche Möglichkeiten der Unterstützung zur Verfügung stehen.

Zu Recht sind die Informationen, die man über die private Situation der Mitarbeiter hat, relativ begrenzt und unterliegen ständiger Veränderung. Dennoch ist es sinnvoll, nach den persönlichen unterstützenden Faktoren zu fragen (überdauernde Merkmale und entsprechende Fertigkeiten). Darüber hinaus lässt sich anhand des Wissens über die Rolle am Arbeitsplatz und den Kontext in der Organisation voraussehen, welchen Belastungen die neue Mitarbeiterin wahrscheinlich ausgesetzt sein wird und welche Art von Unterstützung sie erwartet.

Resilienz, Leistung im Unternehmen und Assessment

In dieser Hinsicht macht es keinen Unterschied, ob man sich bemüht, eine Vorhersage über die wahrscheinliche Resilienz angesichts von Belastungen am Arbeitsplatz zu treffen oder über andere leistungsbezogene Resultate. Obgleich das Thema Resilienz in den meisten Organisationen relativ neu ist, zeigt eine kursorische Analyse jedes beliebigen guten Kompetenzschemas, dass Resilienz eine Rolle spielt. Diese tritt entweder als grundlegende Kompetenz (zum Beispiel persönliche Stärke oder Belastungsmanagement) auf oder als Niveau einer Verhaltensausprägung (zum Beispiel: „die Qualität wird auch unter Druck beibehalten" oder „zeigt gute Selbstkontrolle angesichts von Frustration"). Diese Kompetenzen und Indikatoren entsprechen den individuellen Resilienz-Ressourcen, die Menschen in ihrem Job mitbringen. Wir können dieselben Methoden nutzen, um sie zu erheben, dazu gehören kompetenzbasierte Interviews, psychometrische Messungen und eine Reihe von Übungen.

Um Recruitment und Auswahl durchzuführen, empfehlen wir im Allgemeinen, Resilienz in Ihrem kompetenzbasierten Auswahlverfahren einzubeziehen. Damit stellen Sie sicher, dass Resilienz für die betreffende Position in angemessenem Maße berücksichtigt wird. Das ist eine der wichtigsten Voraussetzungen für einen fairen und zuverlässigen Auswahlprozess. Ein solcher Ansatz sollte eine der anerkannten Job- oder Kompetenzanalysemethoden enthalten, um bestimmte Anforderungen und Verhaltenskriterien zu definieren, die für den resilienten Umgang mit typischen Herausforderungen der Position nötig sind. In einem nächsten Schritt werden das Einstellungsgespräch und andere Bewerbungsverfahren mit den neuen Kriterien abgeglichen. Ein Persönlichkeitstest könnte in diesem Kontext nützlich sein, obgleich er natürlich nie ausschließlich für ein abschließendes Urteil genutzt werden sollte. Arbeitssituationsbezogene Tests *(Situational Judgment Tests)* können außerdem nützliche Erkenntnisse über resilienzrelevante Anforderungen generieren.[53]

Forschungsbasierte Messgrößen von Resilienz bei Erwachsenen

Basierend auf der aktuellen Resilienz-Forschung wurde eine Anzahl von spezifischen Methoden entwickelt, um Resilienz zu messen. Sie erwiesen sich in verschiedenen Kontexten als valide Methoden. Viele der Messgrößen basieren auf Selbsteinschätzung *(self-report measures),* bei der die Items offen und transparent sind. Das erhöht allerdings die Wahrscheinlichkeit, dass dies in einem Auswahlprozess zu Verzerrungen führt, die auf motivationale Verzerrungen und/oder Impression Management (Selbstdarstellung) zurückzuführen sind.

Unter Berücksichtigung dieser Aspekte scheint es angemessener, diese Methoden im Kontext von Maßnahmen zur Stärkung von Resilienz anzuwenden. Welche angemessenen Instrumente sind also derzeitig für die Anwendung am Arbeitsplatz verfügbar? Eine Übersicht von 2011 über Erhebungsmethoden von Resilienz konnte „keinen aktuellen ‚Goldstandard' unter 15 Messinstrumenten für Resilienz"[54] ermitteln. Der Bericht betonte den Bedarf an einer größeren Auswahl von wohldurchdachten und validierten Instrumenten, die in verschiedenen Situationen angewendet werden können und in unterschiedlichen Kontexten angemessen sind. Die Autoren stellen heraus, dass das Problem, wie Resilienz zu definieren ist – wie bereits erwähnt – durchaus eine Herausforderung für diejenigen darstellt, die Resilienz erheben möchten.

Viele der verfügbaren Messinstrumente sind speziell für Kinder, Jugendliche oder junge Erwachsene entwickelt. Tabelle 1.8 gibt eine Übersicht über einige der zuverlässigsten Messinstrumente für Erwachsene, die in dem Artikel von 2011 Erwähnung fanden. Die aufgeführten Instrumente bestehen allesamt aus Fragebögen zur Selbsteinschätzung.

Messinstrument	Autoren	Ansatz
Resilience Scale for Adults (RSA, verschiedene Versionen)	Fribourg et al. 2003, 2005	Basiert auf der Erforschung von wesentlichen Merkmalen von resilienten Personen (Persönlichkeitsmerkmale, Familie etc.)
Connor-Davidson Resilience Scale (CD-RISC)	Connor & Davidson 2003	Entwickelt, um die Fähigkeit zu messen, mit Stress umzugehen, basiert auf Resilienz als Qualität (bestehend aus fünf Faktoren)
Brief Resilience Scale	Smith et al. 2008	Orientiert sich an Resultaten, misst eher die Fähigkeit der Wiedergesundung als die Schutzfaktoren
Psychological Resilience	Windle et al. 2008	Entwickelt als ein Modell psychologischer Resilienz, erfasst die Schutzfaktoren Selbstbewusstsein, individuelle Kompetenz und interpersonelle Kontrolle
Resilience Scale (RS)	Wagnild & Young 1993	Persönlichkeitsbasiert, misst individuelle Resilienz hinsichtlich Kompetenz und Akzeptanz der eigenen Person und des Lebens

Tabelle 1.8: Auswahl der zuverlässigsten Erhebungsmethoden für Resilienz bei Erwachsenen (nach Gill Windle et al. 2011)

Andere Fragebögen wurden entwickelt, um spezifische theoretische Konstrukte zu messen, wie Ego-Resilienz[55] und den Attributionsstil (Seligmans Attributional Style Questionnaire SASQ).[56]

Messinstrumente für Resilienz im beruflichen Kontext

Aufgrund des derzeit wachsenden Interesses an Resilienz am Arbeitsplatz wurde eine Anzahl von Instrumenten zur Erhebung von Resilienz in diesem Kontext entwickelt (s. Tab. 1.9).

Messinstrument	Autoren	Ansatz
Ashridge Resilience Questionnaire (ARQ) ↗ http://www.ashridge. org.uk	Alex Davda, Ashridge	Entwickelt, um Managern die Bestandsaufnahme ihrer eigenen Resilienz zu erleichtern. Ziel ist das Verständnis der subjektiv wahrgenommenen Fähigkeit, auf belastende Situationen angemessen zu reagieren. Resilienz wird in sechs Hauptaspekten gemessen: emotionale Kontrolle, Selbstüberzeugung, Zweck, Anpassung an Veränderung, Fremdwahrnehmung und Alternativen abwägen. Der ARQ ist kein formelles Instrument, sein Zweck ist es, eine Basis für Überlegung, Reflexion und Gespräche zu schaffen.
Dispositional Resilience Scale ↗ http://www.hardinessinstitute.com	Paul Bartone, Hardiness Institute	Zur Messung psychologischer Widerstandsfähigkeit (Engagement, Kontrolle und Herausforderungen)
i-resilience ↗ http://www.robertsoncooper.com	Jill Flint-Taylor, Alex Jansen-Birch u. Ivan Robertson, Robertson Cooper Ltd	Messung (Eigenauskunft) aufgrund des Fünf-Faktoren-Persönlichkeitsmodells. Die Resultate sind in einem wissenschaftlich fundierten Entwicklungsbericht zusammengefasst, der die individuellen Stärken und Risiken in Bezug auf die vier Elemente von Resilienz (Selbstbewusstsein, sozialer Rückhalt, Anpassungsfähigkeit und Zielstrebigkeit) darstellt. Daneben werden die sechs ASSET-Faktoren, wie Ursachen der Belastung und Unterstützung am Arbeitsplatz, berücksichtigt.

Messinstrument	Autoren	Ansatz
Mental Toughness Questionnaire (MTQ48) ↗ http://www.aqr.co.uk	Peter Clough et al., AQR Ltd.	Misst die Fähigkeit, in verschiedenen Umgebungen Belastungen standzuhalten; erhebt mentale Stärke vor allem hinsichtlich der vier Komponenten Kontrolle, Herausforderung, Engagement und Selbstbewusstsein.
Resilience Assessment Questionnaire (RAQ) ↗ http://www.mas.org.uk	Derek Mowbray, MAS (Management Advisory Service) und Organisationspsychologen	Eine Mitarbeiterumfrage zum Thema Resilienz, die ermittelt, wie resilient die Beschäftigten angesichts einer Bedrohung des Wohlbefindens und der Leistung sind.
Resilience at Work (RAW) Scale ↗ http://www.working-withresilience.com.au	Peter Winwood und Kathryn McEwen	Basiert auf dem Prinzip, dass Resilienz erlernbar ist. Erhebt sieben Faktoren, die aufgrund der Theorie arbeitsbasierter Belastungen identifiziert wurden, sowie die Praxiserfahrungen aus Arbeitskapazitätsoptimierung und Minimierung von Stress am Arbeitsplatz.
The Resilience Factor Inventory (RFI) ↗ http://www.adaptiv-learning.com	Andrew Shatte und Karen Reivich; Adaptiv Learning Systems und The Hay Group	Ein Diagnosewerkzeug zur Messung individueller Resilienz: Das Resilience Factor Inventory (RFI) und ein dazugehöriges Arbeitsbuch. Das Instrument beinhaltet 60 Fragen, ein 360-Grad-Feedback verschiedener Teilnehmer, das eine Beurteilung erlaubt durch die Eigeneinschätzung, das Feedback von Managern, anhand von Berichten und Kollegen. Es bezieht sich auf sieben entscheidende Faktoren bzw. innere Stärken: Gefühlsregulierung, Impulskontrolle, Ursachenanalyse, Eigeneffizienz, realistischer Optimismus, Empathie und Zugehen auf andere.

Messinstrument	Autoren	Ansatz
The Resilience Questionnaire ↗ http://www.adc.uk.com	A & DC	Bezieht sich auf acht Elemente, die zur Auswertung Muster, Präferenzen und das Verhalten nutzen, die die individuelle Fähigkeit beeinflussen, positiv auf Herausforderungen und Rückschläge zu reagieren.

Tabelle 1.9: Auswahl an Messinstrumenten für Resilienz, die speziell auf Herausforderungen im Arbeitskontext fokussieren

In Kapitel 4 kehren wir zu diesen oder ähnlichen diagnostischen Instrumenten zurück. Dort diskutieren wir, was der Einzelne tun kann, um seine Resilienz zu verbessern. In dem Entwicklungsprozess stellt die Erhebung des „eigenen persönlichen Resilienz-Ausgangspunkts" den ersten Schritt dar. Es kann sich als nützlich erweisen, einen oder zwei Fragebögen der oben genannten Messmethoden auszufüllen, um sich ein Bild über die persönliche Seite der „Resilienz-Gleichung" – über natürliche Stärken und Schwächen, die jeder von uns mitbringt – zu machen. Doch darf man auch die andere Seite der Gleichung, die jeweilige Situation, nicht vergessen. Da die Stärkung von Resilienz ein Prozess ist und sich nicht nur auf die Ansammlung persönlicher Charaktereigenschaften bezieht, müssen wir verstehen, welche Rolle die Umstände – sowohl im Job als auch außerhalb – spielen.

Wie wir in Abbildung 1.1 gesehen haben, ist es die Interaktion zwischen der individuellen Situation auf der einen Seite mit der bestehenden Persönlichkeit und den individuellen Fähigkeiten auf der anderen, die den Prozess des Aufbaus (oder der Unterminierung) der persönlichen Resilienz-Ressourcen bestimmt.

Daher widmen wir uns im nächsten Kapitel der Frage nach der Situation, insbesondere der Arbeitssituation, und wie sich die Interaktion von Individuum und Situation praktisch darstellt. Teil II bietet eine ausführliche Beschreibung, wie Resilienz verbessert werden kann.

2. Einzelperson und Situation: individuelle Resilienz im beruflichen Kontext

2.1 Belastungen am Arbeitsplatz

In Kapitel 1 haben wir uns aus der Resilienz-Gleichung die Seite des Individuums genauer vorgenommen, die in Abbildung 2.1 dargestellt ist, und diese Ressourcen in vier umfassende Cluster zusammengefasst: Selbstbewusstsein, sozialer Rückhalt, Anpassungsfähigkeit und Zielstrebigkeit.

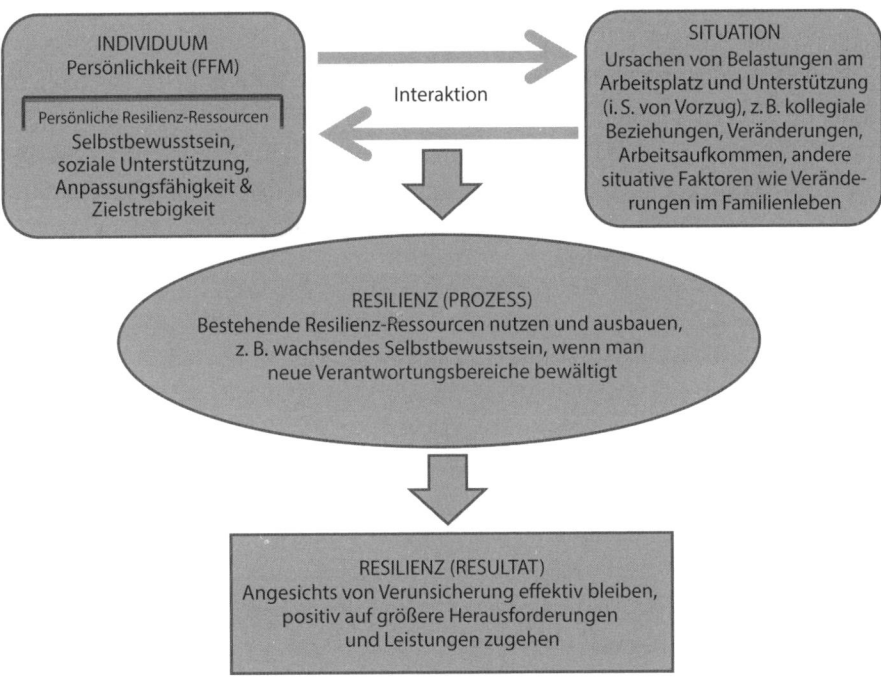

Abbildung 2.1: Positive Auswirkungen von Erfahrungen am Arbeitsplatz auf die individuelle Resilienz

Dies legt die Basis für den Einzelnen fest, um den Zustand seiner individuellen Resilienz-Ressourcen zu bewerten. Darüber hinaus präsentierten wir eine Übersicht über einige verfügbare Messinstrumente für Resilienz von Erwachsenen, die mehr oder weniger alle der vier Elemente beinhalten. Dies führt uns zu der eingehenderen Betrachtung der anderen Seite der Gleichung: der Situation, präziser, der Situation am Arbeitsplatz.

2.2 Ursachen von Belastungen und Quellen der Unterstützung

Kapitel 3 bietet eine detaillierte Darstellung davon, welchen Stellenwert die Stärkung von Resilienz in der Geschichte von Stressmanagement in Organisationen einnimmt. Wir zeigen, wie sich in den letzten Jahren das Hauptaugenmerk in Richtung einer strategischeren Agenda des Wohlbefindens verschoben hat. In diesem Kontext wurde das auf wissenschaftlichen Studien basierende ASSET-Modell[57] entwickelt und über die Jahre aktualisiert. In unserem Fall nutzen wir das ASSET-Modell (s. Tab. 2.1), um das Zusammenspiel von verschiedenen individuellen Resilienz-Ressourcen und der Bandbreite der Herausforderungen im Job leichter analysieren zu können. In unserer Praxis konnten wir in den letzten Jahren feststellen, dass dieses Modell gut dafür geeignet ist, die Belastungen am Arbeitsplatz in Schwerpunkte zu unterteilen. Wie immer macht die Differenzierung eines Problems in kleinere Teile es leichter, mit ihm umzugehen.

Wichtige Ursachen für Belastungen und Quellen der Unterstützung am Arbeitsplatz (ASSET-Faktoren). Definition hinsichtlich optimaler Umstände
Ressourcen und Kommunikation Sichtbare Führung, gute Versorgung mit Informationen, Ressourcen und Entwicklung
Kontrolle Mitspracherecht und Einfluss darauf, wie was erledigt wird
Work-Life-Balance und Arbeitsaufkommen Gesundes Verhältnis von Arbeit und Privatleben, fordernde, aber zu bewältigende Ansprüche am Arbeitsplatz
Arbeitsplatzsicherheit und Wandel Veränderungen der Organisation sind stimulierend, hilfreich und gut gemanagt
Verhältnis zu Kollegen Beziehungen sind konstruktiv und gemeinschaftlich, aber gleichzeitig stimulierend und fordernd
Arbeitsbedingungen Interessante, stimulierende Position mit motivierenden Belohnungen und Arbeitsbedingungen

Tabelle 2.1: Zusammenfassung des ASSET-Modells zu Ursachen von Belastungen und Unterstützung am Arbeitsplatz

In diesem Fall geht es darum, herauszufinden, welche Belastungen am größten sind und welche Herausforderungen oder Risiken sie jeweils darstellen, wie man am besten die individuellen Resilienz-Ressourcen mobilisieren kann, um gute Resultate zu erzielen. Dieser Prozess wird erleichtert, wenn man erkennt, dass die Ursachen von Belastungen, beispielsweise das Verhältnis zu Kollegen, auch Ausgangspunkt für Unterstützung sein kann.

Ursachen negativer Belastung (Stress)

Zu Beginn betrachten wir, wie die sechs Faktoren des ASSET-Modells zu Quellen negativer Belastungen werden können, besonders dann, wenn der Betreffende nur über geringe Fertigkeiten verfügt, Resilienz zu aktivieren. Wie bereits erwähnt, verwandeln sich Belastungen in Stress, sobald wir den Eindruck haben, dass wir ihnen nicht mehr gewachsen sind. Im Folgenden führen wir einige Beispiele spezifischer

Probleme auf und erläutern, wie sie mit den sechs Hauptfaktoren des Modells in Verbindung stehen.

Die speziellen Probleme (s. Tab. 2.2, S. 69) sind allgemein als Ursachen von Stress bekannt und waren daher jahrelang Teil unserer Audits zum Thema Wohlbefinden in Organisationen. Einige sind kaum erklärungswürdig – wahrscheinlich ist uns allen klar, dass die Arbeit mit fehlerhaften oder veralteten technischen Geräten zu Stress führt. Andere Probleme sind vielleicht weniger offensichtlich, doch werden sie überraschenderweise recht häufig als stressverursachend genannt, auch wenn das Team sonst gut gemanagt wird. Dazu gehört zum Beispiel: „Ich rege mich auf, wenn jemand anderes für etwas, das ich geleistet habe, das Lob erhält." Dieser Punkt gehört nicht notwendigerweise zu den Themen, die Angestellte bei der jährlichen Mitarbeiterbefragung unter der Rubrik „Stress" angeben. Dennoch tritt dieses Problem häufig auf und schädigt die Arbeitsmoral und das Wohlbefinden im Job. Außerdem ist es für Vorgesetzte meist schwierig, dieses Phänomen aufzudecken und anzusprechen. Ein weiteres Problem besteht in langweiliger und monotoner Arbeit. Vielleicht mag dies dem Beobachter nicht so erscheinen, aber wenn man einen Moment darüber nachdenkt, wird klar, wie schnell Monotonie für jemanden zum Problem wird, der sich wie festgesetzt fühlt und keine Gelegenheit bekommt, seine Fertigkeiten zu entwickeln oder ein sinnvolles Ergebnis zu erreichen.

Mangel an Kontrolle: Der Stress-„Superfaktor"

Das Thema Kontrolle bzw. deren Mangel verdient besondere Erwähnung, da es fast zu den Stress-„Superfaktoren" gezählt werden kann. Das Gefühl, man habe zu wenig Einfluss auf Entscheidungen und Ereignisse, insbesondere auf diejenigen, die potenziell einen direkten und negativen Einfluss auf einen selbst haben können, ist einer der Hauptgründe, weswegen sich Belastung in Stress wandelt. Solange man der Meinung ist, es gäbe Maßnahmen, die zur Verbesserung der eigenen Situation beitragen, fällt es leichter, Stress in Schach zu halten. Eine der effektivsten Strategien des Stressmanagements ist daher, zu lernen, dass man die Kontrolle wiedererlangt, indem man die eigene Sichtweise ändert und anders auf die Situation reagiert. Diesen Ansatz der kognitiven Verhaltenstherapie erklären wir eingehender in Kapitel 4.

Aggressiver Führungsstil und das Thema Mobbing

Besonders kompliziert und angespannt ist die Interaktion zwischen Individuum und Arbeitssituation, wenn es um einen aggressiven Führungsstil und Mobbing geht. Man kann sich auf die Definition von Mobbing als Akt wiederholt aggressiven Verhaltens einigen, der dazu angelegt ist, eine andere Person vorsätzlich zu verletzen, sei es physisch oder psychisch, mit der Zielsetzung, Macht über den anderen zu gewinnen.[58] So gesehen ist jemand nicht unbedingt ein Tyrann, wenn er sich durchsetzungsstark und fordernd verhält, auch wenn dieses Benehmen dazu führt, dass jemand anderes sich davon gestresst fühlt.

Jedoch begegnen uns häufig Situationen, in denen Vorgesetzte als Despoten bezeichnet werden, obgleich sie einfach nicht über die Fertigkeiten verfügen, Arbeitsleistungen effizient zu managen, und ihre diesbezüglichen wohlmeinenden Versuche bei anderen Menschen Stress auslösen – und häufig auch bei ihnen selbst. Für alle Betroffenen ist das eine tragische Situation: Vorgesetzte müssen für die Auswirkungen ihres Verhaltens die Verantwortung übernehmen, aber kann man von ihnen als Tyrannen sprechen, wenn es nicht ihre Absicht ist, jemandem zu schaden?

Sogar in alltäglichen Diskussionen darüber, wie eine Aufgabe erledigt werden sollte, erleben einige Menschen die Forschheit und den Enthusiasmus der Führungskraft als aggressiv und einschüchternd, während andere dieses Verhalten als ermutigend oder motivierend wahrnehmen. In anderen Fällen kann der Stress auf einen wahrgenommenen Mangel an Kontrolle zurückzuführen sein, der wiederum zahlreiche Gründe haben kann, die sowohl im als auch außerhalb des Einflussbereiches der Führungsperson liegen. Hinsichtlich Resilienz und der Interaktion zwischen Person (Teammitglied) und Situation (Verhalten des Vorgesetzten) tendieren Menschen mit einem negativen Attributionsstil dazu, voreilig zu negativen Schlüssen zu kommen, was sich wohl im Kopf des Vorgesetzten abspielen mag. Es ist immer kompliziert, die wahren Haltungen, Überzeugungen und Intentionen von Menschen in Erfahrung zu bringen. Kann Mobbing jedoch nicht mit Sicherheit ausgeschlossen werden, ist der Versuch absolut unabdingbar zu ermitteln und zu verstehen, was in den beiden Parteien vorgegangen ist.

Einige Menschen schaffen sich in diesem Feld unbeabsichtigt selbst ein Problem, weil ihnen immer wieder entgeht, wie groß ihr Einfluss auf die Ereignisse wirklich ist. Man könnte sie als Personen beschreiben, die eine externe Kontrollüberzeugung haben oder einen negativen Attributionsstil (s. Kap. 1). Für andere beginnen die Schwierigkeiten, wenn sie feststellen, dass eine bestimmte Situation sie davon abhält, sich in die Planung und Entscheidungsfindung einzubringen oder mitzubestimmen, wie etwas erledigt wird.

Ein typisches Beispiel ist der Teamleiter, der sich so sicher ist, im Recht zu sein, dass er das Team bei der Planung ausschließt oder die Vorschläge der Teammitglieder bei der finalen Entscheidung ignoriert. Sehr von ihrer eigenen Kompetenz und

Urteilsfähigkeit überzeugte Vorgesetzte tun dies häufig, ohne zu berücksichtigen, dass dieses Verhalten bei ihren Teammitgliedern Stress auslösen kann. Ein Mitglied des Teams, das sich am anderen Ende des Spektrums befindet, das also wenig Vertrauen in seine Fähigkeit hat, die Ereignisse zu beeinflussen, ist in solch einer Situation sofort im Hintertreffen und hat möglicherweise das Gefühl, es lohne sich noch nicht einmal der Versuch, etwas zu ändern. Seine Kollegin mit stärkerer Selbstüberzeugung ist in dieser Situation vielleicht frustriert, aber dennoch willens, die Entscheidung und Handlung des Vorgesetzten infrage zu stellen. Tut sie das, schafft sie eine weitere Gelegenheit, die Entscheidung zu beeinflussen, und vielleicht hat sie sogar Erfolg damit. Sehr von sich überzeugte Führungskräfte haben nämlich gar nicht vor, im Team Stress auszulösen, sie machen einfach weiter, ohne zu berücksichtigen, dass ihre Entscheidung auch Risiken bergen kann – sie gehen einfach davon aus, dass sie es am besten wissen.

Diese Beispiele illustrieren, dass die Reaktion einer Person angesichts einer Situation, in der sie die Ereignisse wenig beeinflussen kann, und das Resultat ihrer Handlung von ihren „persönlichen Resilienz-Ressourcen" abhängt. Konkreter belegen diese Beispiele die Bedeutung von „Selbstüberzeugung", ein bestimmtes Maß an Kontrolle über die Ereignisse zu behalten, und dass sowohl zu viel als auch zu wenig Selbstüberzeugung zu Problemen führen kann. Nichtsdestotrotz ist Selbstüberzeugung nur ein Faktor, der Resilienz untermauert. In einer anderen Situation mag sich die Person, der es an Selbstüberzeugung mangelt, überraschend resilient im Umgang mit Belastungen auf anderem Gebiet zeigen. Verfügt dieser Mensch beispielsweise über ein starkes Netzwerk unterstützender Beziehungen und pflegt einen von Gemeinschaftssinn geprägten Stil, kann er darauf zurückgreifen, wenn er in seinem Job regelmäßig mit schwierigen Kunden zu tun hat. Diese Aspekte beleuchten wir später eingehender im Rahmen der einzelnen Fallbeispiele.

Warum bezeichnen wir Kontrolle als Stress-„Superfaktor"? Das liegt, wie bereits erwähnt, teilweise daran, dass Kontrolle mit einer der effektivsten Strategien verknüpft ist, mit Stress umzugehen. Darüber hinaus wird eine Analyse der anderen Beispiele aus Tabelle 2.2 zeigen, dass einer der Gründe, warum viele diese Faktoren potenziell Stress auslösen, der ist, dass Menschen keine Möglichkeit haben, den Verlauf der Dinge zu beeinflussen, um ein negatives Resultat für sie persönlich, ihre Kollegen oder sogar ihre Familien aktiv zu vermeiden. Nehmen wir das Beispiel „unregelmäßiges Feedback und Kommunikation". In der Praxis heißt das, dass diesbezügliche Sorgen normalerweise auf die Angst zurückgehen, dass der Chef oder andere Bereichsleiter nicht darüber auf dem Laufenden halten, wie die eigene Leistung bewertet wird und / oder wie die Pläne aussehen, die die eigene Zukunft beeinflussen. „Wissen ist Macht", wie jeder weiß, und ohne Informationen gerät man ins Hintertreffen bezüglich der eigenen Zielerreichung, des Vorantreibens der Karriere, der Zukunftssicherung etc.

Hauptursachen von Belastungen und Quellen von Unterstützung am Arbeitsplatz	Negative Belastungen bis zum Burn-out
Ressourcen und Kommunikation	z. B. unregelmäßiges Feedback und Kommunikation; unzureichende Aus- und Fortbildung; veraltete Technologie, technisches Gerät oder Ressourcen
Kontrolle	z. B. Ideen werden nicht berücksichtigt, mangelnde Kontrolle über die Aufgabe und Entscheidungen, Leistungsziele werden aufgezwungen, anstatt gemeinsam bestimmt
Work-Life-Balance: Arbeitsumfang	z. B. unrealistische Erwartungen; E-Mails rund um die Uhr; zu viele Dienstreisen, zu wenig Zeit, um Aufgaben zu erledigen, Arbeit stört in unzumutbarer Weise das Privatleben
Arbeitsplatzsicherheit und Wandel	z. B. unsicherer Job; Angst, die eigenen Fertigkeiten würden überflüssig, Wandel ist Selbstzweck
Verhältnis zu Kollegen	z. B. aggressiver Führungsstil; andere streichen das Lob ein; Isolation und / oder wenig Unterstützung von anderen
Arbeitsbedingungen	z. B. Ungleichheit oder Intransparenz der Honorierung oder Bezüge; langweilige und monotone Arbeit; schwierige Kunden

Tabelle 2.2: ASSET-Faktoren: Beispiele für negative Belastungen

Ein ähnlicher Fall liegt vor, wenn die Honorierung und Vergabe von Boni intransparent sind und zu Unzufriedenheit in der Belegschaft führen. Werden die Kriterien offengelegt, fühlen sich die Mitarbeiter gerüstet, zu reagieren – sei es, mit Argumenten für die eigenen Interessen einzustehen oder sich auf die Suche nach einem anderen Job zu begeben.

Resiliente Menschen gehen effektiv mit Belastungen um, was allerdings schwierig ist, wenn man nicht über ausreichende Informationen verfügt. Auch sehr resiliente Personen werden dies nur eine Zeit lang tolerieren, bevor sie sich selbst ermächtigen und sich aus der Situation ganz zurückziehen. Aus diesem Grund verlieren in unsicheren Zeiten und in Zeiten des Wandels Organisationen viele ihrer besten Leute. In solchen Situationen verlassen resiliente Mitarbeiter den Arbeitgeber nicht, weil sie angesichts der Unsicherheit nervös werden oder daran zweifeln, dass sie ihren Job behalten, weil es ihnen an Selbstbewusstsein mangelt. Sie verlassen das Unternehmen, weil sie es vorziehen, Kontrolle zu haben, und weil es ihnen ihre selbstbewusste proaktive Haltung erleichtert, eine neue Stelle zu finden.

Aus dem oben Dargestellten sollte hervorgegangen sein, dass mit „Kontrolle" nicht „Kontrolle und Befehl" oder die Führung von Menschen gemeint sind, geschweige denn in allen Dingen das letzte Wort zu haben. Den meisten Menschen reicht es, eine genaue Vorstellung darüber zu haben, was passiert oder was geplant ist, und die Freiheit, sowohl diese Informationen als auch ihre eigenen Ideen in positivem Sinne umzusetzen.

Die „Bereitstellung von Information" ist ein gutes Beispiel, wie Vorgesetzte leicht einen „schnellen Sieg" bezüglich der Resilienz ihrer Mitarbeiter erringen können. Manchmal werden Informationen wissentlich zurückgehalten, doch meistens vergessen Führungskräfte einfach, dass Teammitglieder nicht in denselben Meetings sitzen wie sie und daher schlicht keinen Zugang zu denselben Informationen haben. Erkennt man, wie dies zur Belastung werden kann, und bemüht man sich darum, so viele klare, präzise und relevante Informationen wie möglich weiterzugeben, ist das der beste Weg, Mitarbeitern zu helfen, ihre individuellen Resilienz-Ressourcen auszuschöpfen.

Ursachen von positivem Stress: Druck durch Herausforderung

Viele Ursachen von Belastungen können entweder positiv oder negativ sein, das hängt von den Umständen und der Person ab, die den Druck erlebt. Leistungsziele sind dafür ein gutes Beispiel. So nehmen unterschiedliche Teammitglieder die gleichen Verkaufsziele auf unterschiedliche Weise wahr. Frank findet, dass das Ziel eine Herausforderung darstellt und ist motiviert, während Charlie gestresst und demotiviert ist. Für diese Unterschiede gibt es zahlreiche Gründe: die individuellen Lebensumstände, die Ausbildung, die der Betreffende genossen hat, wie er das herrschende wirtschaftliche Klima wahrnimmt, wie er seine eigenen Fähigkeiten einschätzt, vergangene Erfolge und sein Verhältnis zur Chefin und zu Kollegen erlebt oder die Anzahl der aktiven Kundenkontakte … Wie dem auch sei, hält Frank das Verkaufsziel wahrscheinlich für realistisch und erreichbar – auch wenn er erkennt, dass es schwierig werden könnte, und er nicht davon ausgehen kann, einen Erfolg einzufahren. Charlie hingegen geht vermutlich davon aus, dass das Ziel illusorisch ist, oder dass das Opfer zu groß sein wird, um es zu erreichen.

Ebenso kann es sein, dass dieselbe Person die Ursache von Belastungen zu verschiedenen Zeiten anders wahrnimmt. Vielleicht stürzt sich Frank begeistert auf die Aufgabe, verliert dann aber seinen Schwung und ist am Ende lustlos, sodass sich seine Chefin fragt, was mit ihm los ist. Allerdings weiß sie nicht, dass Frank Eheprobleme hat, die ihn belasten und ihn nachts nicht schlafen lassen. Daher verfügt er nicht mehr über die Energie, die Anstrengung zu meistern, die es braucht, um das Ziel zu erreichen. Frank empfindet das Ziel nicht mehr als realistisch, obgleich sich weder das Ziel noch die Arbeitsumstände geändert haben. Dies ist ein heikler Faktor, der es Vorgesetzten erschwert, „positiven Druck aufrechtzuerhalten". Nicht nur reagiert jedes Teammitglied anders auf Belastungsursachen, sondern jeder Einzelne verarbeitet Druck unterschiedlich, je nachdem, wie seine Situation am Arbeitsplatz und zu Hause ist.

Wie bereits beschrieben, kann zu wenig Kontrolle eine wichtige Ursache von negativer Belastung und Stress sein. Gibt es auch Umstände, in denen Kontrolle einen positiven Druck auslöst? In der Tat, meistens geht es dabei um Verantwortung. Viele Menschen begrüßen ein gewisses Maß an Verantwortung am Arbeitsplatz, denn sie bringt eine positive Herausforderung mit sich. Dabei gibt es sehr große individuelle Unterschiede, was das Maß angeht, das als angenehm empfunden wird. Personen, die Posten im gehobenen Management anstreben und dort erfolgreich sind, blühen normalerweise bei einem hohen Grad an Verantwortung auf. Sie schätzen das Gefühl, sich anstrengen zu müssen, und sind davon überzeugt, dem Druck, den solche Positionen mit sich bringen, gewachsen zu sein. Wie wir jedoch gesehen haben, ist Selbstbewusstsein recht komplex, und auch die besten Führungskräfte haben manchmal Selbstzweifel. Bei unseren Erhebungen von Stress am Arbeitsplatz sind unsere Auftraggeber häufig davon überrascht, dass Nachwuchskräfte stärker Stress erleben als Führungskräfte. Der Grund dafür sind die positiven Aspekte von Kontrolle und Verantwortung. Schauen wir uns solche Fälle genauer an, lässt sich dieses Phänomen meistens damit erklären, dass die Gruppe der Führungskräfte in einer Situation ist, die die positive Herausforderung von Verantwortung mit ausreichendem Einfluss auf Planung und Ereignisse verbindet, sodass die Betreffenden das Gefühl haben, alles zu kontrollieren (vgl. Tab. 2.3).

Hauptursachen von Belastungen und Quellen von Unterstützung am Arbeitsplatz	Positive Belastungen, die zur Leistungssteigerung unter Druck führen
Ressourcen und Kommunikation	z. B. ein Geschäftsführer mit einer inspirierenden Vision; aufregende Karrierechancen
Kontrolle	z. B. Verantwortung, wichtige Entscheidungen zu treffen; Beteiligung an Verbesserungen
Work-Life-Balance: Arbeitsumfang	z. B. herausfordernde, aber realistische Fristen, schwierige, aber wichtige Probleme, die gelöst werden müssen; der Wunsch nach Ausgleich von Arbeit und Privatleben
Arbeitsplatzsicherheit und Wandel	z. B. neue Systeme und Prozesse, die klare Vorteile bringen; neue Jobchancen
Verhältnis zu Kollegen	z. B. konstruktive Auseinandersetzungen und / oder gesunde Konkurrenz innerhalb des Teams
Arbeitsbedingungen	z. B. motivierendes Bonussystem; anregende und abwechslungsreiche Aufgaben; anspruchsvolle, aber wertschätzende Führungskräfte und Kunden

Tabelle 2.3: ASSET-Faktoren: Beispiele für positiven Druck

Häufig stellen wir fest, dass jüngere Mitarbeiter, die von Belastungen berichten, das Gefühl haben, weniger Verantwortung zu tragen, allerdings auch über wesentlich weniger Einfluss oder Kontrolle darüber zu verfügen, wie sie diese verantwortungsvollen Aufgaben ausfüllen. Manchmal sind sie deswegen sogar zugleich gelangweilt, frustriert und gestresst.

Wie können die Faktoren „Arbeitsumfang" und „Work-Life-Balance" für positiven Stress sorgen? Im Kontext von Belastung wird der Arbeitsumfang normalerweise als Negativfaktor betrachtet. Jedoch wissen die meisten von uns, wie es sich anfühlt, wenn man am Arbeitsplatz unterbeschäftigt ist. Dabei geht es nicht nur um Verantwortung – manchmal schätzen Leute einen großen Arbeitsumfang, selbst wenn es um Routineaufgaben geht und sie keine besondere Verantwortung übernehmen müssen. Andere warten so lange, bis sich Arbeit aufgestaut hat und sie genügend Energie verspüren, sich an den Berg heranzuwagen. Sie werden von geringen Ansprüchen und geringer Arbeitsgeschwindigkeit demotiviert und haben Spaß daran, wenn sie in kurzer Zeit viel erreichen müssen. Auch der Wunsch nach einer ausgeglichenen Work-Life-Balance kann ein positiver Druck sein. Denn auch wenn es schwerfällt, die Arbeit in einer bestimmten Anzahl von Stunden zu bewältigen, sind viele Menschen davon motiviert, sich anstrengen zu müssen, um später mehr Zeit für ihre Familie und Freunde zu haben. Wie immer kippt auch hier die Herausforderung vom Positiven ins Negative, wenn sie als zu schwierig, unrealistisch oder unangemessen bewertet wird.

In Zeiten konstanten Organisationswandels ist es manchmal schwierig, Veränderungen als positive Belastung zu sehen. Dennoch leben manche Menschen in Umbruchszeiten auf, wie Robert Safian in seinem Artikel „This is Generation Flux: Meet The Pioneers Of the New (and Chaotic) Frontier Of Business"[59] („Hier kommt Generation Flux: Die Pioniere der neuen und chaotischen Grenze des Business") in *Fast Company* erläutert. In seinem Artikel beschreibt Safian detailliert, wie wichtig die sozialen, wirtschaftlichen und technologischen Errungenschaften von Leuten sind, die in komplexen und sich schnell wandelnden Umwelten aufblühen.

Die Beziehungen zu den Kollegen sind offensichtlich eine wichtige Quelle für Unterstützung, und diese können ebenfalls positiven Druck ausüben bzw. eine Herausforderung darstellen. Ein typisches Szenario sieht folgendermaßen aus: Ein Mitarbeiter will für ein Team sein Bestes geben oder für einen Chef, der ihn über die Jahre gut behandelt hat. Hinsichtlich anspruchsvoller Auftraggeber werden viele Mitarbeiter dadurch motiviert, dass sie sich besonders engagieren und ihre speziellen Fertigkeiten einbringen müssen, um deren komplexen Bedürfnissen und hohen Erwartungen gerecht zu werden.

Quellen für Unterstützung

Eine „Ursache für eine positive Herausforderung" ist natürlich ganz etwas anderes als eine „Quelle für Unterstützung", obgleich beide eher mit positiven als mit negativen Resultaten in Verbindung gebracht werden. Wir gehen normalerweise davon aus, dass genau so, wie positiver Stress in negativen umschlagen kann, sobald sich die Umstände oder die Wahrnehmung der Situation verändern, sich manchmal auch die Quellen für Unterstützung (vgl. Tab. 2.4) als Bürden entpuppen können. Dies passiert, wenn sich jemand zu stark auf bestimmte Hilfestellungen verlässt. Aber es kann auch das Resultat unbeabsichtigter Folgen sein, die manchmal entstehen, wenn Unterstützung geleistet wird, beispielsweise, wenn ein Vorgesetzter im Team ein unterstützendes, konsensorientiertes Klima fördert und dabei konstruktive Herausforderungen und Auseinandersetzungen zu kurz kommen, die für Innovationen und Leistungen nötig sind.

Hauptursachen von Belastungen und Quellen von Unterstützung am Arbeitsplatz	Unterstützung, die hilft, die Leistungskurve zu halten
Ressourcen und Kommunikation	z. B. gute Kundenkommunikation; genügend Ressourcen für den IT-Support
Kontrolle	z. B. die Führungskraft nutzt Teamsitzungen, um Input einzuholen, und berücksichtigt diesen auch
Work-Life-Balance: Arbeitsumfang	z. B. flexible Arbeitsvereinbarungen und -praxen; klare Erwartungen der Führungspersonen und eindeutige Prioritäten
Arbeitsplatzsicherheit und Wandel	z. B. Weiterbildung; Rücksprache bei Implementierung von Veränderungsmaßnahmen
Verhältnis zu Kollegen	z. B. Kollegen teilen die Arbeit untereinander auf, wenn jemand fehlt; lassen andere an ihrem Wissen teilhaben
Arbeitsbedingungen	z. B. transparente Entlohnung und Boni; sauberes, helles Arbeitsumfeld; Anerkennung von Erfolg

Tabelle 2.4: ASSET-Faktoren: Beispiele für Unterstützung

In solchen Teams fühlen sich die Mitarbeiter wahrscheinlich zunächst sicher und wohl, doch sind sie danach aufgrund der fehlenden Herausforderungen, Auseinandersetzungen und Chancen, sich beweisen zu können, frustriert. Diese Situation kann unter denjenigen, die eher wettbewerbsbewusst und ehrgeizig sind, zu Wut und Belastung führen.

Manchmal kann also auch Unterstützung zu viel des Guten sein, oder es ist die falsche Art der Hilfestellung. Im Allgemeinen ist Unterstützung jedoch ein positives Element im Arbeitsumfeld, an dem resiliente Menschen aktiv für sich und häufig auch für andere arbeiten. Die sechs ASSET-Faktoren können auch der Kategorisierung von wichtigen Quellen von Unterstützung dienen (s. Tab. 2.1). Hinsichtlich Stress und Resilienz sind die wichtigsten Quellen von Unterstützung tendenziell diejenigen, die zu mehr Stress führen, wenn sie nicht vorhanden sind. Dazu gehören gute Kommunikation, qualitative hochwertige Fortbildungen und konstruktives Feedback.

2.3 Das FFM-Modell im Spannungsfeld von Belastung und Unterstützung

Was ist es also, das den Einzelnen dazu bringt, besagte Faktoren als positiv oder negativ wahrzunehmen und dementsprechend ein tragfähiges soziales Netzwerk aufzubauen oder zu nutzen? Geht es darum, wie die Umstände gestaltet und dass einige der richtigen „Resilienz-Qualitäten" wie Selbstüberzeugung vorhanden sind? Oder muss eher der Zusammenhang zwischen individuellen Persönlichkeitsmerkmalen und der Resilienz insgesamt berücksichtigt werden, indem man die Implikationen des Charakters auf die jeweilige Interaktion mit der Arbeits- und Privatsituation bezieht? Unserer Meinung nach geht es um Letzteres. Obgleich wir davon überzeugt sind, dass bestimmte Charaktereigenschaften wie Selbstbewusstsein und emotionale Stabilität für Resilienz wichtiger sind als andere, halten wir es für nützlich, die Implikationen aller Persönlichkeitsmerkmale zu berücksichtigen, auch wenn der Zusammenhang nicht so offensichtlich ist. Beispielsweise lässt sich Pflichtbewusstsein eindeutig mit Zielstrebigkeit in Verbindung bringen, während Offenheit für emotionale Erfahrungen dabei hilft, Beziehungen aufzubauen und soziale Unterstützung zu verbessern.

Im vorhergehenden Kapitel erwähnten wir kurz den Zusammenhang vom FFM-Persönlichkeitsmodell, kompetenzbasiertem Assessment und resilienten Resultaten. Hier zeigen wir, wie das Fünf-Faktoren-Modell, das beschreibt, was jeder Einzelne an seinen Arbeitsplatz mitbringt, für die Evaluation des jeweiligen „Ausgangspunkts der Resilienz" genutzt werden kann. Damit ist die Basis für einen individuellen Plan gelegt, den wir alle benötigen, um unsere Resilienz weiterentwickeln zu können.

Das FFM misst weder Resilienzprozesse noch deren Resultate

Es sei nochmals betont, dass das Ausfüllen eines FFM-Persönlichkeits-Fragebogens keine direkte umfassende Aussage über die jeweilige Resilienz des Einzelnen trifft. Es sagt weder etwas aus über die Bandbreite der Bewältigungsstrategien, die jemand über die Jahre zu nutzen gelernt hat, noch gibt es einen Hinweis darauf, wie die Person sich angesichts verschiedener Belastungen am Arbeitsplatz wirklich verhält. Stattdessen besteht der Wert des Modells darin, eine Bestandsaufnahme der beständigen Charakterstärken zu ermöglichen, auf die in jeder Situation zurückgegriffen werden kann, und wie diese Stärken möglicherweise zu resilienten Ergebnissen beitragen können. Es stellt außerdem eine Hilfe dar, jene persönlichen Charaktereigenschaften zu identifizieren und zu reflektieren, die gegebenenfalls Resilienz unterminieren können. Damit ist man sich dessen gewahr und kann sich bewusst darum bemühen, diese Risiken zu bewältigen, indem man eigene Überzeugungen hinterfragt, sein Verhalten anpasst und Präventivmaßnahmen ergreift. Da das Fünf-Faktoren-Modell eine umfassende Beschreibung von beständigen Persönlichkeitsmerkmalen liefert und da die Persönlichkeit als „psychologisches Übersystem" gesehen werden kann (vgl. Kap. 1), hilft die Beschäftigung mit dem FFM dem Betreffenden dabei, eigene grundlegende Stärken sowie einhergehende Risiken, die er quasi an den Arbeitsplatz mitbringt, ganzheitlich zu erkennen. Dies ist nur ein Ausgangspunkt für einen Handlungsplan zur Stärkung der eigenen Resilienz, doch bietet er eine sehr solide Basis. Im nächsten Schritt ist zu überlegen, welche Strategien und Verhaltensweisen bereits umgesetzt wurden, um die Stärken maximal zu nutzen und mit den Schwächen umzugehen.

In Teil II stellen wir diese Strategien und Verhaltensweisen detaillierter dar, dort geht es auch um eine große Bandbreite von praktischen Herangehensweisen an die Stärkung von Resilienz. Zunächst allerdings beschreiben wir, in welchem Verhältnis das FFM zu den vier Resilienz-Ressourcen und den sechs Ursachen für Belastungen am Arbeitsplatz steht sowie zu den Quellen der Unterstützung. Bereits erwähnt wurde die wissenschaftliche Forschung, die wir und andere unternommen haben, um das FFM mit kompetenzbasierter Leistung zu verbinden. Darüber hinaus haben wir beobachten können, dass Organisationen Resilienz häufig entweder implizit oder explizit in ihren Kompetenzkatalog aufnehmen, und zwar in Form gewünschter Verhaltensweisen und leistungsbezogener Resultate.

Kompetenzkatalog als Informationsquelle für Resilienz am Arbeitsplatz

Unserer Einschätzung nach ist der Kompetenzkatalog im Allgemeinen ein wenig genutzter Beleg dafür, was am Arbeitsplatz Resilienz untermauert und wie der Einzelne mit unterschiedlichen Belastungen umgeht. Lässt Sie allein schon der Begriff „Kompetenz" zusammenzucken, bitten wir Sie um Geduld. Es gibt viele Argumente dafür und dagegen, von einem Kompetenzansatz auszugehen, und zweifelsohne gelingt es jeder Branche, etwas exzessiv zu ihren Gunsten auszunutzen, wenn ein Ansatz großen Zuspruch erfährt. Jedoch ging in den letzten 20 Jahren die Entwicklung dahin, spezifische, klar definierte Kriterien und evidenzbasiertes Assessment sowohl bei der Auswahl von Bewerbern als auch für Fortbildungen einzusetzen, gleichgültig, ob sich dies im Rahmen von Kompetenzen niederschlug oder nicht.

Die Entwicklung und Nutzung von Kompetenzkatalogen in der Organisation (oder andere Formen von verhaltensbasierten Kriterien) können auf drei Wegen evidenzbasierte Erkenntnisse über Resilienz am Arbeitsplatz bieten:

1. Wird eine etablierte Methode zur Analyse von Kompetenzen, wie beispielsweise das Behavioral-Event Interview[60], eingesetzt, um zunächst den Rahmen zu definieren, erhalten wir Belege für spezifische Resilienzanforderungen für unterschiedliche Aufgaben und Arbeitskontexte.
2. Die Analyse kompetenzbasierter Bewertungen durch 360-Grad-Feedback, Assessment Center und andere Methoden bietet ein eingehenderes Verständnis der individuellen Fertigkeiten, Haltungen und weiterer Charaktereigenschaften, die mit Erfolg in Verbindung gebracht werden, dazu gehört der Umgang mit Belastungen und Widrigkeiten.
3. Verhaltens- oder kompetenzbasierte Bewertungen können zur Validierung des Gebrauchs des FFM und anderer psychometrischer Instrumente eingesetzt werden, die der Vorhersage von Arbeitsleistung dienen. Sie helfen dabei, individuelle Charakteristika auf der einen Seite mit resilienten Prozessen und arbeitsbezogenen Resultaten auf der anderen Seite zu verbinden.

Wie bereits erwähnt, haben Resilienzforscher und Praktiker die Erkenntnisse aus diesen Quellen aus unterschiedlichen Gründen bisher nicht optimal genutzt. Allerdings gibt es Ausnahmen, wie zum Beispiel die Arbeit über emotionale Intelligenz von Daniel Goleman und Kollegen. Vielen ist klar, dass Goleman das Konzept der emotionalen Intelligenz bekannt gemacht hat, und wie erwähnt, wurde es im Kontext von Resilienz berücksichtigt. Wenige Menschen jedoch wissen, dass Golemans Arbeit auf der Analyse einer riesigen Datenmenge über Kompetenz beruhte, die die Hay-McBer-Beratungsgruppe bei ihren Klienten erhoben hatte. Insbesondere versuchte diese Untersuchung, die Charakteristika zu identifizieren, die hervorragende Arbeitskräfte von ihren Kollegen unterschieden. Diese Ergebnisse beeinflussten Golemans Beschreibung von emotionaler Intelligenz, die er mit Führung und anderen Arbeitskontexten in Verbindung brachte.[61]

Das Unternehmen McBer wurde von dem Psychologen David McClelland mitgegründet, der in den frühen 1970er-Jahren begann, kompetenzbasierte Bewertungsmethoden voranzutreiben. McClelland kritisierte die starke Abhängigkeit von Intelligenztests, wie sie in jener Zeit besonders in den USA vorherrschte.[62] Heutzutage geht die Wirkungskraft und Einfachheit seiner Erkenntnisse in dem unüberschaubaren Wust von Kompetenzen unter, vor allem, weil sie nunmehr als gesunder Menschenverstand gelten. Zu jener Zeit musste er jedoch um Anerkennung seiner Idee kämpfen, dass die Messung von Intelligenz (oder der Fähigkeit, logische Schlüsse zu ziehen) zwar nützlich ist, jedoch nur einen Ausschnitt des Gesamtbildes liefert. Insbesondere interessierten ihn die Art und Weise, wie sich Personen in ihrer Motivation oder dem Bedürfnis, etwas zu erreichen, unterscheiden. Sein Argument lautete, dass, wenn man jemanden nur aufgrund dessen einstellt, wie er oder sie bei einem Intelligenztest abgeschnitten hat, man nichts über die Motivation weiß, beispielsweise, wie dieser Mensch normalerweise nach spezifischen Zielen oder Erfolg im Großen und Ganzen strebt. Der neue Mitarbeiter ist vielleicht schlau genug, seinen Job zu erledigen, aber wird er sich auch genügend anstrengen, um ihn gut zu machen?

Um das Bild abzurunden, wies McClelland darauf hin, dass man ebenso die „interpersonellen Fertigkeiten" testen müsse, da diese offensichtlich wichtig seien für die Leistung am Arbeitsplatz und weder mit Intelligenz noch mit Motivation in Zusammenhang zu stehen scheinen. Nachfolgende Forschungsarbeiten zeigten, dass es in fast allen klar definierten Kompetenzkatalogen drei verschiedene Schwerpunkte individueller Fähigkeiten und Fertigkeiten gab: *logisches Denken/Intellekt, soziale Kompetenzen* und *Motivation.* Diese Cluster können möglicherweise mittels Untersuchung der verschiedenen Kompetenzen eines Katalogs zutage treten, doch beständig werden sie in statistischen Analysen der kompetenzbasierten Bewertungen deutlich, die eine Organisation im Laufe der Zeit sammelt.

Dort, wo Resilienz und ähnliche Konstrukte im Kompetenzmodell explizit ihren Platz finden, werden sie häufig in den Kompetenzen deutlich, die zum Motivationscluster gehören, etwa: „angesichts großer Herausforderungen vertritt er/sie weiterhin einen positiven Ansatz". Jedoch zeigte die Diskussion in Kapitel 1, wie logisches Denken und soziale Kompetenzen genauso wichtig sein können, um ein resilientes Resultat hervorzubringen. Dieser Hintergrund ermöglichte es uns, die Ergebnisse unserer eigenen Kompetenzforschung und die anderer in unser Verständnis von Resilienz am Arbeitsplatz einfließen zu lassen. Auf diesen Analysen basieren unsere Hypothesen, wie sich spezielle Aspekte des FFM in Beziehung zu verschiedenen Ursachen von Belastungen am Arbeitsplatz darstellen, wie es in Robertson Coopers *i-resilience*-Profil wiedergegeben wird und im Folgenden dargestellten fiktiven Szenario eines Arbeitsteams.

2.4 Das Green Accounts Team: ein Beispiel für individuelle Unterschiede

In diesem Abschnitt fügen wir die ASSET-Ergebnisse eines Arbeitsteams und einige individuelle FFM-Profile zusammen, um ein fiktionales Team-Szenario zu schaffen. Dies illustriert, wie sich die ASSET- (Situation am Arbeitsplatz) und FFM- (individuelle Persönlichkeit) Modelle für das Verständnis dessen nutzen lassen, wie unterschiedliche Charaktere mit der Arbeitssituation interagieren und auf Belastungen reagieren (vgl. Abb. 2.2).

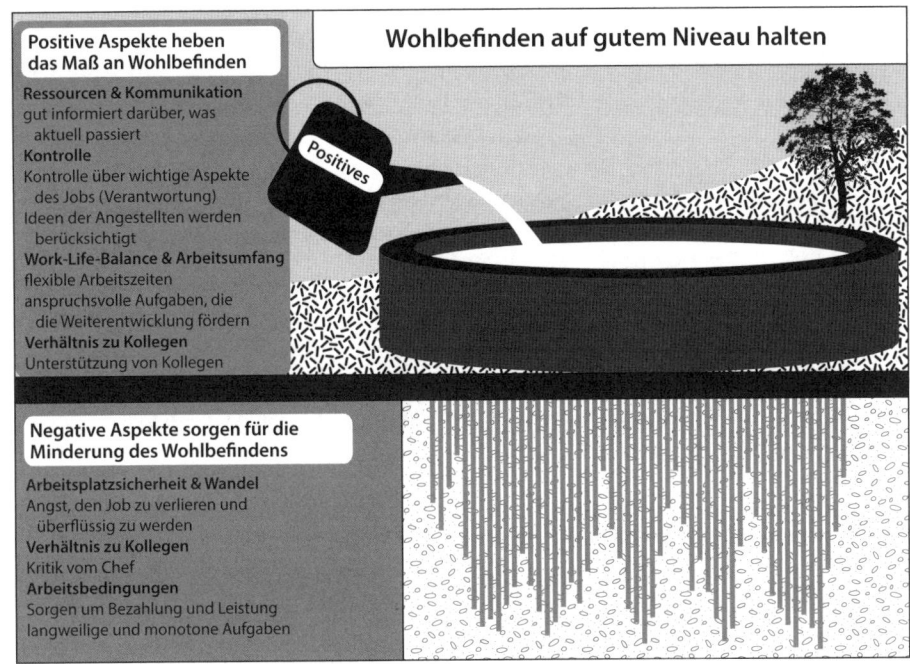

Abbildung 2.2: Einschätzung der Situation des Teams von Green Accounts. Faktoren, die den Zustand ihres Wohlbefinden-Speichers beeinflussen (Ergebnis eines ASSET-Audits)

Das Team

Das Green-Accounts-Team (Grüne-Konten-Team) ist Teil einer neuen Abteilung, die nach einem Zusammenschluss einer großen Organisation mit einer kleineren gegründet wurde. Die beiden Organisationen zeichneten sich durch sehr verschiedene Kulturen aus, was gemeinhin als mögliches Hindernis für die gelungene Integration gehalten wird. Innerhalb der Abteilung bestehen offensichtlich Spannungen zwischen Kollegen, aber die vier Mitglieder des Green-Accounts-Team verstehen sich im Allgemeinen gut: Sarah, Xiu Bo und Daniel kommen aus der kleineren Organisation und Raj fing vor einem Jahr bei der größeren Organisation an. Das Team ist eines von vier, die Helena Bericht erstatten, die als Führungskraft schon viele Jahre bei der größeren Organisation beschäftigt war.

Sarah

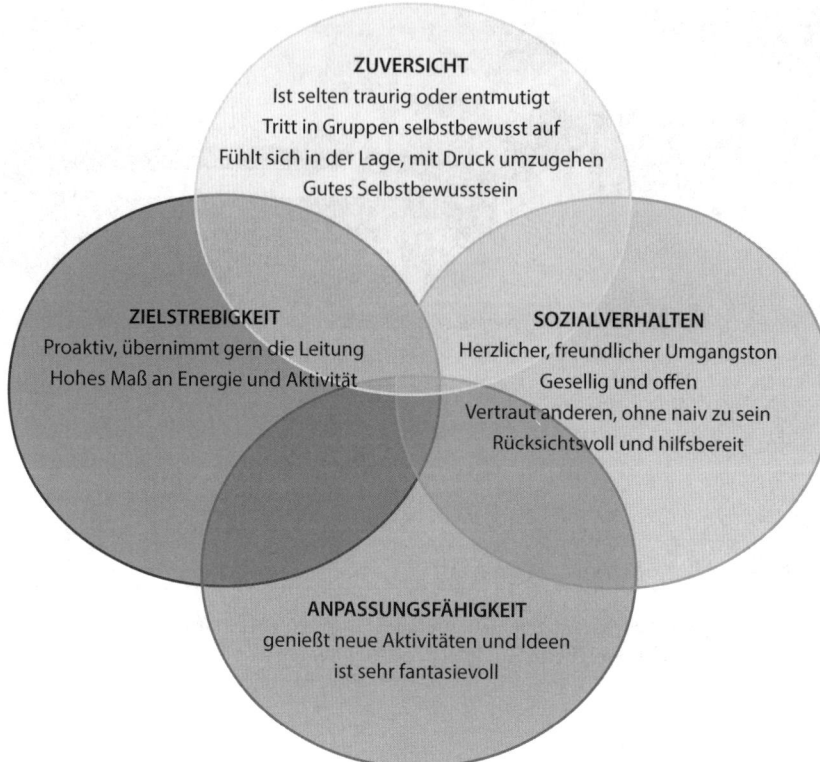

Abbildung 2.3: Sarahs Charakterstärken bezogen auf die vier Quellen der Resilienz
(Überschneidungen etwa bei „Tritt in Gruppen selbstbewusst auf",
das hauptsächlich zu Zuversicht, aber auch zu Sozialverhalten gehört)

Hauptrisiken in Sarahs typischem Verhalten

Zuversicht: Konfliktscheue könnte ihr Selbstbewusstsein unterminieren, wenn es darum geht, ihren Standpunkt zu vertreten.

Anpassungsfähigkeit: Ein hohes Bedürfnis nach Ordnung und Struktur könnte es ihr erschweren, flexibel auf neue Entwicklungen zu reagieren.

Zielstrebigkeit: Manchmal fällt es Sarah schwer, bei einer Sache dabeizubleiben und zu Ende zu bringen, was sie begonnen hat.

Sarah und die aktuelle Situation: Sarah hat die Chance genutzt und mehr Verantwortung als bisher sowie herausfordernde Aufgaben übernommen. Ihre Zuversicht und Arbeitsmoral wurden durch die Tatsache verstärkt, dass sie sich gut macht und neue Kompetenzen erwirbt. Ihr ist ein gutes Verhältnis zu den Kollegen wichtig. Obgleich sie sich Sorgen um die Sicherheit ihres Arbeitsplatzes macht, zieht sie viel aus der positiven Atmosphäre, die unter den Kollegen herrscht und die auf sie unterstützend wirkt. Auf der anderen Seite ärgert sie sich über den kritischen Stil ihrer Chefin. Sie ist von Helena genervt, aber auch von sich selbst, weil sie ihr nichts entgegensetzt. Sarah macht normalerweise keinen Hehl aus ihrer Meinung, aber sie vermeidet Unstimmigkeiten und kann sich mit der Idee, sich mit Helena zu streiten, nicht anfreunden.

Insgesamt hat sich die aktuelle Situation derart auf Sarahs Resilienz ausgewirkt, dass sie aus ihr gestärkt hervorgeht, weil ihr Selbstbewusstsein gewachsen und ihre Tüchtigkeit bestätigt wurde. Da sie selbstbewusst ist und von ihren Kollegen unterstützt wird, löst die kritische Haltung der Chefin bei ihr Stress aus. Doch scheint das keine längerfristige Einschränkung ihrer Resilienz mit sich zu bringen, es sei denn, das Problem verschärft sich (vgl. hierzu Abb. 2.3).

Xiu Bo

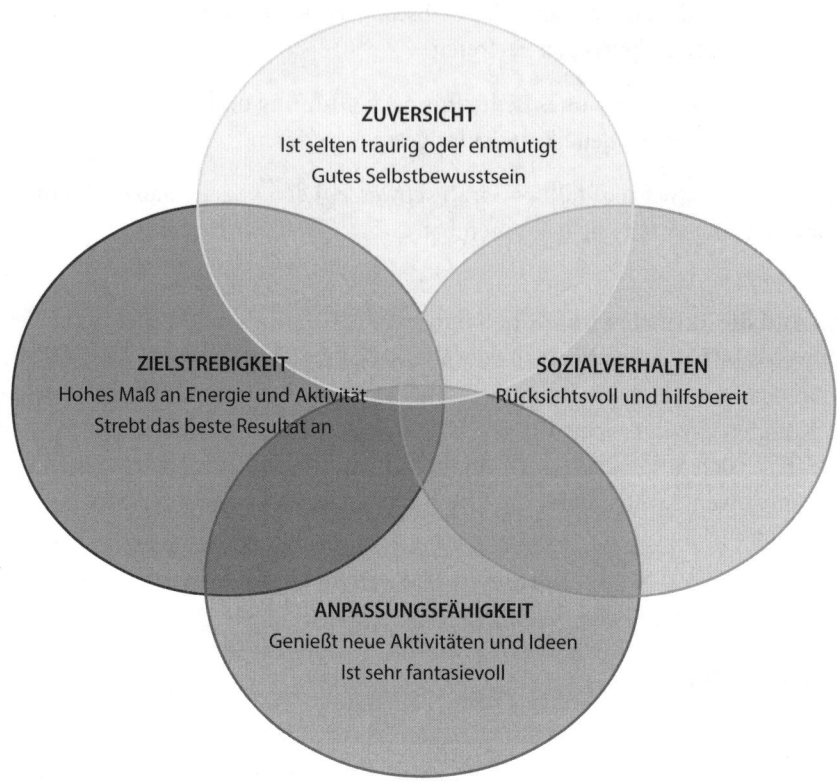

Abbildung 2.4: Xiu Bos Charakterstärken bezogen auf die vier Quellen der Resilienz

Hauptrisiken in Xiu Bos typischem Verhalten

Zuversicht: Er ist nicht besonders optimistisch, was seine Fähigkeit, potenziell belastende Situationen zu meistern, betrifft.

Sozialverhalten: Xiu Bo steht den Absichten von anderen skeptisch gegenüber und überlegt sich genau, wem er vertrauen kann. Das könnte es ihm erschweren, Unterstützung zu suchen, wenn er sie braucht.

Anpassungsfähigkeit: Wegen seiner Tendenz, sich leicht verunsichern zu lassen, und wegen seiner Ungeduld fällt es ihm schwer, mit Problemen und alltäglichen Frustrationen ruhig und flexibel umzugehen. Vielleicht setzt er sich selbst unter Druck, weil er eher seinen Impulsen folgt, als sich kontrolliert zu verhalten und auf Schwierigkeiten konstruktiv und anpassungsfähig zu reagieren. Ihm entgehen relativ häufig die emotionalen Reaktionen seiner Kollegen, was dazu führt, dass er einige Hinweise übersieht, die ihm helfen würden, sich an neue Situationen anzupassen. Da er sich sehr auf spezielle und praktische Themen konzentriert, ist seine Anpassungsfähigkeit an unterschiedliche Situationen und Anforderungen möglicherweise begrenzt.

Zielstrebigkeit: Manchmal fällt es ihm schwer, bei einer Sache dabeizubleiben und zu Ende zu bringen, was er begonnen hat.

Xiu Bo und die aktuelle Situation: Xiu Bos Stärke liegt darin, dass er praktische Vorschläge einbringt, wie man die Struktur und Prozesse im Team verbessern könnte. Es ermutigt ihn, dass seine Ideen häufig umgesetzt werden. Im Allgemeinen langweilt ihn jedoch die Routine seiner Aufgabe und er ist sehr unzufrieden mit seinem Gehalt; er ist der Meinung, er müsse mehr verdienen. Leider suchte er sich für ein diesbezügliches Gespräch mit seiner Chefin einen ungünstigen Zeitpunkt aus. Er war von der daraus resultierenden Auseinandersetzung frustriert und genervt, seitdem hat er das Thema nicht mehr angesprochen. Daher ist er jetzt unsicher, wie es weitergeht – er zögert, es mit seinen Kollegen zu diskutieren, und weiß gar nicht, ob es ihnen nicht auch so geht.

Insgesamt ist Xiu Bo von der Gesamtsituation frustriert und gestresst, doch nach eingehender Überlegung hat er angefangen, Pläne zu machen und sich einen neuen Job zu suchen. Es sieht ihm nicht ähnlich, doch er hat einige Zeit investiert, zu reflektieren, wie er sich am Arbeitsplatz fühlt. Dadurch konnte er sich auf das konzentrieren, was ihm wichtig ist, was ihm am Ende dabei hilft, seine Resilienz zu erhöhen, weil er die Sinnhaftigkeit seines Tuns stärker wahrnimmt (vgl. hierzu auch Abb. 2.4).

Raj

Abbildung 2.5: Rajs Charakterstärken bezogen auf die vier Quellen der Resilienz

Hauptrisiken in Rajs typischem Verhalten

Zuversicht: Seine Haltung dem Leben und Arbeiten gegenüber ist eher ernst als unbeschwert.

Sozialverhalten: Er tendiert dazu, den Kollegen formal und reserviert zu begegnen, und hält sich vielleicht von denjenigen fern, die ihm in schwierigen Zeiten Unterstützung bieten könnten.

Anpassungsfähigkeit: Seine Tendenz, sich leicht verunsichern zu lassen, und seine Ungeduld können es ihm erschweren, mit Problemen und alltäglichen Frustrationen ruhig und flexibel umzugehen.

Raj und die aktuelle Situation: Wie bei den anderen im Team, ist Rajs Haltung umsichtig und hilfsbereit. Darin sind sie sich gleich, daher ist es nicht verwunderlich, das „eine hilfsbereite Stimmung unter den Kollegen" ein wichtiger Faktor ist, der zum Auffüllen des Wohlbefinden-„Reservoirs" dient. Wie Xiu Bo und Daniel tendiert Raj jedoch dazu, schnell gereizt und manchmal ungeduldig zu werden. Außerdem verhält er sich den anderen gegenüber eher kühl und distanziert. Allerdings stellt dies kein Problem bei seinen Kollegen dar, die wissen, dass er sie gern mag und dass sie sich auf ihn verlassen können, wenn sie seine Hilfe brauchen. In jüngster Zeit haben seine Ungeduld und Reserviertheit allerdings dazu geführt, dass es ihm nicht gelingt, eine Beziehung zu den Kollegen aus dem Bereich Kundenbetreuung aufzubauen. Kürzlich wurde das in einem Gespräch mit Helena thematisiert, weil diese Haltung seine Leistung beeinflusst. Ein gutes Verhältnis zum Team der Kundenbetreuung ist entscheidend, wenn auch aus verschiedenen Gründen ziemlich kompliziert.

Insgesamt ist Raj seit einiger Zeit darüber verstimmt, dass Helena ihm zufolge negativ gestimmt ist und ihm nicht ausreichende Unterstützung gibt. Nun hat er das Gefühl, dass sie ihm ungerechterweise Steine in den Weg legt, was seine Karriere angeht. Da er mit den anderen Teammitgliedern bezüglich Gehälter, Unsicherheit und der unbefriedigenden Aufgaben einer Meinung ist, hat er sich vorgenommen, mit Helena ein offenes und ehrliches Gespräch zu führen. Seine Resilienz kommt ihm dabei zugute, solange er in der Lage ist, ruhig zu bleiben, seine Frustration im Zaum zu halten und dieses Gespräch auf konstruktive Weise zu führen (vgl. hierzu auch Abb. 2.5).

Daniel

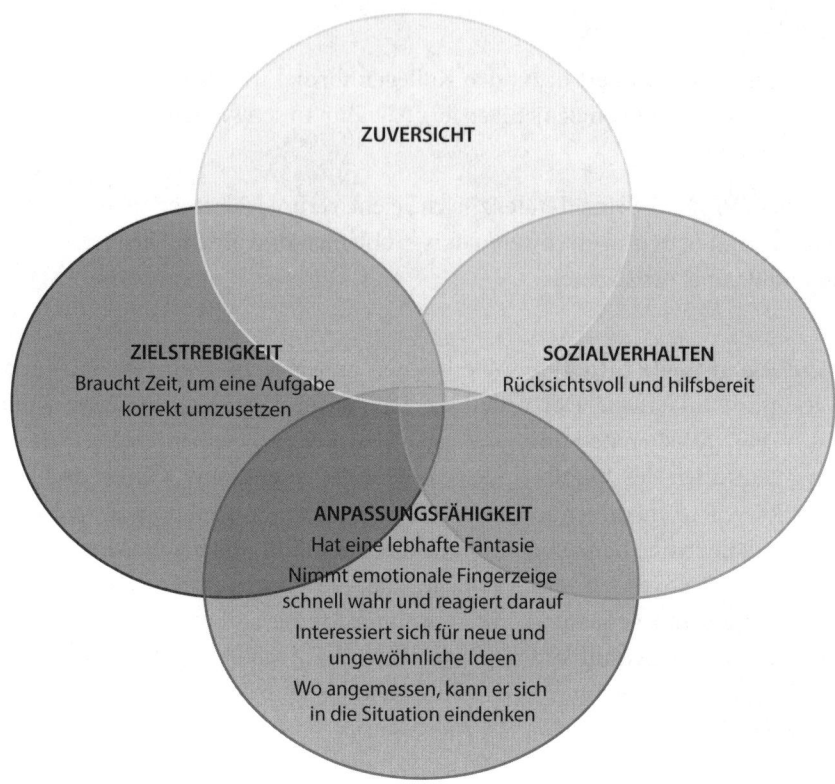

Abbildung 2.6: Daniels Charakterstärken bezogen auf die vier Quellen der Resilienz

Hauptrisiken in Daniels typischem Verhalten

Zuversicht: Wenn er im Mittelpunkt der Aufmerksamkeit steht, fühlt er sich unwohl und verliert das Selbstbewusstsein, insbesondere, wenn er die Menschen nicht gut kennt. Er ist nicht sonderlich von seiner Fähigkeit überzeugt, mit belastenden Situationen souverän umzugehen. Da er Konflikten aus dem Weg geht, kann er manchmal seinen Standpunkt nicht angemessen vertreten. Er tendiert dazu, bescheiden und anspruchslos zu sein, nur ungern spricht er über seine Erfolge und über das, was er erreicht hat.

Anpassungsfähigkeit: Seine Tendenz, sich leicht verunsichern zu lassen, und seine Ungeduld können es ihm erschweren, mit Problemen und alltäglichen Frustrationen ruhig und flexibel umzugehen. Da er sein Wissen gern für sich behält, ist er weniger flexibel in seiner Reaktion auf neue Situationen.

Zielstrebigkeit: Daniel arbeitet eher in einem gemächlichen als in einem energischen Tempo. Seine Haltung gegenüber ethischen Prinzipien und der Erfüllung von Verpflichtungen ist recht entspannt. Ihm ist es nicht wichtig, Resultate um ihrer selbst willen zu erzielen, sondern er ist tendenziell stärker motiviert, wenn ihm die Ziele am Herzen liegen.

Daniel und die aktuelle Situation: Im Gegensatz zu seinen Kollegen ist Daniel recht zufrieden mit der Arbeitsroutine. Er bemühte sich auch nicht um mehr Verantwortung oder um Aufgaben, die für ihn eine Weiterentwicklung bedeuten könnten. In seiner Freizeit verbringt er viel Zeit damit, Kritiken für verschiedene Onlinemedien zu schreiben. Dies befriedigt sein Bedürfnis nach intellektueller Anregung, ohne ihn dabei unter zu großen Leistungsdruck zu setzen. Damit verdient er auch noch ein wenig Geld nebenher, und da er nicht sehr anspruchsvoll ist, beschäftigt ihn das Thema Gehalt nicht so stark wie seine Kollegen. Jedoch macht er sich große Sorgen über die Sicherheit seines Jobs und fürchtet, dass für seine Kompetenzen in Zukunft weniger Nachfrage bestehen könnte.

Insgesamt besteht das Risiko für Daniel darin, dass es ihm an Selbstüberzeugung mangelt und dass er den Beitrag, den er für das Unternehmen leisten kann, auch wenn sich dessen Ansprüche in der Zukunft sicherlich verändern werden, unterschätzt. Im Moment scheint er sich nicht aus seiner Komfortzone herauszubewegen, und das kann langfristig einen negativen Einfluss auf seine Resilienz haben (vgl. hierzu auch Abb. 2.6).

Dieses Beispiel vom Green-Accounts-Team zeigt, wie komplex die Interaktion zwischen den einzelnen Personen und der Arbeitssituation, in der sie sich befinden, sein kann. Wie bereits zuvor erläutert, haben wir uns hier auf die Persönlichkeitsmerkmale konzentriert, um die individuellen Resilienz-Ressourcen aufzuzeigen, die jedes Teammitglied mit an den Arbeitsplatz bringt. Eine umfassende Darstellung müsste natürlich auch auf die Bewältigungsstrategien, die jeder Mensch im Laufe seines Lebens erlernt, sowie auf die jeweiligen intellektuellen, wissens- und erfahrungsbasierten Kompetenzen eingehen.

2.5 Implikationen für die Entwicklung von Resilienz am Arbeitsplatz

Diese Diskussion zeigt, wie wichtig es für jeden Einzelnen ist, zu verstehen, was auf der einen Seite der eigene Ausgangspunkt für die Resilienz ist und auf der anderen Seite, wie er vermutlich von unterschiedlichen Arten von Belastungen am Arbeitsplatz sowie im Privatleben beeinflusst wird. Darüber hinaus müssen Führungspersonen und Organisationen diese Faktoren berücksichtigen, um die persönliche Entwicklung ihrer Mitarbeiter zu fördern.

Auf die Maßnahmen zur Entwicklung von Resilienz hat das Zusammenspiel von Individuum und Arbeitskontext folgende Implikationen:

- Betrachtet der Einzelne einfach nur seine individuellen Resilienz-Ressourcen unabhängig von den Einflüssen der Arbeits- und Lebenswelt, wird es ihm schwerer fallen, eine aktive Rolle bei der Stärkung seiner Resilienz zu übernehmen.
- Das Verständnis der in diesem Kapitel dargestellten Zusammenhänge kann Mitarbeitern und deren Führungskräften helfen, die Chancen am Arbeitsplatz maximal zu nutzen, um die Resilienz zu stärken. Dazu gehört auch der produktive Umgang mit Risiken am Arbeitsplatz, die möglicherweise die individuelle Resilienz unterminieren.
- Die Entwicklung von Stärkungsmaßnahmen für Resilienz und ähnliche Interventionen sollten die unterschiedlichen Ursachen von Belastungen und Quellen von Unterstützung und deren Zusammenspiel mit den individuellen Persönlichkeitsmerkmalen und Kompetenzen berücksichtigen. Dies ist für alle Interventionen wichtig, insbesondere für Maßnahmen, die einen ganzheitlichen Ansatz verfolgen mit dem Ziel, Wohlbefinden am Arbeitsplatz und die individuelle Leistung zu verbessern.

Außerdem zeigt dieses Beispiel, dass individuelle Resilienz von allen Aktivitäten profitiert, die jeder im Sinne der Verbesserung seiner Zuversicht, Sozialkompetenzen, Anpassungsfähigkeit und Zielstrebigkeit unternehmen kann. In Teil II werden wir nicht jede einzelne Methode oder Trainingsmethode erläutern, weil dies den Rahmen des Buches sprengen würde. Hingegen haben wir allgemeine Prinzipien für die Entfaltung von Resilienz entwickelt, die von besonderer Bedeutung sind. Auf einige der wichtigsten Methoden und Fortschritte auf dem Feld der Resilienz gehen wir noch detaillierter ein.

3. | Stärkung von Resilienz im Laufe der Jahre: von einer Abhilfemaßnahme zur Leistungssteigerung

In den letzten 20 Jahren wurden in verschiedenen Formen und Kontexten zahlreiche Maßnahmen zur Stärkung von Resilienz entwickelt. Trotz durchgängig guter Ergebnisse konnten sie sich nicht etablieren. Zurzeit jedoch scheint sich dies zu ändern. Die Nachfrage an Resilienz-Trainings ist höher als jemals zuvor. Scheinbar erfreut sich persönliche Entwicklung mittlerweile einer größeren Akzeptanz – nicht nur in den Personalabteilungen, in der Bildungsbranche oder der Psychologie. Ebenso offensichtlich üben ökonomische und soziale Umstände großen Druck auf die Arbeitswelt aus. Das ist sicherlich auch schon zuvor der Fall gewesen, doch wahrscheinlich wird dieser Druck auch in der Zukunft unvermindert zunehmen.

Unserer Meinung nach gibt es aber noch viel Arbeit, um sicherzustellen, dass die Entwicklung von Resilienz am Arbeitsplatz gut gestaltet, weit verbreitet und mit der Zeit wohlfundiert ist, um nachhaltige Ergebnisse für Individuum und Organisationen gleichermaßen sicherzustellen. Ist dies auch Ihr Ziel, ist es sinnvoll, sich anzuschauen, was bisher auf diesem Gebiet passiert ist.

3.1 Unterstützung bei Verlust des Arbeitsplatzes und Programme zur Wiedereingliederung in den Job

Wie bereits in der Einleitung erwähnt, wurde Resilienz-Training überraschenderweise im privaten Sektor nur zögerlich angenommen, obgleich die Ergebnisse der Fortbildungsprogramme der University of London in den frühen 1990er-Jahren bestechend waren. Jedoch bekam dieser Ansatz mehr Zugkraft bei der Unterstützung bei Arbeitslosigkeit und Wiedereingliederung in den Arbeitsmarkt. Dies geschah zu einer Zeit, als sich die Menschen in Großbritannien an die Idee gewöhnen mussten, dass massenhaft Personalabbau betrieben wurde und die Outplacement-Branche eine der wenigen war, die beständig wuchs. Einige Anbieter von Outplacement-Services, die Arbeitnehmer aus ihrer Beschäftigung heraus an andere Unternehmen vermitteln, führten Resilienz-Training als einen Bestandteil ihres Angebots ein. Diese Trainings basierten auf dem Modell der University of London.

In diesem Kontext spielten die Vorbehalte gegen psychologische Interventionen weniger eine Rolle, da auf diesem Sektor Beratung und Trainingsmaßnahmen zur Stärkung von Durchsetzungskraft und interpersonellen Kompetenzen zur Tagesordnung gehören. Allerdings gab es andere Hürden, wie es häufig bei Finanzdienstleistern und Outplacement-Organisationen der Fall ist. Insbesondere lagen diese darin begründet, dass die Teilnehmer, auf denen sich die Ergebnisse der Studie von der University of London bezogen, jede Woche einen halben Tag lang den Kurs besuchten, in dem sie das Gelernte im Alltag anwendeten und individuell übten. Während dieses Vorgehen allgemein Anerkennung fand, barg es jedoch viele Hindernisse auf praktischer Ebene, nicht zuletzt hinsichtlich der Organisation und der Kosten. Daher wurden Elemente dieses Modells in bereits bestehende Trainings und Einzelsitzungen übernommen, und eine weitere Verbreitung des vollständigen Trainingsprogramms fand nicht statt.

Mittlerweile sind viel mehr Berater, Trainer und Coaches mit den Prinzipien der kognitiven Verhaltenspsychologie vertraut, die dem Resilienz-Training der University of London zugrunde liegt. Das war in den 1990er-Jahren nicht der Fall, was vielleicht auch ein Grund dafür war, dass die Entwicklung individueller Resilienz bei Outplacement-Maßnahmen unberücksichtigt blieb, obgleich deren Effizienz gut belegt war.

Die Ergebnisse beweisen, dass die Teilnehmer innerhalb von vier Monaten nach Abschluss des Trainings signifikant erfolgreicher bei der Jobsuche waren als eine Kontrollgruppe, die eine andere Art von Bewerbungstraining hinter sich hatte.[63]

Natürlich waren diese Ergebnisse von großem Interesse für die Arbeitsagentur der damaligen Regierungsbehörde, die den Auftrag hat, die Beschäftigungszahlen in Großbritannien zu steigern. Die Arbeitsvermittlung war an der Studie über Resilienz-Training der University of London beteiligt und nutzte das Modell für ihre Trainingsprogramme.

Im Verlauf der Jahre sind ähnliche Programme in Großbritannien und anderen Ländern von ganz verschiedenen Regierungsorganisationen eingeführt worden, um die psychische Gesundheit von Arbeitslosen zu verbessern und die Arbeitslosenzahlen zu senken. Wie immer ist es schwer, den Fortschritt ungehindert voranzubringen. Im Rückgriff auf eine Evaluation einer Maßnahme in Australien stellen Vanessa Rose und Elizabeth Harris die Schwierigkeiten dar, groß angelegte, aus öffentlichen Geldern finanzierte Interventionen durchzuführen, auch außerhalb des Kontexts von umfassenden wissenschaftlichen Studien. Sie stellen fest: „Der einfache Beweis für die Effizienz einer Intervention reicht nicht aus, um für eine effektive Verbreitung unter arbeitslosen Menschen zu sorgen."[64]

Zum Zeitpunkt der Veröffentlichung ist die jüngste Umsetzung eines von der britischen Regierung finanzierten Resilienz-Programms Teil eines Kompetenztrainings unter dem Banner des *Youth Contract,* einer Strategie, die sich speziell auf die Reduzierung von Arbeitslosigkeit unter Jugendlichen richtet. Bei diesen Maßnahmen findet auch mentale Resilienz Berücksichtigung.

3.2 Karrierefaktor Resilienz

In den USA waren in den 1990er-Jahren viele Unternehmen, besonders aus der Informationstechnologie-Branche, offen für die Idee der „beruflichen Resilienz". Sie wurde definiert als „die Fähigkeit, die eigene Karriere in einer sich sehr schnell wandelnden Umwelt zu gestalten. Das Ergebnis von Selbstbewusstsein in beruflicher Hinsicht … die Fähigkeit, sich an neue Umstände anzupassen, auch wenn diese entmutigend und störend sind."[65]

Diese Beschreibung zeigt, wie ähnlich dieses Konzept dem der persönlichen oder individuellen Resilienz ist, wie wir es in diesem Buch definiert haben. In der Praxis wurde diese Idee jedoch speziell dafür entwickelt, um Karriereentwicklung und Maßnahmen zur Karrieregestaltung zu verbessern. Dies war die Antwort auf den steten Wandel der Beschäftigung und auf das, was als Niedergang des traditionellen, linearen Berufsweges und des „Jobs fürs Leben" gesehen wurde. Technologieunternehmen, wie Sun Mikrosystems in Kalifornien, machten diese Idee publik und ermunterten ihre Angestellten, die ganze Branche als ihren Arbeitgeber zu betrachten, nicht nur das jeweilige Unternehmen. Maßnahmen in Organisationen konzentrierten sich darauf, eine „in beruflicher Hinsicht resiliente Belegschaft" zu entwickeln – eine Gruppe karriereorientierter Arbeitnehmer, die nicht nur von der Idee des lebenslangen Lernens begeistert sind, sondern auch bereit sind, sich immer wieder neu zu erfinden, um mit dem Wandel mithalten zu können, die die Verantwortung für die Gestaltung der eigenen Karriere übernehmen und sich nicht zuletzt für den Erfolg ihres Unternehmens engagieren."[66]

Dieser Ansatz war so erfolg- wie einflussreich, obgleich die Umsetzung der Maßnahmen nicht wie gewünscht weitreichend angelegt war, sondern in einigen Fällen sogar beeinträchtigt wurde, weil man einige der innovativsten und reflektiertesten Besonderheiten nicht verstanden, geschweige denn umgesetzt hatte. Eine vereinfachte Herangehensweise an diesen Ansatz konnte dazu führen, dass eine Organisation bezichtigt wurde, ihre Verantwortung bei der Karriereförderung abzugeben. Ein wichtiges Prinzip bestand darin, anzuerkennen, dass Berufstätigkeit einem steten Wandel unterliegt und eine Investition in Maßnahmen sinnvoll ist, die Arbeitnehmern helfen, die Entwicklung ihrer „mobilen" Fertigkeiten und Fähigkeiten wertzuschätzen und für sie Verantwortung zu übernehmen.

Lesern, die im Rahmen der persönlichen Resilienz insbesondere am Aspekt Karriereentwicklung interessiert sind, empfehlen wir die Literatur über Resilienz als Karrierefaktor. Sun Microsystems und andere Unternehmen aus dem Silicon Valley sind gute Beispiele für die Umsetzung dieser Methoden. Der Artikel „Toward a Career-Resiliant Workforce"[67] aus der *Harvard Business Review* bietet eine gute Grundlage.

3.3 Stress und Stressmanagement in Organisationen

Innerhalb des privaten Sektors gibt es eine Branche, die schon seit vielen Jahren eine umfassendere Herangehensweise in Bezug auf das Wohlbefinden ihrer Mitarbeiter hat, dazu gehören auch Aspekte des mentalen Wohlbefindens wie beispielsweise Stressmanagement und Resilienz. Es ist leicht nachvollziehbar, dass Gesundheitsorganisationen im Allgemeinen und Pharmaunternehmen im Besonderen seit jeher weniger davor zurückschrecken, sich mit Themen der psychischen und physischen Gesundheit auseinanderzusetzen. Aus der Perspektive der Markenbildung und des Rufs des Unternehmens erheben viele von ihnen in der Tat ganzheitliche Maßnahmen für das Wohlbefinden der Angestellten zur Priorität.

Häufig sind das Trainingsangebote für die Mitarbeiter, um deren Resilienz zu stärken. Zum Beispiel bietet GlaxoSmithKline (GSK), ein britisches Pharmaunternehmen mit Hauptsitz in London, ein Resilienzprogramm an, bei dem alle Mitarbeiter – das sind ca. 99.000 weltweit – an einem dreieinhalbstündigen Workshop teilnehmen. In einer Fallstudie auf der Website des britischen Ministeriums für Arbeit und Renten wurde darauf hingewiesen, dass der GSK-Workshop „die Prinzipien des Energie-Managements berücksichtigt" und „den Angestellten [ermöglicht], ihren Energiehaushalt zu verbessern und Verhaltensweisen anzunehmen, die der Gesundheit, der positiven Einstellung und der Resilienz des Einzelnen dienen."[68]

Im Großen und Ganzen nimmt der Gesundheitssektor normalerweise eine Vorreiterstellung ein, wenn es um Best-Practice-Studien hinsichtlich des Wohlbefindens von Mitarbeitern geht. Eine detaillierte Fallstudie lieferten Fikry Isaac und Scott Ratzen von Johnson & Johnson aus den USA, einem Unternehmen, das die beiden Autoren als „die weltweit größte Firma im Gesundheitswesen"[69] bezeichnen.

In diesem Buch differenzieren wir bewusst individuelle Resilienz von einem allgemein guten psychischen oder mentalen Gesundheitszustand. Darüber hinaus möchten wir betonen, dass die Stärkung von Resilienz nur ein einzelnes Element der

Verbesserung im Umgang mit Stress und dem Wohlbefinden von Mitarbeitern in Organisationen ist. Allerdings besteht ein enger Zusammenhang zwischen den drei Faktoren individuelle Resilienz, Stressmanagement und Allgemeinbefinden.

Daher ist es sinnvoll, sich an dieser Stelle die Zeit zu nehmen, um die Entwicklung von individueller Resilienz in den Kontext des allgemeinen Stressmanagements und der Unternehmensinitiativen zum Wohle der Mitarbeiter zu setzen. Schauen wir uns zunächst einmal an, wie sich dieser Bereich innerhalb des Gesundheitswesens entwickelt hat: Als in den 1990er-Jahren der Druck durch Unternehmenszusammenschlüsse und andere Wirtschaftsfaktoren stieg, begannen Unternehmen wie Glaxo, Wellcome und deren Konkurrenten, hinsichtlich des Wohlbefindens ihrer Angestellten das Augenmerk stärker auf die Sensibilisierung gegenüber Stress und auf das Stressmanagement zu richten. Dieser Ansatz war im Wesentlichen dem Risiko-Management geschuldet und wurde zugunsten der Erhaltung der Arbeitskraft vorangetrieben. Daher war er in seinem Ursprung und in seiner Ausrichtung ein ganz anderer als der, der den Untersuchungen der University of London innewohnte. Diese zielten auf die individuellen Resultate für den Einzelnen (Wiedereingliederung in den Arbeitsmarkt) und das Unternehmen (Verkaufszahlen, Bindung von Angestellten etc.) ab.

Zunächst ging es sowohl in der Forschung als auch in der Praxis darum, das Stressniveau der einzelnen Mitarbeiter zu senken – eine Strategie, in der das Training zur Stärkung von Resilienz seinen Stellenwert hat. Jedoch wurden schnell die Grenzen dieses Ansatzes deutlich. In Veröffentlichungen von Cary Cooper und Susan Cartwright[70], von Sydney Finkelstein und Cary Cooper[71] und von Jac van der Klink[72] wurde darauf hingewiesen, dass das Problem eher strategisch angegangen werden müsse, indem die Ursachen von Stress innerhalb des Unternehmens identifiziert und gelenkt werden müssten.

Als die britische Health and Safety Executive (HSE), die in Großbritannien für wesentliche Bereiche des Arbeitsschutzes zuständig ist, 2002 eine Best-Practice-Studie zum Thema Stressmanagement in Auftrag gab, begannen die Unternehmen im Gesundheitswesen, sehr viel umfassendere Interventionen einzuführen. Die Studie, die unter dem Namen „Beacons of Excellence"[73] („Leuchtturm der Exzellenz") bekannt wurde, bestätigte die Vorreiterstellung multinationaler Pharmaunternehmen unter den Organisationen im privaten Sektor, angesichts der Summen, die sie in die mentale Gesundheit ihrer Mitarbeiter investierten. Die Studie machte auch das diesbezüglich weitverbreitete Commitment der Unternehmen im privaten Sektor deutlich. Dabei wurden verschiedene Beiräte und die Treuhandgesellschaften des National Health Service, NHS, als „Leuchttürme der Exzellenz" ermittelt, da sie Präventionsstrategien gegen Stress und niedrigschwellige Interventionen (um die Ursachen von Stress am Arbeitsplatz anzugehen) umsetzten.

Bei diesen Unternehmen und Organisationen, die willens waren, in die Verbesserung des Stressmanagements zu investieren, war die Idee, strukturell bedingte Stress-Ursachen zu ermitteln und zu bekämpfen, mittlerweile fest verankert. Gemeinsam mit den universitären Forschern und öffentlichen Einrichtungen wie der HSE und der Teilnahme an Projekten wie dem „Beacons of Excellence" trugen diese Organisationen dazu bei, ein gemeinsames Verständnis davon zu entwickeln, was bei der Ermittlung und beim Risiko-Management von Stress am Arbeitsplatz als positiv gelten kann. Wesentlich dafür war die Einteilung der Stress-Management-Interventionen in drei verschiedene Ebenen. Im folgenden Kasten sind die drei Stufen erläutert:

Ebenen der Stress-Management-Intervention:

1. Stufe: den / die Stressoren am Arbeitsplatz ausmerzen oder zumindest den Mitarbeiter der Ursache der Negativbelastung (bzw. der „hindernden" Belastung) weniger aussetzen. Das bezieht wahrscheinlich eine Änderung der Strategie, des Vorgehens, Strukturen, Abläufe oder Prozesse mit ein.
2. Stufe: Sie zielt auf die individuelle Fähigkeit ab, mit Ursachen von Belastungen am Arbeitsplatz umzugehen, insbesondere solchen, die sich durch primäre Interventionen (Stufe 1) nicht beheben lassen. Dazu gehören häufig Maßnahmen wie Training oder Coaching.
3. Stufe: Hier erhalten einzelne Mitarbeiter Unterstützung, um sich von den negativen Auswirkungen des durch Arbeit oder durch private Gründe ausgelösten Stresses oder Anstrengungen zu erholen. Normalerweise besteht sie in individueller Beratung, häufig durch einen externen Anbieter im Rahmen eines Employee Assistance Programs (EAP; „Unterstützungsprogramm für Mitarbeiter").

Fortbildungen zur Stärkung von Resilienz am Arbeitsplatz fallen in die 2. Kategorie der Interventionen. Obgleich diese Kurse nicht die ursächlichen Stressquellen beheben, spielen sie eine wichtige Rolle. In der Praxis werden sie allerdings manchmal von einigen Arbeitgebern als „Pflaster" gesehen, die die darunterliegenden Probleme nur abdecken, und tatsächlich besteht diese Gefahr. Man kann ihr begegnen, indem sichergestellt wird, dass Resilienz-Training ein Element einer umfassenderen und gut kommunizierten Strategie ist. Wie dies am besten geschieht, schildern wir in den folgenden Kapiteln.

Ohne diesen organisatorischen Rahmen können Führungskräfte schnell frustriert werden, wenn sie den Wert eines Resilienz-Trainings erkennen und es mit den besten Absichten in ihrem Bereich einführen wollen. In ein solches Projekt waren wir involviert. Der Bereichsleiter einer wichtigen Schaltstelle einer Firma aus dem Finanzsektor gab den Auftrag für eine Reihe von Resilienz-Workshops. Sie waren Teil eines umfassenden Programms, um das Führungsteam und eine Gruppe Mitarbeiter dabei zu unterstützen, einige besonders große Herausforderungen im Zuge einer Unternehmensrestrukturierung zu meistern.

Obgleich die Gesamtbewertung des Pilot-Workshops positiv ausfiel und obgleich andere Maßnahmen des Führungsteams, um Belastungen am Arbeitsplatz einzudämmen, klar kommuniziert wurden, stagnierte die weitere Umsetzung der Workshops. Der Bereichsleiter führte das darauf zurück, dass die Teilnehmer die Workshops als Versuch ansahen, die eigentlichen Probleme der Mitarbeiter nicht angehen zu müssen. Ihm war klar, dass dies möglich war, doch war er von dem Zynismus seiner Mitarbeiter enttäuscht, da das Führungsteam seine Mitarbeiter sonst engagiert unterstützte.

Solche Verläufe sind keinesfalls ungewöhnlich und im Laufe der Jahre zeigten sich Führungskräfte zögerlich, solch ein Risiko einzugehen, auch wenn sie von den Vorteilen solcher Programme überzeugt waren. Auch von anderen Seiten gab es Druck, um die Programme zur Unterstützung der Mitarbeiter umzusetzen. Angesichts der Entwicklung von Maßnahmen zur Stärkung von Wohlbefinden am Arbeitsplatz ist es verständlich, dass Akademiker und Arbeitnehmervertretungen in den letzten zehn Jahren auf Maßnahmen der 1. Stufe gedrängt haben. In den 1990er-Jahren wurden die Maßnahmen der 3. Stufe weitestgehend akzeptiert und sind mittlerweile etabliert. Während die Unternehmen wachsendem externen ökonomischen und umweltbedingtem Druck ausgesetzt sind, wird ihr Engagement für Interventionen der 1. Stufe immer stärker.

Daraus resultierend tendierten diejenigen Organisationen, die Best Practices im Stressmanagement bereitwillig umsetzen, dazu, die Risiken von Stress zu bewerten und dementsprechend Handlungspläne zu entwickeln. In Großbritannien wurden von der HSE und einer Anzahl kommerzieller Unternehmen Online-Tools zur Erhebung von Stress eingeführt. Die meisten Mitarbeiterbefragungen beinhalten nun auch einige Fragen zu Stress am Arbeitsplatz, um die Unternehmen darauf aufmerksam zu machen. Auf dem privaten Sektor verlässt man sich gemeinhin auf die jährliche Mitarbeiterbefragung, um systemimmanente Stress-Risiken zu erkennen, während auf Team- oder Mitarbeiterebene reaktive Maßnahmen umgesetzt werden. Im öffentlichen Sektor und im kommerziellen Gesundheitswesen verbreitete sich das Vorgehen, Belastungsursachen, die im Unternehmen begründet liegen, regelmäßig zu erfassen, stärker, wenn auch noch nicht durchgängig. Dies wiederum änderte sich mit Budgetkürzungen im öffentlichen Sektor und zentralisierten Mitarbeiterbefragungen sowie Trainingsmaßnahmen, Mitarbeiterentwicklung und den dazugehörigen Interventionen.[74]

Organisationen im öffentlichen Sektor haben angesichts dieser Beschränkungen wenig Spielraum, Stress-Risiken eingehend zu untersuchen oder die bereits erwähnten Interventionen umzusetzen, um die Ursachen von Stress am Arbeitsplatz besser handeln zu können. Diese Situation besteht trotz der Empfehlungen der britischen Regierung, die im *Foresight Project on Mental Capital and Wellbeing*[75] (Vorsorge-Projekt für geistiges Kapital und Wohlbefinden) betont, wie wichtig regelmäßige Unternehmensüberprüfungen hinsichtlich Wohlbefinden und Ursachen von Stress sind.

Gleichzeitig wuchs bei den Unternehmen jedoch auf breiterer Ebene das Interesse am Wohlbefinden der Mitarbeiter, das über physisches Wohlbefinden oder „Wellness" hinausgeht. Dabei geht es um Fragen der Arbeitsmoral und der geistig-seelischen Verfassung. Bei einigen Unternehmen führte das zu einer breiteren Aufstellung von Interventionen gegen Stress, um weitere Aspekte des Wohlbefindens der Mitarbeiter zu berücksichtigen. Viele andere Organisationen beschäftigen sich jedoch zum ersten Mal strategisch und unternehmensweit mit diesen Fragen.

Hinter dem aktuellen Interesse am Wohlbefinden der Mitarbeiter stehen verschiedene Einflussfaktoren: Zu den wichtigsten gehört zweifelsfrei die Erkenntnis, dass die ökonomische und umgebungsbezogene Situation auch weiterhin problematisch bleiben wird. In den letzten Jahren haben wir zwei Wege erkennen können, auf denen die Organisationen zu dem Schluss kommen, dass sie mehr für die geistig-seelische Gesundheit ihrer Mitarbeiter tun müssen.

Die erste Herangehensweise ist die des *Mitarbeiterengagements*. David MacLeod und Nita Clarke beschreiben es als „Ansatz, um sicherzustellen, dass die Beschäftigten sich für die Ziele und Werte ihres Unternehmens engagieren und motiviert sind, zum Erfolg der Organisation beizutragen, während sie zur selben Zeit ihr eigenes Wohlbefinden stärker reflektieren."[76] Das Interesse am Mitarbeiterengagement ist derart angestiegen, dass die jährlichen Mitarbeiterumfragen nunmehr in „Engagement-Umfragen" umbenannt wurden. Für viele steht fest, dass sich die Investition in die Verbesserung des Mitarbeiterengagements lohnt, und diese Akzeptanz scheint die Aufmerksamkeit stärker auf die Arbeitsmoral und das geistige Wohlbefinden der Beschäftigten zu lenken.

Andere Organisationen haben sich wiederum das *hohe Niveau der Belastung,* unter dem viele Mitarbeiter leiden, herausgegriffen. Sie bezeichnen es als Resultat der *schwierigen ökonomischen Situation und des schnellen Wandels.* Ende der 1990er-Jahre führten einzelne Unternehmen, etwa das US-amerikanische Questar, unternehmensweit Trainingsmaßnahmen zur Stärkung der Resilienz ihrer Beschäftigten durch. Anlass waren der sich immer stärker beschleunigende Wandel und Befürchtungen im Zusammenhang mit dem Jahrtausendwechsel, insbesondere den technischen Komplikationen. Diese Unternehmen stellten jedoch eine kleine Minderheit dar.

3.4 Neues Interesse an der Entwicklung individueller Resilienz

Ein größeres Interesse, das auch den Wunsch nach Resilienz-Trainings mit einschloss, entwickelte sich während der internationalen Finanzkrise im Jahr 2008, und zwar selbst bei jenen Organisationen, die zuvor solche Maßnahmen eher abtaten oder angesichts von Belastungen am Arbeitsplatz eine „Macho"-Haltung an den Tag legten. Unklar ist, ob solche Initiativen über einen relativ kleinen Stamm von Organisationen im Zentrum der Finanzkrise hinaus bekannt geworden wären, wäre nicht eine bestimmte Maßnahme an die Öffentlichkeit gekommen. Im Jahr 2009 führte die US Army ein Master-Resilienz-Training im Rahmen ihres Comprehensive Soldier Fitness Programs ein. Bei diesen Maßnahmen, die gemeinsam mit der University of Pennsylvania entwickelt wurden, ging es um die Verbesserung von fünf Dimensionen persönlicher Stärke, nämlich der *emotionalen, sozialen, spirituellen, familiären* und *physischen* Dimension.

Professor Martin Seligman, auf dessen früher Arbeit die bereits beschriebene Initiative der University of London basierte, trug wesentlich zur Entwicklung dieses Master-Resilience-Trainings bei. Der Ansatz, den die US Army verfolgt, hat viel mit Seligmans frühen Arbeiten gemeinsam, wobei er jedoch in wichtigen Aspekten angepasst wurde und aktuellere Forschungsergebnisse und Theorien, besonders auf dem Gebiet der Positiven Psychologie, berücksichtigt. In späteren Kapiteln werden wir auf das Master-Resilience-Training noch einmal zurückkommen.

Sogar in jenen Stress-Kontexten, denen Soldaten in Afghanistan und anderen Konfliktregionen ausgesetzt sind, ist Resilienz-Training keinesfalls eine allgemein anerkannte Interventionsmethode. Im Falle des Trainings der US Army kommentieren Kritiker verschiedene Aspekte der Maßnahmen und die Art und Weise, wie sie umgesetzt wurden. Gleich, welche Perspektive man angesichts dieser Kritik einnimmt, ist es wohl gut, dass Interventionen zur Stärkung von Resilienz sich einer eingehenden Prüfung unterziehen müssen. Denn schließlich zielen diese Programme darauf ab, die Art und Weise zu gestalten, wie wir wichtige Ereignisse sowohl am Arbeitsplatz als auch ganz allgemein im Alltag wahrnehmen und darauf reagieren.

3.5 Wohlbefinden am Arbeitsplatz – Implikationen für die Stärkung von Resilienz

Diese Beobachtung führt uns zu der Notwendigkeit zurück, dass die Stärkung von individueller Resilienz in strategische Programme, die gut durchdacht sind und angemessen kommuniziert werden, eingegliedert sein muss. Darüber hinaus müssen das gehobene Management und andere Interessenvertreter diese Maßnahmen unterstützen, will man Nachhaltigkeit und überdauernde Resultate für die Organisation erreichen. Es erfordert zudem mehr als die umfassende Zusammenstellung von Interventionen, die vom Arbeitnehmerschutz platziert wird.

Befinden wir uns auch noch am Anfang dieser notwendigen Umstrukturierung, so gibt es doch eine steigende Anzahl von Organisationen, die Strategien für das Wohlbefinden ihrer Beschäftigten aufstellen, welche dann auch von der Vorstandsetage ebenso wie von anderen Geschäftsinteressenten aus den verschiedenen Bereichen getragen werden. Darunter sind Vertreter des Bereichs Unternehmensverantwortung (Corporate Social Responsibility), des Talentmanagements, des Kundenservice, der Abteilungen Risikomanagement und Compliance sowie des Arbeits- und Gesundheitsschutzes. Um ein Beispiel zu nennen: Im Falle des amerikanischen Pharmazie- und Konsumgüterherstellers Johnson & Johnson reichen die Zukunftspläne über die traditionellen Ziele der Gesundheitsvorsorge der Angestellten hinaus. Hier geht es um den Einfluss des Konzerns auf Umwelt und Gesellschaft, es sollen bessere Messgrößen für Leistung, Zufriedenheit und Engagement der Angestellten eingesetzt sowie Initiativen geschaffen werden, die das Wohlbefinden der Mitarbeiter mit der Wirtschaftlichkeit des Unternehmens verbinden.[77]

Das gestiegene Interesse und Verantwortungsübernahme weit über die traditionellen Grenzen der Personalabteilung hinaus ist zu großen Teilen jüngeren Belegen zu verdanken, dass sich eine Reihe von wirtschaftlichen Vorteilen mit dem verbesserten Wohlbefinden der Belegschaft in Zusammenhang bringen lassen. Wie bereits erwähnt, gibt es seit Langem Beweise für spezielle Vorteile der Stärkung individueller Resilienz, beispielsweise bessere Verkaufszahlen und Mitarbeiterbindung. Für einen gewissen Zeitraum wird auch effektives Stressmanagement mit Kostenreduktion und höheren Anwesenheitsquoten und Mitarbeiterbindung verknüpft. In den letzten zehn Jahren hat jedoch eine wachsende Anzahl von Forschungen gezeigt, dass das Wohlbefinden von Angestellten Einfluss auf viele verschiedene quantitative Geschäftsergebnisse haben kann. Diese Messgrößen umfassen die Kundenzufriedenheit und eine Reihe von Produktivitätsindikatoren, die die Gesamtleistung der Organisation und deren Rentabilität bestimmen.

Beispielhafte wirtschaftliche Argumente für die Verbesserung des Wohlbefindens von Beschäftigten:

- Fast ein Viertel (23 %) der Streuung (Varianz) in der Produktivität von Beschäftigten (anhand eines Samples von 16 000 britischen Angestellten) lässt sich erklären durch:
  - seelisches Wohlbefinden,
  - von dem von den Angestellten wahrgenommenen Engagement der Firma,
  - Ressourcen und Kommunikation.[78]
- Eine fünfjährige Längsschnittstudie zum seelischen Wohlbefinden und der Leistung von Beschäftigten bewies eine starke Korrelation zwischen Wohlbefinden und Arbeitsleistung.[79]
- Daten aus fast 8000 verschiedenen Geschäftsbereichen von 36 Unternehmen zeigten, dass Engagement und Wohlbefinden mit der Leistung des Bereiches korreliert (gemessen an krankheitsbedingten Fehlzeiten, Kundenzufriedenheit, Produktivität, Fluktuation etc.).[80]
- Wissenschaftlichen Ergebnissen zufolge verbessert Zuversicht, Hoffnung, Optimismus und Resilienz die individuelle Leistung und die der Organisation.[81]

Führungskräfte müssen berücksichtigen, dass sie, um diese Vorteile nutzen zu können, das Maß an Wohlbefinden unter den Beschäftigten messen und gegen die identifizierten Risiken Maßnahmen ergreifen müssen. Das können Interventionen der 1. Stufe sein, die, wie bereits beschrieben (vgl. S. 94), zum Stressmanagement gehören. Wo finden sich in diesem neuen und strategischen Ansatz von Wohlbefinden die Maßnahmen der 2. Stufe wieder? Wie die erwähnte Studie über Zutrauen, Hoffnung und Optimismus zeigt, kann die Verbesserung von Resilienz und den damit verbunden Persönlichkeitsmerkmalen wie Zuversicht direkt zu einer Verbesserung der Leistung des Unternehmens oder der Organisation führen.

Dies führt uns jedoch zu dem Einwand zurück, dass einige Organisationen die Stärkung der individuellen Resilienz nur als schnelle Lösung betrachten würden, die die Vorteile resilienter Beschäftigter für die Organisation bringt, ohne die grundlegenden Probleme in der Kultur, im System oder in den Prozessen des Unternehmens zu beheben, um so die damit einhergehenden Herausforderungen und Kosten zu umgehen. Die Grenzen eines solchen Ansatzes zeigen sich insbesondere dort, wo zweistündige oder noch kürzere Resilienz-Workshops in der gesamten Organisation durchgeführt werden, die auf einem Zufallstreffer-Modell basieren, dem es an Möglichkeiten zum Üben, Nachtragen und Integrieren des Gelernten in die Praxis mangelt.

Unserer Erfahrung nach besteht eine besondere Herausforderung für Personalabteilungen und das Gesundheitswesen, die sicherstellen müssen, dass Vorkehrungen für die Stärkung von Resilienz gut durchdacht und effektiv sind. Während immer mehr Führungspersonen die strategischen Unternehmensvorteile durch die Investition in Wohlbefinden und Resilienz der Beschäftigten erkennen, steigt der Druck für die Organisation, qualitativ hochwertige, effektive und günstige Lösungen zu finden. Leider lässt sich Effektivität nicht notwendigerweise mit nachhaltigen Auswirkungen auf die einzelnen Teilnehmer oder auf die Gesamtorganisation gleichsetzen – das trifft besonders auf die Stärkung der individuellen Resilienz zu. Solange man sich dieses Problems bewusst ist und es umgeht, sollten die Entwicklung von Resilienz und andere Maßnahmen der 2. Stufe stattfinden und eine wichtige Rolle in Programmen zur Verbesserung des Wohlbefindens der Mitarbeiter in Unternehmen haben.

3.6 Der Blick in die Zukunft: Stärkung der Resilienz im Rahmen umfassenderer Interventionen

Wie die Übersicht über die Entwicklung in den letzten zwanzig Jahren zeigt, ist es nicht die Norm, Resilienz-Training als einen integralen Bestandteil von umfassenderen strategischen Programmen zu begreifen. Jedoch ist hier ein Wandel möglich. Was muss also geschehen, um sicherzustellen, dass es in Zukunft berücksichtigt wird? Einer der ersten Schritte besteht darin, *einen Rahmen zu schaffen, in dem Resilienz in einem größeren Kontext von Wohlbefinden und Produktivität einen festen Platz bekommt.*

Wir haben persönliche Resilienz als die Fähigkeit definiert, angesichts schwieriger Umstände weiterzumachen und sich von belastenden Ereignissen so zu erholen, dass Bewältigungskompetenzen gestärkt werden und nachhaltig Nutzen bringen. Wie erwähnt haben einige Organisationen Resilienz-Trainings bereits in ihren Maßnahmen zum Stressmanagement aufgenommen. In diesem Zusammenhang dienen die Interventionen der 1. Stufe dazu, die Ursachen von Belastungen am Arbeitsplatz zu eliminieren oder zu erleichtern, während die der 3. Stufe dem Einzelnen helfen, wieder zu gesunden, sollte seine Gesundheit durch Stress gefährdet sein. Maßnahmen der 2. Stufe, wie das Resilienz-Training selbst, rüsten Beschäftigte mit Fähigkeiten aus, um mit dem Druck besser umgehen zu können und damit die Chancen zu verbessern, Burn-out und andere Gesundheitsrisiken zu vermeiden.

Belastung bildet das Kernkonzept, das die Stärkung von Resilienz mit anderen Aspekten des Stressmanagements verbindet. Tatsächlich gehören Belastungen zu den grundsätzlichen Verbindungsgliedern zwischen Resilienz und Wohlbefinden am Arbeitsplatz im Allgemeinen, wobei dies erst auf den zweiten Blick erkennbar wird.

Druck am Arbeitsplatz ist bisher normalerweise immer in einem negativen Licht gesehen worden: Er musste vermieden werden, wollte man das Risiko von Stress und Burn-out in den Griff bekommen. Führungskräfte müssen an ihre Beschäftigten hohe Anforderungen stellen und zu Anstrengungen und Leistungen ermutigen, doch nur unter speziellen Umständen würden sie dies als ein „unter Druck setzen" beschreiben. Forschungen der letzten Jahre haben jedoch darauf hingewiesen, dass *Herausforderungen und Druck auch positive Auswirkungen auf das Wohlbefinden* haben können, dass sie tatsächlich ein wichtiger Bestandteil dessen sein können.

Die Idee der „positiven Herausforderung" (Eustress) als zentrales Element des Wohlbefindens ist in der Philosophie nichts Neues. Frühe Philosophen der Antike unterschieden zwei Sichtweisen von Wohlbefinden: Der *hedonische Ansatz* definiert Wohlbefinden als rein lustbetonten Zustand, daher der Begriff Hedonismus. Der *eudaimonistische Ansatz* hält auf der anderen Seite dagegen, dass Lust und Glück allein nicht ausreichten und dass wahres Wohlbefinden erst dann erlebt werden könne, wenn der Mensch sinnvolle Ziele verfolge und die Möglichkeit habe, sein Potenzial ganz auszuschöpfen. Letzterer Gedanke setzt sich mittlerweile in Theorie und Praxis der Psychologie durch und ist zentral für die Positive Psychologie. Diese Disziplin wird vom Positive Psychology Center der University of Pennsylvania beschrieben als

> „die wissenschaftliche Erforschung von Stärken und Vorzügen, die es Individuen und Gemeinschaften erlauben, zu gedeihen … Dieses Gebiet gründet sich auf dem Glauben, dass der Mensch ein sinnvolles und erfüllendes Leben führen, das Beste, was in ihm steckt, kultivieren und seine Erfahrungen von Liebe, Arbeit und Spiel weiterentwickeln möchte."[82]

Bei der Erforschung dessen, was nötig ist, um ein sinnvolles Leben zu führen, hebt die Positive Psychologie die Bedeutung des Bedürfnisses nach einem Gefühl für Sinnhaftigkeit hervor. Ein leichtes Leben erscheint danach nicht unbedingt als ideal, und schwierige Situationen und Herausforderungen können eine wichtige und positive Rolle für das Wohlbefinden des Einzelnen spielen.

Dies wird durch die Ergebnisse aktueller Forschung zum Thema arbeitsbedinger Stress bestätigt. Sie belegen, wie sich die richtige Art und das rechte Maß von Druck positiv auf das allgemeine Wohlbefinden und die Leistung auswirken und darüber hinaus helfen, Resilienz für die Zukunft zu stärken. Viele Jahre lang haben auf Forschung basierende Modelle von Stress die Möglichkeit erwogen, dass zu wenig Stress für die Leistungsfähigkeit ebenso schädlich sein kann wie zu viel Stress, obgleich Letzterer viel mehr Aufmerksamkeit bekommen hat. Das Yerkes-Dodson-Prinzip legte schon 1908 nahe, dass ein geringes Maß an Erregung mit schwacher Aufgabenerfüllung in Verbindung gebracht werden kann. Diese Idee, die das Yerkes-Dodson-Gesetz (s. Abb. 3.1) illustriert, war in den 1950er-Jahren sehr populär, um die Beziehung zwischen Erregung (oder Druck) und Leistung aufzuzeigen.

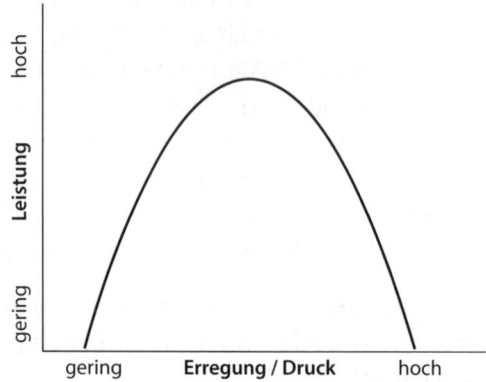

Abbildung 3.1: Yerkes-Dodson-Gesetz

Seitdem wurde die „Hypothese vom umgekehrten U" von vielen Wissenschaftlern hinterfragt.[83] Ihre Ergebnisse bestätigten die gleichmäßige Kurve oder die Erklärungen, mit denen normalerweise das umgekehrte U (s. Abb. 3.1) in Verbindung gebracht wird, nicht immer. Jedoch gibt es eine Reihe von Beweisen aus anderen Studien, die, wie bereits erwähnt, zeigen, dass sich prinzipiell zu viel oder zu wenig Anspannung negativ auf das Wohlbefinden und auf die Arbeitsleistung auswirken, auch wenn dieses Phänomen nicht so funktioniert, wie es das Yerkes-Dodson-Gesetz suggeriert.

Die negativen Auswirkungen von zu großen Belastungen am Arbeitsplatz auf das Wohlbefinden und die Leistungsfähigkeit sind seit vielen Jahren in der Literatur über Stress am Arbeitsplatz gut belegt.[84] In jüngerer Zeit machten Forscher interessante Entdeckungen im Zusammenhang mit den emotionalen wie ökonomischen Kosten, die durch Stress am Arbeitsplatz entstehen, wie auch zum Thema zu geringer Druck im Job. Maureen Dollard und Kollegen[85] untersuchten in ihrer einflussreichen Studie von 2000 die Auswirkungen verschiedener Arbeitsbedingungen auf die Belastungen der Beschäftigten. Sie untersuchten drei Hauptfaktoren:

1. das Anspruchsniveau, dem die Mitarbeiter ausgesetzt waren (Arbeitslast und Termindruck),
2. das Niveau der Hilfestellungen, die sie erhielten (von Kollegen und Vorgesetzten),
3. das Maß an Kontrolle oder Autonomie, über das sie am Arbeitsplatz verfügten (das Ausmaß, in dem sie zu Eigenständigkeit und eigenen Entscheidungen ermutigt wurden).

Wie nicht weiter überraschend, fanden Dollard und Kollegen heraus, dass die Kombination von „hohe Ansprüchen mit geringer Unterstützung und geringer eigener Kontrolle" zu dem niedrigsten Niveau der Mitarbeiterzufriedenheit führte (vgl. Abb. 3.2).

„Hohe Ansprüche und geringe Unterstützung" führten sowohl zu negativen Ergebnissen als auch zu einem hohen Maß an emotionaler Erschöpfung.

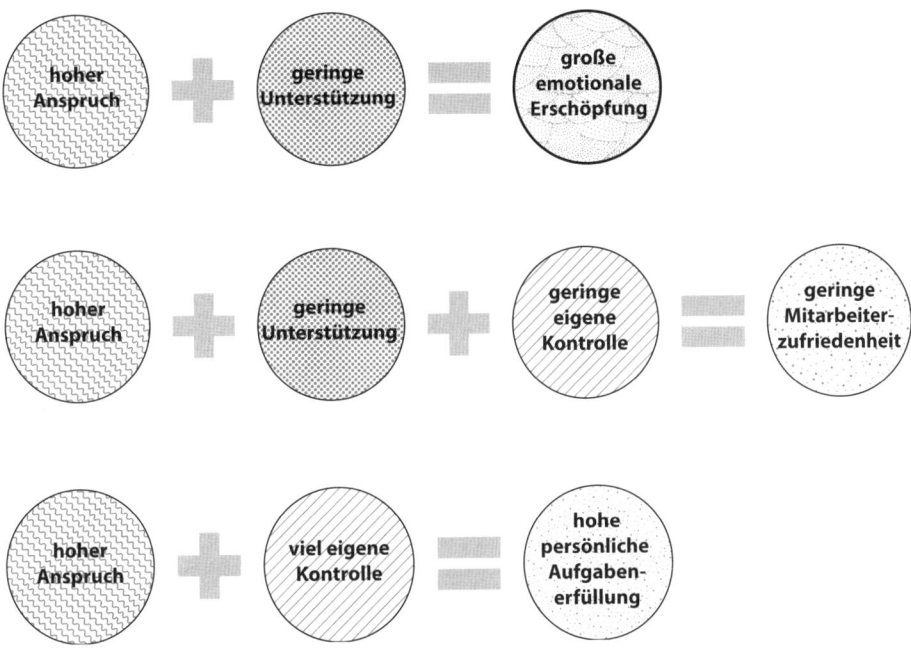

Abbildung 3.2: Ergebnisse zu den Auswirkungen von Anspruch, Unterstützung und Kontrolle (Autonomie), Dollard et al., 2000

Jedoch erwies sich ein hoher Anspruch nicht immer als schlecht: Waren sowohl die Ansprüche als auch das Maß an Kontrolle (im Sinne von Autonomie) hoch, gaben die Befragten das höchste Niveau an persönlicher Zielerreichung an (Gefühl von Produktivität und Kompetenz). Dies legt nahe, dass ein geringes Maß an Anspruch (Belastung) die Fähigkeit beeinträchtigt, sich gut zu fühlen und das Beste zu geben. Diese Erkenntnis hilft auch dabei, ein verbreitetes Forschungsergebnis bei Erhebungen zu Stress in Organisationen zu erklären, nämlich dass erfahrenere Führungskräfte über weniger Anspannung klagen als jüngere Führungskräfte, obgleich Erstere unter mehr Arbeitsvolumen und geringerer Work-Life-Balance leiden. Für erfahrenere Führungskräfte bedeuten hohe Ansprüche (Belastung) eine Herausforderung, aber sie haben das Gefühl, ihrer Herr zu werden, denn sie haben ebenfalls einen hohen Grad an Kontrolle über ihre Arbeit und die Entscheidungen, die sie betreffen.

Eine weitere Gruppe von Forschern[86] teilte den beruflichen Anspruch in die beiden Kategorien „Herausforderungs-" und „Hindernis-"Stressoren (Ursachen von Stress), auf. Zu den „herausfordernden Ansprüchen" gehörten *hohe Arbeitsbelastung, Termindruck, hohes Maß an Verantwortung und ein umfassender Aufgabenbereich.* Die Wissenschaftler nannten diese Aspekte herausfordernde Stressoren, denn die Befragten nahmen sie als Hemmnisse wahr, die sie überwinden mussten, um etwas lernen und erreichen zu können.

„Hinderliche Ansprüche" bestanden in *Firmenpolitik, Bürokratie, Rollenambiguität und Sorgen um die Sicherheit des Arbeitsplatzes.* Diese Ansprüche wurden als unnötige Hindernisse bei der persönlichen Entwicklung und dem Erreichen von Zielen gesehen. In einer Reihe von Untersuchungen fanden die Wissenschaftler heraus, dass unter bestimmten Umständen beide Anforderungstypen für Beschäftigte negative Stressoren darstellen und zu Belastungen wie Nervosität, Erschöpfung oder Burnout führen können. Jedoch standen Ansprüche, die als Herausforderung angesehen werden, im Wesentlichen in einem positiven Verhältnis zu Motivation und Leistung, während Anforderungen, die als Hindernis wahrgenommen werden, zu Leistung in einem negativen Verhältnis standen.

Wie man den Details dieser Studie entnehmen kann, ist das weitverbreitete Konzept von „positivem Stress" (Eustress) und „negativem Stress" (Disstress) zu sehr vereinfacht, auch wenn es intuitiv sinnvoll erscheint. Nichtsdestotrotz *lässt sich mit einiger Sicherheit schließen, dass es Umstände gibt, unter denen Belastungen am Arbeitsplatz positive Auswirkungen auf das Wohlbefinden und die Leistung haben, während unter anderen Bedingungen ihr Einfluss negativ ist.* Das Ziel kann also eindeutig *nicht* lauten, alle Belastungen im Arbeitsumfeld zu minimieren oder vollständig zu eliminieren. Stattdessen sollte der aktive und kenntnisreiche Umgang mit den verschiedenen Belastungsursachen ermöglicht werden, und zwar den einzelnen Mitarbeiter als auch die Führungskräfte und die Organisation als Ganze betreffend. In vielen Ansätzen zum Umgang mit Stress ist das erste Ziel (alle Belastungen minimieren) implizit vorhanden, während das zweite (der aktive Umgang) mit den ganzheitlicheren Ansätzen für Wohlbefinden übereinstimmt, die mittlerweile von richtungsweisenden Organisationen eingeführt werden.

Wie wir gezeigt haben, ist der aktive Umgang mit Belastungen nicht nur für Resilienz und Stress-Risikomanagement zentral, sondern auch für die allgemeine strategische Verknüpfung von Wohlbefinden der Beschäftigten und ihrer Leistung. Darauf basiert ein Ansatz, der es ermöglicht, Resilienz in den Kontext von Wohlbefinden am Arbeitsplatz und Leistung der Beschäftigten zu setzen. Wir sehen diesen Ansatz weniger als ein theoretisches Modell oder eines zu Forschungszwecken, sondern eher als einen praktischen Organisationsrahmen, der das Verständnis und die Bewertung *von* sowie den Umgang *mit* Belastungen am Arbeitsplatz ermöglicht, um das Wohlbefinden von Mitarbeitern und die Leistung des Unternehmens allgemein zu steigern.

3.7 Aktiver Umgang mit Belastungen am Arbeitsplatz

Zum ersten Mal wandten wir das Konzept „keeping pressure positive" („Belastungen im positiven Bereich halten") im Jahr 2005 an, als wir Kunden bei der Beantwortung von Führungsfragen helfen wollten, die in der ein oder anderen Form normalerweise auftraten, nachdem die Befragungsergebnisse zu unternehmensinternem Stress und Wohlbefinden bekannt geworden waren. Ungefähr zu jener Zeit stellten wir fest, dass erfahrenere Führungskräfte sich mehr für die Ergebnisse dieser Untersuchungen interessierten. Damit ging eine größere Bereitschaft einher, sich bezüglich der Fragen Führungsstile und Unternehmenskultur für Lösungen stark zu machen. Die Frage der Führungskräfte als Reaktion auf die Ergebnisse lautete: „Was machen wir jetzt damit?" Während sie bereits mit diversen Führungsmethoden gearbeitet hatten und mit verschiedenen Ansätzen von Wandel in Unternehmen und Organisationsentwicklung vertraut waren, musste jetzt die Best Practice in puncto Führung mit dem Wissen und den Erkenntnissen aus den Gebieten Stressmanagement und Wohlbefinden von Mitarbeitern zusammengeführt werden.

Berücksichtigt man die Idee der „herausfordernden vs. der behindernden Belastung" als Führungsthema, wird deutlich, dass Führungspersonen und Manager ihrer Rolle gerecht werden müssen, wenn es darum geht, sicherzustellen, *dass Belastung am Arbeitsplatz angemessen, positiv und motivierend und nicht unzumutbar, schädlich und demotivierend ist.*

Angeblich ist die „intrinsische Motivation" am stärksten, wenn ein Ziel als herausfordernd, aber immerhin als umsetzbar erlebt wird. Führungspersonen können diese Bedingungen herstellen, indem sie einen Ausgleich zwischen Herausforderung und Unterstützung bieten.[87]

Bei dem herkömmlichen Ansatz von Stressmanagement lag die Betonung im Allgemeinen darauf, sicherzustellen, dass Führungspersonen die nötige Unterstützung gewährleisteten. Da das Hauptaugenmerk nun stärker auf Wohlbefinden und Leistung lag, erschien uns die Idee der Balance von Herausforderung und Unterstützung nutzbringender und relevanter. Sicherlich sprach das auch die Führungskräfte mehr an, die häufig befürchten, dass die Ansprüche des Stressmanagements und Initiativen für das Wohlbefinden der Beschäftigten mit ihrer Verantwortung kollidieren, hohe Ansprüche zu stellen, um die Unternehmensziele zu erreichen.

Unter Berücksichtigung dieser Beobachtungen entwickelten wir den „Leadership Impact Approach"[88] (ein Ansatz, der sich mit den Auswirkungen des Führungsstils befasst). Er hilft Führungskräften dabei:

1. den eigenen Einfluss auf das Wohlbefinden ihrer Angestellten zu bewerten und anzupassen und
2. die Ursachen für Stress in den Arbeitsbereichen, für die sie verantwortlich sind, zu verstehen und aktiv zu gestalten.

Von Beginn an haben wir eine Komponente zur Stärkung der individuellen Resilienz für die Führungsebenen miteinbezogen, denn es ist schwierig, positiven Einfluss auf das Wohlbefinden anderer zu nehmen, wenn die eigenen Strategien zum Umgang mit Stress ihre Grenzen erreicht haben. Darüber hinaus haben wir ein Werkzeug entwickelt, mit dessen Hilfe Personen in Führungspositionen ermitteln können, wie ihr Einfluss auf das Wohlbefinden anderer ist. Dieses Instrument basiert auf unserer Forschungsarbeit, die die Verbindungen zwischen Persönlichkeit und Führungsstil mit jeder der sechs Hauptursachen für Belastungen am Arbeitsplatz aufzeigt.

Zentraler Punkt dieser Idee ist, dass Führungskräfte ihren Einfluss in gleicher Weise managen müssen wie die anderen Faktoren, die ihrer Kontrolle unterliegen, um für ihre Mitarbeiter ein Gleichgewicht von Herausforderung und Unterstützung zu erreichen (vgl. Abb. 3.3).

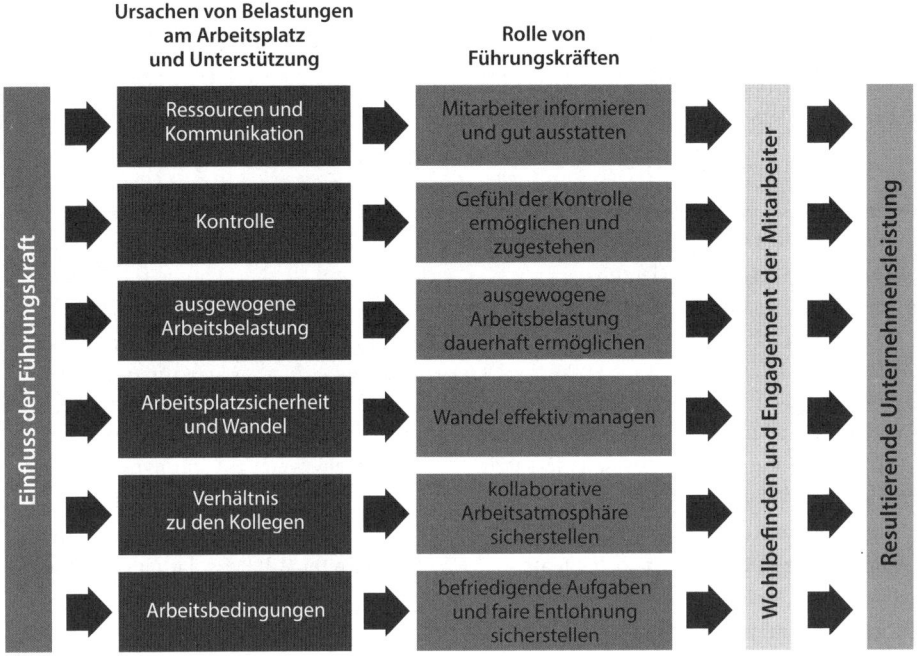

Abbildung 3.3: Einfluss von Führungskräften auf das Wohlbefinden und die Leistungen der Mitarbeiter anhand der sechs Hauptursachen von Belastungen und Unterstützung am Arbeitsplatz

Es liegt in der Verantwortung des einzelnen Vorgesetzten und der Führungsverantwortlichen generell, „die Belastung positiv zu halten", sowohl für die Beschäftigten als auch für sich selbst. Bei diesen Bemühungen besteht das größte Risiko darin, die eigenen Stärken übermäßig zu beanspruchen.[89] Mit anderen Worten ist das Streben nach Erfolg eine großartige Eigenschaft von Führungskräften, doch wenn sie es übertreiben, kann es einen negativen Einfluss auf das Wohlbefinden der Beschäftigten haben – und auf die Leistung des Unternehmens. In ähnlicher Weise hat Selbstbewusstsein viele Vorteile für den Einfluss und die Effektivität einer Führungskraft, aber übermäßig von sich überzeugt zu sein kann leicht in negative Konsequenzen sowohl für den Vorgesetzten als auch für das Team umschlagen.

Diese Arbeit, in der eine Verbindung zwischen Führungsstil und Wohlbefinden der Mitarbeiter hergestellt wird, stellt die Basis für einen neuen Ansatz dar, der zur Erhebung der wie in Kapitel 1 und 2 dargestellten individuellen Resilienz dient. In unseren Untersuchungen zum Einfluss von Führungskräften erforschten wir die vorausgende Relation zwischen Persönlichkeit der Führungskraft (oder „natürlicher Stil") auf der einen und den Grad des Wohlbefindens ihrer Angestellten auf der anderen

Seite. Für die Messung des Wohlbefindens der Mitarbeiter nutzten wir eine Version des wissenschaftlich untermauerten ASSET-Modells, das die sechs Hauptursachen von Belastungen am Arbeitsplatz erhebt: Verhältnis zu den Kollegen (vgl. Tab. 3.1), Arbeitsumfang und Work-Life-Balance, Kontrolle, Ressourcen und Kommunikation, Arbeitsplatzsicherheit und Wandel und Gefühl von Sinnhaftigkeit.

Hauptursachen von Belastungen und Unterstützung am Arbeitsplatz	Positive Belastungen lassen die Leistungskurve ansteigen	Unterstützung hilft, ein hohes Niveau auf der Leistungskurve zu halten	Negative Belastungen sorgen für Überschreitung des Topniveaus und für Burn-out
Verhältnis zu Kollegen Optimale Voraussetzungen für Wohlbefinden und Leistung: konstruktives und hilfsbereites Kollegium, aber ebenso stimulierende/herausfordernde Arbeitsatmosphäre	z. B. konstruktive Auseinandersetzung und/oder gesunde Konkurrenz innerhalb des Teams	z. B. Kollegen springen ein, wenn jemand fehlt; helfen mit ihrem Wissen weiter	z. B. aggressiver Führungsstil; andere erhalten das Lob, das ihnen nicht zusteht, Isolation und/oder mangelnde Unterstützung

Tabelle 3.1: ASSET-Faktoren als Quelle von Belastung und Unterstützung am Arbeitsplatz – hier am Beispiel Verhältnis zu Kollegen dargestellt

Dies bot einen Rahmen, der das umfassend validierte theoretische Modell des Individuums (FFM, s. Kapitel 1) mit einem Modell der Situation (die sechs Hauptursachen für Belastungen am Arbeitsplatz des ASSET-Modells) verbindet. Bei der Weiterentwicklung und eingehenderen Erforschung dieses Rahmens wurde deutlich, dass die aufgelisteten sechs Faktoren sowohl potenzielle Quellen für Unterstützung darstellen können als auch Ursprung positiver oder negativer Belastung (s. detaillierter das Beispiel in Abb. 3.3). Führungskräfte, die lernten, diese sechs Faktoren am Arbeitsplatz zu verstehen, zu bewerten und zu lenken, waren in einer viel besseren Position, Herausforderung und Unterstützung für ihre Teams in ein Gleichgewicht zu bringen.

Das Erstellen individueller Profile ist ein weitverbreitetes Werkzeug für die Bewertung und Entwicklung von Mitarbeitern in Organisationen, jedoch wird es nur selten mit einem validen theoretischen Modell der Situation am Arbeitsplatz kombiniert, insbesondere dann, wenn das Wohlbefinden der Mitarbeiter das Ziel sein soll. Die Vorteile, die sich aus unserer Arbeit mit Führung und Wohlbefinden ergaben, legten nahe, einen ähnlichen Ansatz für die Erhebung individueller Resilienz zu entwickeln. Hier ging es nicht darum, vorherzusagen, wie die Persönlichkeit einer Führungskraft das Wohlbefinden ihrer Mitarbeiter beeinflusst, doch nutzt unser Ansatz dieselben theoretischen Modelle (das Fünf-Faktoren-Modell der Persönlichkeit und das ASSET-Modell des Wohlbefindens am Arbeitsplatz). Wir wollten herausfinden, wie sich die Persönlichkeit auf die Art auswirkt, wie Menschen mit typischen Stressoren bei der Arbeit umgehen. Darauf basierten der *i-resilience*-Report und der Rahmen für das Zusammenspiel von Individuum und Arbeitssituation (s. Kap. 1 u. 2).

3.8 Stellenwert von Maßnahmen zur Stärkung der Resilienz

Aus der Diskussion geht hervor, dass spezielle isolierte Interventionen zur Stärkung der Resilienz wie einmalige halbtägige Kurse nur eingeschränkt dieses Thema in Organisationen angehen, obgleich es manchmal einen guten Anfang darstellt, sich auf diese Weise damit auseinanderzusetzen. Viel mehr ist gewonnen, wenn man sich überlegt, wie die Entwicklung von Resilienz am besten in ein umfassenderes Programm, das sich mit Führung, Wohlbefinden und der Verbesserung der Unternehmensleistung beschäftigt, integriert werden kann. Dieser Ansatz wird im dritten Teil des Buches dargestellt.

Viele Organisationen haben bereits die Online-ASSET-Befragung eingesetzt, um sich ein Bild über die aktuelle Situation von Unterstützung und Belastungen am Arbeitsplatz zu machen. Angesichts ihres Stellenwertes im Stressmanagement in Organisationen ist diese ASSET-Befragung für den Einsatz in Kontexten gut geeignet, in denen die Stärkung von Resilienz Teil einer umfassenderen Intervention darstellt. Eine andere Umfrage, die ihre Wurzeln eher in der jüngeren Positiven Psychologie und der Glücks-Bewegung hat, ist die Happiness-at-Work- (Glück am Arbeitsplatz-) Umfrage, die 2012 von Nef Consulting und der New Economies Foundation umgesetzt wurde. Diese Online-Umfrage wurde für die Echtzeit-Erhebung von Rückmeldungen von Arbeitnehmern, Teams und Führungskräften zum Thema Wohlbefinden entwickelt. Wie bei ASSET spiegeln die Fragen wider, was die Forschung als ausschlaggebend für das Wohlbefinden am Arbeitsplatz belegt und diese Ergebnisse gelten als Maßstab auf nationaler Ebene.

Die Ergebnisse der Happiness-at-Work-Umfrage können unter anderem in Form einer „Glückslandschaft" dargestellt werden, die zum Beispiel die Kategorien „unsere Leute", „unsere Jobs" und „unsere Organisation" umfasst. Der Umfrage liegt ein dynamisches Modell zugrunde, das das wechselhafte und komplexe Arbeitsleben der Befragten reflektiert.

Allgemeine Umfragen unter den Beschäftigten beinhalten auch Fragen, deren Beantwortung wichtige Hinweise darauf liefern können, wie ein integriertes Programm für Wohlbefinden und Leistungssteigerung aussehen könnte. Jedoch sollte man sich davor hüten, diesen allgemeinen Umfragen zu sehr zu vertrauen. In vielen Fällen versagen sogar jene Umfrageabschnitte, die die Überschrift „Wohlbefinden" tragen, wenn es darum geht, Aussagen darüber zu generieren, wie sich die Menschen wirklich fühlen. Stattdessen liefern sie Sichtweisen und Meinungen über spezielle Aktivitäten des Unternehmens, die gerade mit Blick auf die Ziele der Firma als wichtig erachtet werden.

Umfassende Maßnahmen für Wohlbefinden und Leistungssteigerung des Unternehmens sollten immer auf ein robustes Erhebungsinstrument zurückgreifen, das das aktuelle Niveau des Wohlbefindens (und Leistungsindikatoren) darstellt. Wie wir bereits betont haben, deutet ein hohes Maß an Wohlbefinden nicht automatisch auch auf ein hohes Maß an individueller Resilienz hin. Nichtsdestoweniger bietet eine gründliche Analyse der Ergebnisse einer Wohlbefinden-Umfrage die Möglichkeit, ein Programm zur Stärkung der Resilienz auf verschiedene Weise zu stützen, wie in Kapitel 2 und in Teil II dargestellt.

Teil II

Resilienz stärken

4. | Methoden zur Stärkung der eigenen Resilienz

Wie wir in den weiteren Kapiteln sehen werden, gibt es viel, was Vorgesetzte und Organisationen tun können, um die individuelle Resilienz zu verbessern und diesen verbesserten Zustand auch aufrechtzuerhalten. Letztendlich hat jedoch jede Person ihr persönliches Resilienz-Muster. Es hat sich im Laufe der Jahre entwickelt und tritt in allen Situationen zutage, auch am Arbeitsplatz. Daher ist die Stärkung der Resilienz primär das Unterfangen jedes einzelnen Menschen, für das er selbst die Verantwortung tragen muss. Diejenigen, denen es gelingt, ihre Resilienz zu stärken, werden in allen Lebenslagen nachhaltig Gewinn daraus ziehen können.

In den nächsten beiden Kapiteln legen wir verschiedene Prinzipien und Techniken dar, die in unterschiedlichen Kontexten Anwendung finden. Diese Ansätze beschränken sich nicht auf den Arbeitsplatz, können aber die Basis für Resilienz-Training oder andere Formen der Förderung durch den Arbeitgeber sein. An dieser Stelle beschreiben wir die Maßnahmen, die jeder Einzelne unternehmen kann, um seine persönliche Resilienz zu stärken. Einige dieser Schritte dienen ausschließlich und unmittelbar der Stärkung von Resilienz, während andere allgemeinere Anwendungsmöglichkeiten haben und die Resilienz nur indirekt betreffen. In den Kapiteln 6 und 7 gehen wir detaillierter darauf ein, wie Führungskräfte und Organisationen die Bildung von Resilienz unterstützen können.

Angesichts zahlreicher Faktoren wie Gene, Lebenserfahrung oder Persönlichkeit, die Resilienz von Anbeginn an prägen, leuchtet es ein, warum es mehr als eine Methode geben muss. Ein komplexes Konstrukt wie Resilienz bedarf einer komplexen Herangehensweise.

Die an diesem Prozess beteiligten Faktoren sind extrem voneinander abhängig, jeder leistet einen Beitrag zum anderen, daher betonen wir sowohl die direkten als auch die indirekten Einflüsse auf Resilienz sowie den komplexen und interaktiven Zusammenhang zwischen Resilienz und Wohlbefinden.

Während der Lektüre der vorgestellten Methoden und Beispiele in diesem und dem nächsten Kapitel laden wir Sie dazu ein, über Ihre eigene Situation nachzudenken und die Übungen selbst auszuprobieren. Damit erhalten Sie eine gute Basis für die Förderung der Resilienz Ihrer Mitarbeiter sowie die Gelegenheit, Ihre eigene Resilienz zu stärken.

4.1 Die Herausforderung annehmen

Der Nutzen und die Relevanz der unten beschriebenen unterschiedlichen Herangehensweisen sind abhängig von der jeweiligen Persönlichkeitsstruktur des Einzelnen, seinen Erfahrungen und den jeweiligen Umständen. Jedoch sollte erwähnt werden, dass es immer wichtig ist, Resilienz-Stärkung aus mehreren Richtungen anzugehen und sowohl die psychologischen als auch die physischen Aspekte zu berücksichtigen, um zu maximalen Ergebnissen zu kommen. Auf ähnliche Weise kann die Entwicklung von Resilienz innerhalb des Berufskontexts eindeutige Vorteile bringen, doch ist es ebenso wichtig, sich vor Augen zu führen, dass die individuelle Resilienz auch alle anderen Lebensbereiche beeinflusst. Die Stärkung von Resilienz allein als Aktivität zu sehen, die sich auf den professionellen Kontext beschränkt, wäre zu kurz gefasst.

Der erste wichtige Schritt besteht in der Erkenntnis, dass es jede Person in ihrer Hand hat, die eigene Resilienz zu verbessern. Das mag nicht einfach sein, doch nur der Betreffende hat die Kontrolle darüber, grundsätzliche Methoden für die Stärkung von Resilienz umzusetzen, dazu gehören „nicht hilfreiche Überzeugungen hinterfragen", „Verhalten anpassen" und „neue Bewältigungstechniken erlernen".

Nur jeder Einzelne kann den eigenen Ausgangspunkt ermessen, herausfinden, was nötig ist, um die individuelle Resilienz zu stärken, und weitere Bewältigungsfertigkeiten und -strategien erlernen, um den Risiken zu begegnen, die die eigene Resilienz bedrohen. Um dieses Ziel zu erreichen, muss der Einzelne

1. analysieren, wie seine Resilienz beschaffen ist,
2. die Aktionen identifizieren, die für die Stärkung von Resilienz am effektivsten sind,
3. einen persönlichen Entwicklungsplan entwerfen, der realistisch ist.

Besteht Ihr Anliegen darin, andere dabei zu unterstützen, deren Resilienz zu stärken, müssen Sie sich Gedanken machen, wie Sie es ihnen vermitteln.

Wie bereits erwähnt, besteht Resilienz hauptsächlich aus vier Elementen: Zuversicht, soziale Kontakte, Anpassungsfähigkeit und Zielstrebigkeit. Im folgenden Kapitel wenden wir uns diesen Aspekten zu, zunächst aber geht es um:

- die potenziellen Vorteile der Stärkung von Resilienz,
- den ersten Schritt: den persönlichen Ausgangspunkt verstehen,
- zwei der wichtigsten Entwicklungsmethoden, die auf alle vier Aspekte der Resilienz angewendet werden können.

Vorteile der Stärkung individueller Resilienz

Fragt man Arbeitnehmer (ungeachtet der Ebene oder der Funktion innerhalb eines Unternehmens), was die möglichen Vorteile sein könnten, wenn sie ihre individuelle Resilienz am Arbeitsplatz weiterentwickelten, lauten die Antworten häufig: offener auf Veränderungen reagieren, bessere Teamarbeit, verbesserte Kommunikation, sich stärker motiviert fühlen, weniger Zynismus, stärkeres persönliches Engagement und weniger Stress. Zu den typischen Antworten auf die Frage, wie Resilienz sich in ihrem Leben im Großen und Ganzen auswirken könnte, gehören: mehr Energie, mehr Zeit für Freunde, bessere Beziehungen, besserer Umgang mit Stress, mit sich zufriedener sein, dass das Leben nicht nur eine Tretmühle ist, mehr Optimismus, eher geneigt sein, Neues auszuprobieren und zu experimentieren. Für diese Beschäftigten bestehen große Überschneidungen zwischen den erhofften Vorteilen im Arbeits- und im Privatleben.

4.2 Der persönliche Ausgangspunkt

In Kapitel 1 haben wir einen Rahmen aufgeführt, um individuelle Resilienz, ihre Stärken und Risiken zu verstehen, und gaben eine Übersicht über die Theorie und die Forschung zu unterschiedlichen Definitionen, bestimmenden Faktoren und zugrunde liegenden Eigenschaften. In Kapitel 2 betonten wir, wie wichtig es ist, zu verstehen, wie individuelle Resilienz-Faktoren – insbesondere diejenigen, die in dem Fünf-Faktoren-Modell der Persönlichkeit (FFM) beschrieben werden – mit situationalen Faktoren (beschrieben im ASSET-Modell) interagieren. Wir beschrieben dies in Form von Hauptursachen für Belastungen und Unterstützung am Arbeitsplatz.

Vor dem Hintergrund dieser theoretischen und auf wissenschaftlichen Erkenntnissen basierenden Perspektiven kommen wir nun zur praktischen Anwendung unseres Ansatzes. Für jeden Beteiligten heißt das,

1. das FFM (zusätzlich zu Resilienz-spezifischeren Erhebungen) als ordnenden Rahmen zu nutzen, um die individuellen Stärken und Risiken zum Thema Resilienz zu verstehen,
2. das ASSET-Modell einzusetzen, um die wichtigsten Quellen von Unterstützung und Belastungen in der Arbeitsumgebung zu erfassen und
3. dieses Verständnis anzuwenden, um herauszufinden, welchen Belastungen am leichtesten zu begegnen ist und welche mit großer Wahrscheinlichkeit Stress erzeugen.

Anhand dieser Analyse können wir die nützlichsten Herangehensweisen zur Stärkung von Resilienz für die jeweiligen Bedürfnisse auswählen und somit sicherstellen, dass der Betroffene seine Energie und Mühe nicht umsonst in diese Entwicklungsmaßnahmen investiert.

Wie bereits angedeutet, ist die Stärkung von Resilienz nicht auf den Berufskontext beschränkt. Daher lässt sich das Prinzip, herauszufinden, wo die persönlichen wunden Punkte für bestimmte situationsbedingte Belastungen liegen, auch auf andere Zusammenhänge übertragen. Die Erkenntnis, dass nicht alle Menschen gleich verletzlich oder resilient auf verschiedene Ursachen von Belastungen reagieren, ist hier wichtig. Um also die eigene Resilienz zu verbessern, muss jeder Einzelne erkennen, welche Belastungen ihn am stärksten treffen können – seien es Probleme mit Beziehungen, mit Kontrolle und Einfluss oder mit sich ändernden Umständen etc. Erkennt man beispielsweise, dass die eigene Resilienz sehr gefährdet ist, wenn es Schwierigkeiten auf der Beziehungsebene gibt, ist das ein erster wichtiger Schritt, um Bewältigungsstrategien zu entwickeln, die ähnlich gearteten Problemen zuvorkommen oder dabei helfen, mit ihnen umzugehen.

Abbildung 1.4 (s. S. 55) bietet eine allgemeine Übersicht, um die eigenen Stärken und Risiken im Verhältnis zu den vier Hauptkomponenten der Resilienz – den Resilienz-Ressourcen – zu erkennen. Jedes verlässliche etablierte Verfahren kann die Persönlichkeitsmerkmale in dieser Abbildung (Selbstkontrolle, Geselligkeit etc.) erheben, vielleicht unterstützt durch ein 360-Grad-Feedback und Beobachtungen des aktuellen Stils und Verhaltens. Für eine umfassende Bewertung, die mit dem in diesem Buch beschriebenen Ansatz einhergeht, bietet die Kombination aus dem persönlichkeitsbasierten *i-resilience*-Wert[90] und dem *Ashridge Resilience Questionnaire* (ARQ), der unmittelbar die aktuelle Resilienz-Lage misst (s. detailliertere Beschreibung in Kap. 1, Seite 59). Unter Bezugnahme auf das 1. und 2. Kapitel zeigen wir auf, wie individuelle Persönlichkeitsprofile mit den Hauptursachen von Belastungen am Arbeitsplatz in Bezug stehen und wie man am besten aufgrund dieser Erkenntnisse die Verbesserung der individuellen Resilienz plant und durchführt. Jeder Einzelne muss für sich entscheiden, welche Charakterstärken (z. B. Gewissenhaftigkeit, Begeisterungsfähigkeit etc.) sich am ehesten zu Risiken verkehren, wenn sie zu sehr eingesetzt werden, und wie man das eigene Verhalten verändern kann, um diese Risiken zu vermeiden.

4.3 Herangehensweise Nummer 1: die richtige Sichtweise

In diesem Abschnitt beschreiben wir eine Herangehensweise für die Stärkung von Resilienz, die viele Jahre lang die Basis für die klinische Behandlung von Angst und Depression darstellte und an Trainingsmaßnahmen für Resilienz am Arbeitsplatz angepasst wurde. Diesen kognitiven Ansatz bezeichnet man auch häufig als „Reframing" oder Umdeutung. Im Prinzip besteht Reframing aus drei Stufen:

1. Zugrunde liegende Überzeugungen und Annahmen werden identifiziert.
2. Es wird überprüft, wie realistisch und hilfreich sie sind.
3. Sie werden angepasst, sodass Gedanken in einem möglichst positiven und realistischen Licht gesehen werden.

Wir beschreiben das Reframing hier als *umfassende* Herangehensweise, denn sie besteht aus verschiedenen spezifischen Techniken, und ihre Anwendung ist sowohl für die Persönlichkeitsmerkmale Zuversicht als auch Anpassungsfähigkeit wichtig. Darüber hinaus kann sie sozialen Rückhalt und Zielstrebigkeit verbessern. Mit anderen Worten handelt es sich um eine wirkungsvolle Methode, um alle vier Hauptbestandteile von individueller Resilienz weiterzuentwickeln.

Vorteile einer positiven Geisteshaltung

Wie bereits erwähnt, beeinflusst die Art und Weise, wie man über etwas denkt, die Art, wie man sich fühlt, und das wiederum spielt eine wichtige Rolle für das Verhalten. Eine bekannte Versuchsreihe an der Stanford University setzte das berühmte Gefangenendilemma ein, um den Einfluss des Denkens auf die Interpretation der Geschehnisse durch den Einzelnen zu untersuchen. In diesem Gedankenspiel kann einer von zwei Spielern alles gewinnen, wenn er betrügt und lügt, während beide Spieler einen kleineren Gewinn nach Hause tragen können, wenn keiner der beiden lügt. In Experimenten zeigte sich, dass niemand betrog, wenn das Spiel den Namen „Gemeinschaftsspiel" trug. Wurde das Spiel „Wall-Street-Spiel" genannt, schummelten alle Spieler, denn sie waren der Meinung, dass es auch die anderen Mitspieler taten, und schenkten ihren Worten keinen Glauben.[91] Es handelte sich um dasselbe Spiel, doch waren die Geisteshaltungen (Mindset) unterschiedlich.

Seit vielen Jahrzehnten bemühen sich Psychologen, dieses Phänomen zu erklären. Es existieren viele verschiedene Begriffe dafür, doch am besten beschreibt es das Wort *Geisteshaltung*. Kurz zusammengefasst hilft positives Denken dabei, ein Gefühl des Wohlbefindens zu erhalten und Resilienz zu stärken. Zahlreiche Untersuchungen bestätigen, dass glückliche Menschen mit einer positiven Geisteshaltung

- weniger dazu tendieren, sich kritisch zu hinterfragen (Rumination bzw. mentales „Wiederkäuen" von Missgeschicken etc.),
- negative Vergleiche mit anderen vermeiden,
- dazu tendieren, Ereignisse eher positiv als negativ zu interpretieren.[92]

Sie verfügen also über eine positive Geisteshaltung. Diese Menschen haben häufig auch mehr beruflichen Erfolg, führen glücklichere Beziehungen, sind gesünder und leben länger.

Die Vorteile einer positiven Geisteshaltung kommen auf vielen Ebenen zum Tragen, sowohl im Berufs- als auch im Privatleben. Das reicht von längerer Verweildauer in einem Job über besseren Kundenservice, steigende Verkaufszahlen, mehr Zufriedenheit im Beruf, größere Integrationsfähigkeit, verbesserte Motivation bis hin zur größeren Effizienz beim Treffen von Entscheidungen.

Eine positive Geisteshaltung entwickeln

Die gute Nachricht lautet, dass man lernen kann, die Welt in einem positiveren Licht zu sehen. Das heißt nicht, dass etwas geschieht, nur weil man es sich so sehr wünscht oder in entsprechendem Maße an seine Fähigkeiten glaubt. Dieser Gedanke ist verführerisch, entspricht aber nur zum Teil der Wahrheit. Diese vereinfachende Sichtweise ignoriert die anderen Faktoren, die zum Gelingen eines Vorhabens beitragen: Talent, Gelegenheit, Ermutigung, Konzentration, Anstrengung, Resilienz und Glück.

Jedoch stimmt es auch, dass die Chancen zu versagen steigen, wenn man im Vorfeld bereits erwartet zu scheitern. Geht man davon aus, sein Ziel zu erreichen, steigt möglicherweise auch die Wahrscheinlichkeit, dass es genau so eintrifft. Nur wenige bekommen am Ende die große Belohnung, die ihnen die „Denke-positiv!"-Industrie, die vom Verkauf entsprechender Videos, CDs, Apps, Bücher und Motivationsvorträgen lebt, vorgaukelt. Viele andere führt das blinde Vertrauen in die „Zaubersprüche des positiven Denkens" zu unrealistischen Erwartungen, gefolgt von Enttäuschung und Verzweiflung. Ebenso wie obsessives negatives Denken ist unentwegtes und unrealistisches positives Denken schlecht für die Gesundheit. Die Herausforderung besteht darin, Fertigkeiten und Techniken einzusetzen, die zu einer gesünderen und produktiven Balance zwischen den Extremen von sinnlosem negativem und naivem positivem Denken führen.

Wie wir bereits gesehen haben, beeinflussen unsere Erwartungen, Gedanken und Annahmen in hohem Maße unser Verhalten und Denken. Menschen, die dazu tendieren, Probleme als Gefahr wahrzunehmen, unterminieren ihre Resilienz (vgl. Abb. 4.1). Zum Teil liegt das daran, dass der Körper unter diesen Umständen permanent Hormone wie Adrenalin und Cortisol produziert, die mit Stress und negativen Emotionen verbunden sind. Der Körper ist ständig in Alarmbereitschaft, um auf vermutete oder reale Bedrohungen reagieren zu können. Im Extremfall führt dies zu Beeinträchtigungen des Immunsystems und schadet der Gesundheit ebenso wie möglicherweise den Leistungen am Arbeitsplatz.

Wird im Gegensatz dazu eine zu bewältigende Herausforderung als mögliche Quelle von Zufriedenheit angesehen, produziert der Körper andere Hormone, nämlich unter anderem Dopamin, die mit Glückszuständen in Verbindung gebracht werden. Sie lösen positive Emotionen aus, die für Begeisterung, Offenheit, Neugier und Beharrlichkeit sorgen.

Dabei muss man bedenken, dass sich der Körper in Alarmbereitschaft oder physiologischen Erregungszuständen befinden kann, ohne dass man sich dessen vollkommen bewusst ist. Hält dieser Zustand länger an, kann das ernste negative Auswirkungen auf die Gesundheit und das Immunsystem haben.

Brille, durch die Stress, Negatives und Unsicherheit gesehen wird

Brille, durch die Resilienz, Positives und Optimismus gesehen wird

Abbildung 4.1: Positiv- und Negativbrille

Wie lässt sich also die Idee der Geisteshaltungen bzw. der Denkmuster nutzen, um in einer Situation handlungsfähig zu bleiben und Resilienz zu stärken? Sehr verallgemeinernd ist zu sagen: Wir können die Welt auf zwei Arten betrachten. Ständiges negatives Denken zieht häufig negative Konsequenzen nach sich, die sich selbst erfüllenden Charakter haben und als Folge die Negativität steigern. Betroffene sitzen häufig durch ihre automatisierten Gedanken in der Falle, wenn sie auf eine Situation reagieren müssen. Ihre Denkmuster führen dazu, dass sie sich noch schlechter fühlen und mit der Situation weniger gut umgehen können.

Die folgende Liste (s. Tab. 4.1) beschreibt übliche automatische negative Gedanken und ihre Konsequenzen sowie alternative Möglichkeiten, dieselbe Situation positiv zu bewerten. Es ist durchaus erlernbar, automatische negative Gedanken zu erkennen und sie durch konstruktivere Sichtweisen, auf die wir später eingehen werden, zu ersetzen.

Automatische Reaktion	Konsequenz	Alternative
Da komme ich nie drüber hinweg.	Es dauert länger, sich von der Situation zu erholen.	Man erholt sich immer, es dauert nur etwas.
Ich brauche es gar nicht erst zu versuchen.	Man versucht nicht, eine Situation zu verändern.	Es gibt immer eine Lösung.
Es wird nie wieder so wie früher.	Veränderungen werden abgelehnt oder bekämpft.	Alles hat sein Gutes.
Ich werde nie befördert.	Man versucht es wahrscheinlich gar nicht erst.	Ich muss herausfinden, was ich tun muss, um befördert zu werden.
Der Vertrieb hört uns nie zu.	Der Vertrieb spürt die Negativität und scheut die Zusammenarbeit.	Mal schauen, woran es liegt. Was können wir tun, um den Vertrieb zu unterstützen?

Tabelle 4.1: Alternative Denkweisen als Reaktion auf automatische negative Gedanken

Agieren, nicht reagieren

Angesichts von Problemen oder Rückschlägen regen sich einige Menschen auf und versinken in Selbstmitleid, während andere das Problem angehen und erste Lösungsschritte unternehmen. Die „Opfermentalität" kann zu einer gefährlichen Abwärtsspirale werden. Die Situation kommt einem noch schrecklicher vor, und man fühlt sich kaum noch in der Lage, etwas zu ändern. Die „Akteurmentalität" ist hingegen manchmal auch nicht einfach, doch die Zuversicht, dass die Situation wieder besser werden wird und dass es besser ist, die Dinge in die Hand zu nehmen, sorgt dafür, dass man sich selbst weniger leidtut, weniger passiv und wütend ist. Man kann nicht alles unter Kontrolle haben, aber soweit möglich, kann man Entscheidungen treffen und sich um eine Lösung bemühen – dann ist eine positive Geisteshaltung besser als negative Denkmuster.

Es ist normal und gesund, sich über einige Dinge oder Rückschläge aufzuregen. Diese Gefühle helfen einem, ein Problem zu erkennen, und schaffen die Motivation, etwas zu verändern. Die Herausforderung besteht darin, die Phase des Ärgerns und Selbstmitleids schnell hinter sich zu lassen, um *angemessene* Schritte einzuleiten. Es gibt viele Menschen, die unter starkem Stress leiden und anspruchsvolle Situationen durchstehen müssen, doch werden sie nur selten krank oder sind selten deprimiert. Diese Menschen tendieren dazu, ein Gefühl der Kontrolle zu haben, engagieren sich selbst sehr für ihre Arbeit, die Familie oder ihre Eigeninteressen. Sie empfinden Herausforderungen als etwas, mit dem sie umgehen können, nicht als ein unüberwindbares Problem, das ihnen zustößt.

Im Rahmen einer Veränderung des Denkmusters und einer Stärkung der Resilienz gibt es vier verwandte Herangehensweise aus der kognitiven Psychologie:
1. Optimismus verstärken,
2. Probleme reframen,
3. Vorzüge entdecken,
4. Denkfallen, also automatische negative Gedanken, erkennen und vermeiden.

1. Optimismus verstärken

Resiliente Menschen zeichnen sich im Allgemeinen durch eine optimistische Haltung aus. „Optimisten" tendieren dazu, Probleme als vorübergehend, änderbar und auf spezifischen Umständen basierend zu begreifen. Im Gegensatz dazu betrachten Menschen „mit einer Neigung oder der Gewohnheit zum Pessimismus" Probleme als von Dauer, anhaltend und allumfassend. Pessimisten geben sich häufig selbst die Schuld für Rückschläge und Misserfolge, während Optimisten eher woanders nach den Ursachen suchen.

Optimismus ist verknüpft mit einem längeren, gesünderen und produktiveren Leben. Groß angelegte Studien in den USA, Europa und Japan belegen, dass Optimismus stark verbunden ist mit dem Schutz vor Herz- und Gefäßkrankheiten, selbst wenn die traditionellen Risikofaktoren wie Fettleibigkeit, Rauchen, Alkoholkonsum und Bluthochdruck festgestellt worden waren. Es ist wahrscheinlich, dass die Art und Weise, wie Optimisten den gesünderen Lebensstil verfolgen, und die Tatsache, dass sie über stärkere Unterstützung aus ihrem sozialen Umfeld verfügen, für die Erklärung dieser Ergebnisse ebenso relevant sind wie genetische Faktoren. Jedoch macht die Wissenschaft noch keine eindeutigen Aussagen, welche Bedeutung den einzelnen Faktoren zukommt. Scheinbar werden einige Menschen bei Geburt mit einem realistischen Optimismus beschenkt, doch eingehende wissenschaftliche Untersuchungen zeigen, *dass Optimismus (wie Hilflosigkeit) gelernt werden kann.*[93]

Es besteht natürlich das Risiko, dass einige Menschen (ungerechtfertigterweise) zu optimistisch sind und ein allzu überhöhtes Selbstbewusstsein haben. Diesbezüglich untersuchte Carol Dweck von der Stanford University, was sie eine starre Geisteshaltung nennt.[94] Der Glaube, dass die eigenen Charaktermerkmale in Stein gemeißelt seien – das feststehende Denkschema –, führt zu dem Bedürfnis, sich selbst immer wieder unter Beweis stellen zu müssen. Es gibt nur ein einziges Ziel, nämlich klug dazustehen und nicht dumm zu wirken. Danach wird jede Situation bewertet: Werde ich es schaffen oder versagen? Werde ich klug dastehen oder blöd? Werde ich akzeptiert oder abgelehnt? Werde ich gewinnen oder verlieren? Die Nachteile dieser Geisteshaltung sind

1. das ängstliche Bemühen, stets als erfolgreich angesehen zu werden,
2. extremes Unbehagen Rückmeldungen gegenüber,
3. der Unwillen, etwas auszuprobieren und Risiken einzugehen, was dazu führt, nur wenig aus Erfahrungen zu lernen.

Im Gegensatz dazu basiert ein für Wachstum offenes Denkschema darauf, dass die eigenen Kompetenzen durch eigene Anstrengungen erweitert werden können. Jeder kann sich ändern und an Aufgaben und Erfahrungen wachsen. Das starre Denkschema stellt eine Art rigiden falschen Optimismus dar, während die wachstumsorientierte Haltung eine Quelle für individuelle Resilienz ist.

Martin Seligman zeigte in einer Zusammenfassung seiner Resilienz-Forschung:
- Optimisten erleben angesichts schwieriger Situationen in ihrem Leben weniger Leid als Pessimisten.
- Sie neigen dazu, sich besser an negative Lebensereignisse anzupassen.
- Optimismus ist verbunden mit anspruchsvollerer Problemlösung, Umgang mit schwierigen Situationen, Humor, Zukunftspläne machen, konstruktivem Reframing und der Akzeptanz der Realität, so sie sich nicht ändern lässt.
- Optimisten lernen aus Rückschlägen und geben sich dabei nicht so sehr selbst die Schuld.
- Optimisten leugnen die Realität nicht, sie schauen ihr ins Auge und entdecken Probleme schneller als Pessimisten.
- Sie geben nicht so schnell auf.
- Sie tendieren dazu, gesünder zu leben, und erfreuen sich besserer Gesundheit.
- Sie sind am Arbeitsplatz produktiver.

Seligman legt dar, dass das Gehirn positive Erfahrungen registriert und über chemische und neuronale Wege Zellfunktionen im ganzen Körper, wie das Herzkreislauf- oder das Immunsystem, beeinflusst.

Da Optimismus eng mit Motivation und Handlungsbereitschaft einhergeht, neigen optimistische Menschen eher zu dem Wunsch, gesund zu sein, und auch daran zu glauben, dass sie gesund leben können. Dies wiederum führt dazu, dass sie gesundheitsbewusster leben und medizinischem Rat folgen. Optimisten erleben weniger gesundheitsschädliche Ereignisse in ihrem Leben als Pessimisten, d. h. sie erleben weniger lebensgefährliche Situationen, weil ihr Kontrollbewusstsein sicherstellt, dass sie unterscheiden können, was gefährlich ist und was nicht. Optimisten erfreuen sich größeren sozialen Rückhalts als Pessimisten, und es existieren Belege dafür, dass sogar niedrigschwellige Interaktionen mit Mitmenschen sowohl physische als auch psychische Krankheiten abpuffern.

Wie naiver und unrealistischer Optimismus kann ständiger und unablässiger Pessimismus schaden. Gelegentlich erleiden wir alle Rückschläge, müssen mit Enttäuschungen umgehen oder erleben Krisen in unserem Leben. Dann ist es normal, deprimiert und ängstlich zu sein. *Der Hauptunterschied zwischen Optimisten und Pessimisten besteht darin, dass sich Optimisten schneller erholen und zu handeln beginnen, Pläne machen oder sich neue Ziele setzen.* Martin Seligman zeigte in seinen Untersuchungen, dass Pessimisten sich viel schneller entmutigen lassen und schlechtere Leistungen in der Schule, beim Sport oder am Arbeitsplatz erbringen und mehr Schwierigkeiten in Beziehungen haben.

Viele Menschen wissen, in welche Richtung sie tendieren, andere können online einen kurzen Fragebogen beantworten, um zu erfahren, wie optimistisch sie veranlagt sind.[95]

Pessimistische Überzeugungen zu hinterfragen ist eine wissenschaftlich gut belegte Methode, um den eigenen Optimismus zu stärken. Sie wurde im Penn Resilience Program, das zum Ziel hatte, Pessimismus und Depression bei Schulkindern zu reduzieren, gründlich ausgewertet. Um die Aufgaben gut zu lösen, ist Übung nötig. Dies sind die wichtigsten Schritte:

1. Denken Sie an einen Rückschlag oder eine Enttäuschung, die Sie erlebt haben. Beispielsweise kann das sein:
   - Sie sind nicht befördert worden, obwohl Sie damit gerechnet haben.
   - Sie wurden überraschend schlecht beurteilt.
   - Ein wichtiger Antrag, in den Sie viel Zeit investiert haben, wurde abgelehnt.
   - Ein Fehler, der Ihnen bei der Arbeit unterlaufen ist, wurde im Beisein anderer von Ihrem Vorgesetzten kritisiert.
   - Es beschäftigt Sie etwas an Ihrem Arbeitsplatz.
   - Ein gutes Verhältnis zu einem Kollegen hat sich verschlechtert.
2. Wie haben Sie reagiert? Was haben Sie gedacht? Wie haben Sie sich gefühlt? Wem haben Sie dafür die Schuld gegeben? Denken Sie an irgendwelche negativen Gedanken und Überzeugungen, die Sie von sich in dieser Situation hatten. Schreiben Sie sie auf.

3. Hinterfragen Sie Ihre negativen Überzeugungen und zweifeln Sie sie an. Wie bereits in Kapitel 1 beschrieben, sind es die Überzeugungen bezüglich einer Widrigkeit oder einem Rückschlag und nicht die Widrigkeit selbst, die die folgenden Emotionen oder Gefühle auslösen. Passiert es Ihnen häufiger, dass Sie sich selbst die Schuld geben und Ihre Probleme als fortdauernd und allgegenwärtig ansehen, dann ist das Anzweifeln negativer Überzeugungen ein guter Weg, um der Negativspirale zu entkommen. Sobald sich die Überzeugungen verändert haben, verschwinden die negativen Gefühle zugunsten von Optimismus, Energie und Zuversicht.

Pessimistische Annahmen infrage stellen[96]

Beschreiben Sie den Vorfall so detailliert wie möglich.

Beschreiben Sie, wie Sie sich gefühlt haben und wie Sie Ihre Rolle bei diesem Ereignis einschätzen.

Beantworten Sie nun die folgenden Fragen spontan, um die Annahmen, die Sie automatisch über sich anstellen, rigoros zu hinterfragen. Führen Sie diese Übung für jede einzelne Überzeugung durch. Der Hintergedanke dabei ist, einzuüben, alternative Denkweisen zu entwickeln.

- Was ist ein echter Beweis für Ihre Annahmen? Seien Sie so präzise wie möglich.
- Wie könnte man diese Annahme auch betrachten? (Beziehen Sie diese Frage besonders auf die speziell auf diese Situation zutreffenden, veränderbaren Aspekte, nicht auf Sie persönlich.)
- Wie sieht das Worst-Case-Szenario aus? Wie schlimm wäre das wirklich?
- Was sind die Konsequenzen, wenn Sie weiter an dieser negativen Überzeugung von sich festhalten?
- Wie fühlen Sie sich jetzt bezogen auf diese Situation?

Ein Beispiel dazu:

Rückschlag: drohende Arbeitslosigkeit

Emotionale Reaktion: So etwas passiert mir immer. Im Job mache ich immer alles falsch.

Beweis: Erinnere dich daran, dass solche Drohungen nicht wahr geworden sind. Was ist der hieb- und stichfeste Beweis, dass du diese Situation verursacht hast? Was ist der Beweis dafür, dass du immer alles vermasselst? Erinnere dich an deine Erfolge und daran, wenn mal alles gut lief. Was ist jetzt anders?

Alternative Sichtweisen: Vielleicht trifft es nicht ein. Was kannst du unternehmen, damit es möglicherweise nicht so weit kommt? Wenn deine Befürchtung tatsächlich eintrifft, wie groß wäre dann das Problem? Vielleicht könnte es auch eine günstige Gelegenheit sein? Was könnte daraus Positives entstehen? Was hat sich in der Vergangenheit Gutes aus ungeplanten Veränderungen ergeben? Wenn du dir dein Leben insgesamt anschaust, wie kannst du eher Nutzen aus Veränderungen ziehen als Verluste zu beklagen?

Konsequenzen, wenn du an deinen pessimistischen Gedanken festhältst: Du wirst passiv und negativ. Das vergrößert die Wahrscheinlichkeit, dass du am Ende schlechter dastehst. Vielleicht vergibst du eine Chance. Du bist frustriert, das könnte möglicherweise deine Gesundheit beeinträchtigen.

Aktuelles Gefühl (als Konsequenz anderen Denkens): Weniger hilflos, offener dafür, die Sache in die Hand zu nehmen und die Situation zu verändern.

2. Probleme reframen

Mittels der kognitiven Methode des Reframings können Probleme auf andere Weise betrachtet werden, um so die Chancen einer Situation zu erkennen, wo zuvor nur Schwierigkeiten wahrgenommen wurden. Folgende Beispiele (s. Tab. 4.2) zeigen, wie Probleme in kreativere Alternativen und Chancen umgedeutet werden können. Wichtig dabei ist, dass die neue Perspektive realistisch, glaubwürdig und für den Einzelnen hilfreich ist.

Problem	Wie lässt es sich umdeuten?
Meine Firma wird von einer anderen übernommen.	Welche Chancen eröffnet das? Kann ich eine neue Position bekleiden? Wie kann ich meine Expertise besser verkaufen?
Vielleicht verliere ich meine Stelle. (Gefahr)	Wo liegen die Herausforderungen und wie kann ich aufsteigen? Was kann ich daraus lernen? Was sollte ich anders machen? Wie kann ich meine Stärken zeigen?
Ich hasse es, vor Leuten zu sprechen. (Pflicht)	In welcher Hinsicht ist das ein Privileg? Was sind die Vorzüge für mich? Wie kann ich das meiste dabei herausholen?
Ich hasse es, diese Formulare auszufüllen. (Aufgabe)	Wie gelingt es mir, daraus Vergnügen und Befriedigung zu ziehen? Kann ich den Prozess verschlanken oder systematisieren? Kann ich lernen, die Aufgabe zu mögen? Kann ich daraus für mich einen Wettstreit mit Anreizen machen?

Problem	Wie lässt es sich umdeuten?
Ich hasse meinen Job. (Posten)	Wie schaffe ich es, ihn als eine Berufung aufzufassen? Wie kann ich Wege finden, um meine Aufgaben stärker wertzuschätzen und gut zu finden? Welche guten Seiten hat mein Job und wie kann ich mehr in ihren Genuss kommen?
Ich habe es vermasselt. (Fehler)	Was lerne ich daraus? Was hat dazu geführt? Wie kann ich es das nächste Mal vermeiden? (s. Kap. 5)

Tabelle 4.2: Reframing: Umdeutung von Problemen

Unter anderem können auch Führungskräfte positivere Perspektiven eröffnen, die allerdings für die Betroffenen sinnvoll und relevant sein müssen, um Wirkung zu zeigen.

Wie bei den Beispielen oben deutlich geworden ist, muss jeder Einzelne seine persönlichen Überzeugungen hinterfragen und dazu positive Alternativen entwickeln, die realistisch, sinnhaft und glaubwürdig sind. Beispielsweise ist der Gedanke, einen verhassten Job in Richtung einer Berufung umzudeuten, für eine Person eine Erleuchtung, während eine andere ihn für wenig hilfreich, wenn nicht sogar lächerlich hält. Manchmal ist es eben schwierig, alternative Gedanken zu entwickeln, die für einen selbst funktionieren. Doch die Mühe lohnt sich und das Ergebnis kann ein Leben verändern.

Die folgende Methode der Perspektivenänderung dient dazu, Probleme oder Herausforderungen in einem neuen Licht zu betrachten. Sie kann gut in Verbindung mit dem Suchen nach Vorzügen einer Situation (s. u.) eingesetzt werden.

- Denken Sie an ein aktuelles Problem, einen Rückschlag oder eine Enttäuschung. Beschreiben Sie das Problem so präzise wie möglich. Notieren Sie kurz, wie Sie sich dabei fühlen.
- Bewerten Sie das Problem auf einer Skala von 1 bis 100 (1 = „Es ist eigentlich kein Problem", 100 = „Es ist ein riesiges Problem").
- Notieren Sie sich nun die fürchterlichsten Dinge, die Sie sich schlimmer nicht vorstellen können, sie stellen die Wertungen 90 bis 100 dar. Es könnte eine tödliche Krebserkrankung, Verlust eines Kindes oder eines lieben Menschen sein oder dass Ihr Haus durch ein Feuer bis auf die Mauern niederbrennt.
- Wie fühlt sich das Problem jetzt an? Bewerten Sie es auf Ihrer Skala.
- Was können Sie nun tun, um das Problem Schritt für Schritt zu lösen?

3. Vorzüge finden

Um eine positive Haltung zu entwickeln ist es hilfreich, ganz gezielt nach Vorzügen einer Situation zu suchen. Wie der amerikanische Philosoph und Autor Henry David Thoreau es einmal formulierte: „Wer nach Fehlern sucht, wird selbst im Paradies noch Fehler finden." Forschungsergebnissen zufolge erfreuen sich Menschen, die tendenziell das Gute in Menschen und Ereignissen sehen, eines größeren Wohlbefindens, besserer Gesundheit und eines längeren Lebens – all das trägt zur individuellen Resilienz bei.[97]

Mit der folgenden Übung lernen Sie die Herangehensweise, um gezielt die Vorzüge einer Situation zu erkennen.
- Beschreiben Sie kurz ein Problem, das Ihnen gerade Schwierigkeiten macht.
- Finden Sie mindestens fünf gute oder potenziell positive Dinge an der Situation.
- Seien Sie möglichst kreativ, alles ist erlaubt.

Hierzu ein Beispiel:

Problem: Meine Abteilung wird mit einer anderen zusammengelegt und meine Position wird geschwächt.

Potenzielle Vorteile: Ich kann neue Erfahrungen machen. Ich werde enger mit meinem Team zusammenarbeiten. Ich kann beweisen, wie anpassungsfähig ich als Manager bin. Ich werde möglicherweise mehr Kontakt zu erfahreneren Kollegen bekommen. Es ist eine Gelegenheit, meine Loyalität unter Beweis zu stellen. Ich kann meine Wertschätzung der Firma gegenüber zeigen. Ich kann beweisen, dass ich mit Wandel in positiver Weise umgehen kann.

Machen Sie es sich zur Gewohnheit, in jeder Situation oder bei allen Problemen die potenziellen Vorzüge zu finden. Probieren Sie es für mindestens zwei oder drei Wochen aus und bitten Sie Ihre Freunde, Ihnen dabei zu helfen. Vielleicht fallen Ihnen hilfreiche Tricks ein, führen Sie ein Tagebuch. Sie werden feststellen, dass sich Ihre Fähigkeit, Vorzüge zu finden, mit der Zeit verbessert. Nehmen Sie bewusst wahr, wie das Aufspüren der positiven Aspekte einer Situation Ihr Wohlbefinden verändert.

4. Denkfallen vermeiden

Wissenschaftler haben untersucht, wie unsere Denkmuster uns in negativen und nutzlosen Gedanken festhalten.[98] Es ist außerdem bekannt, dass die Art und Weise, wie wir über bestimmte Dinge denken, großen Einfluss auf unsere Gefühle hat. Betrachten Sie einmal die typischen Denkfallen, die im Folgenden aufgeführt sind. Der Prozess „Denkfallen vermeiden" funktioniert, indem Sie ein Problem detailliert beschreiben und dann die folgenden Fragen dazu beantworten:

1. *Alles oder nichts.* Sehen Sie das Problem nur in Schwarz-Weiß? (Zu obigem Beispiel: „Bei dieser Übernahme wird nichts Gutes herauskommen.")
2. Betrachten Sie die Situation aus einer *einseitigen oder zu engen Perspektive,* indem Sie beispielsweise nur die negativen Kommentare Ihres Vorgesetzten beachten und wichtige andere Aspekte ausblenden? („Dadurch werden wir nur mehr Arbeit haben.")
3. Ziehen Sie *voreilig Schlüsse* und glauben, bereits alles zu wissen? („Wir werden alle entlassen werden.") Verfügen Sie über alle Fakten? Haben Sie überhaupt Fakten?
4. *Übertreiben* Sie oder *spielen Sie etwas herunter?* („Es ist ein absolutes Desaster!" oder: „Eigentlich ist es gleichgültig.") Wie steht es damit? Haben Sie die Relationen überprüft? Schätzen Sie die Relationen richtig ein und ist Ihre Perspektive ausgeglichen oder einseitig?
5. Bestimmen Ihre *Gefühle* bzw. Ängste Ihre Argumentation? Reagieren Sie emotional? („Ich bin verunsichert, bestimmt habe ich etwas falsch gemacht.") Wie sehen die Fakten aus? Ist die Sprache, die Sie verwenden, eher emotional oder rational?
6. Haben Sie sich in eine *Ecke hineinmanövriert,* aus der nur eine einzige Perspektive möglich ist? („Also, wenn sie nicht auf mich zukommen, dann rede ich auch nicht mit ihnen.")
7. *Stempeln Sie Menschen* voreilig ab oder bezeichnen Sie sie mit extremen Attributen bzw. Stereotypen? („Ich bin ein Volltrottel …", „Sie sind einfach faul.")
8. Nehmen Sie die *Schuld* für Dinge auf sich, über die Sie keinerlei Kontrolle haben? („Ich hätte es wissen müssen, bevor ich mich hier beworben habe.")

Diese Denkfallen zu erkennen ist der erste Schritt, um sie zukünftig zu vermeiden. Mit der Zeit sammeln Sie ein Arsenal von hilfreichen alternativen Gedanken, um nicht in diese Denkfallen zu stolpern und stattdessen eine positivere und realistischere Denkweise zu etablieren.

4.4 Herangehensweise Nummer 2: positive Emotionen verstärken

Obwohl Emotionen, wie oben beschrieben, ein Kernelement des kognitiven Ansatzes der Resilienz sind, beziehen wir uns in diesem Kontext auf sie hauptsächlich als das Resultat von Gedanken und Überzeugungen. Der Schwerpunkt dieser Herangehensweise liegt auf der Reduzierung negativer Gefühle, indem man sich von hinderlichen, unzutreffenden negativen Überzeugungen und Annahmen befreit. Neuere Entwicklungen betonen die Vorteile eines umfassenderen Ansatzes, der direkt auf die positiven Emotionen fokussiert. Wie wir in Kapitel 1 gesehen haben, kann man individuelle Resilienz wirkungsvoll stärken, indem man die positiven Emotionen in seinem Leben verstärkt. In den folgenden Abschnitten gehen wir detaillierter auf diese Verlagerung innerhalb der Positiven Psychologie ein und stellen die praktischen Folgen für die Stärkung von Resilienz dar.

Zunächst betrachten wir aber die gängigere Vorstellung von „negativen Emotionen" wie Wut, Angst, Nervosität und Trauer eingehender, und zwar aus der evolutionären und biologischen Perspektive. Es ist bekannt, dass *Wut* oder *Angst* Angriff- bzw. Fluchtreaktionen auslösen, um dem Körper eine schnelle Reaktion zu ermöglichen, um einen Angriff oder eine Gefahr zu überleben.

Wird im Körper solch eine Erregung erzeugt, laufen folgende Prozesse ab:
- Der Blutzuckerspiegel steigt, Cortisol und Adrenalin werden in den Blutkreislauf abgegeben.
- Die Herzrate steigt, um mehr Blut in die Muskeln zu befördern, um Sie umgehend kampfbereit zu machen oder es Ihnen zu ermöglichen, wegzurennen.
- Rote Blutkörperchen werden „klebrig", um mögliche Wunden schnell zu verschließen.
- Die Pupillen vergrößern sich, die Atmung wird schneller und heftiger, man schwitzt.
- Die Funktion des Immunsystems wird reduziert und die Verdauung wird verlangsamt.

Das Reflexsystem, das die Reaktionen auf negative Emotionen steuert, ist genetisch vererbt und universell.

Auch wenn diese Emotionen in einer Krise hilfreich sind, befindet man sich nicht unbedingt auf der Höhe, wenn man sie spürt. Bill Ury, Autor von *Getting to Yes,* sagte einmal: „Wenn Sie wütend sind, werden Sie die beste Rede halten, die sie jemals bereuen werden." Aus Erfahrung und aus vielen wissenschaftlichen Studien wissen wir, dass Wut die Entscheidungsfähigkeit mindert und zu defensivem und unkooperativem Verhalten führt.

„Negative Emotionen" versetzen den Körper in einen Zustand, in dem er schnell agieren kann, ohne nachdenken zu müssen. Das Problem bei diesen Emotionen besteht in ihren negativen Auswirkungen, wenn sie zu lange anhalten. Dauert der Erregungszustand aufgrund von Stress oder Sorgen unvermindert über Wochen und Monate an, entwickeln sich Adaptionserkrankungen. Dazu gehören Bluthochdruck, Herzinfarkte, Schlaganfälle und verschiedene Formen von Krebs. Furcht oder Angst angesichts einer wirklich bestehenden Bedrohung sind normal und eine Anpassung an die Umwelt. Diese Emotionen können uns sogar stärken, aber im Großen und Ganzen bevorzugen wir das Erleben von positiven Emotionen.

Bis vor Kurzem gab es zwanzig Mal so viele wissenschaftliche Veröffentlichungen über negative Emotionen wie Wut und Angst wie über positive wie Liebe, Dankbarkeit und Hoffnung.[99] Dies wird angesichts der Notwendigkeit, Menschen zu verstehen und zu helfen, die unter Depressionen und anderen psychischen Problemen wie Angst- und Persönlichkeitsstörungen litten, nachvollziehbar. Jedoch führte dieses Ungleichgewicht in der Forschung dazu, dass menschliche Emotionen nur einseitig betrachtet wurden. Die Psychologie als Wissenschaft war in der Beschreibung, Diagnose und Behandlung von Depression und Angststörungen sehr effektiv, machte jedoch wenig Aussagen darüber, was zur Bildung von Resilienz, Hoffnung und Glück beiträgt. Leider fiel damit der fast unersättliche Bedarf an Anleitungen zum Glücklichsein in die Hände der Selbsthilfe-Industrie, die mit einer Vielzahl an Büchern, CDs, Workshops und Seminaren sowie Apps diese Lücke füllten. Deren Ratschläge sind nicht alle falsch oder führen nicht unbedingt in die falsche Richtung, doch mangelt es ihnen häufig an wissenschaftlicher Fundierung.

Mit seiner Rede als Präsident der American Psychological Association läutete Martin Seligman 1998 den Siegeszug der Positiven Psychologie ein. Dies führte dazu, dass die Anzahl der wissenschaftlichen Untersuchungen bezüglich der Gründe, warum der Mensch aufblüht, welche Qualitäten dazu beitragen, glücklich zu sein, und der Institutionen (Gemeinschaften, Arbeitsplätze), die das Beste in ihren Mitgliedern fördern, rapide anstieg. In den letzten fünfzehn Jahren sind positive Emotionen und ihre Rolle für das individuelle Wohlbefinden und Effektivität unter anderem von Wissenschaftlerinnen wie Barbara Fredrickson und ihren Kollegen an der University of North Carolina umfassend erforscht worden.[100] Es gibt sogar einen Zweig der Positiven Psychologie, der primär den Arbeitsplatz fokussiert: das Positive Organizational Scholarship.[101]

Zu den positiven Emotionen, die in den letzten zehn bis 15 Jahren Gegenstand der wissenschaftlichen Untersuchungen geworden sind, gehören Freude, Dankbarkeit, Gelassenheit, Interesse, Hoffnung, Stolz, Humor, Inspiration, Bewunderung, Liebe, Vergebung und Mitgefühl. Es ist schon lange bekannt, dass sich beim Menschen negative Emotionen entwickelten, da sie, wie auch bei anderen Spezies, für das Überleben entscheidend waren. Negative Emotionen im Allgemeinen warnten vor Gefahr, und nur schnelle und unhinterfragte Reaktionen brachten einen in Sicherheit. Jede negative Emotion wurde mit einer speziellen Handlungstendenz in Verbindung gebracht. Angst führt zu einem Kampf-, Flucht- oder Erstarrungsmuster, während Wut das Bedürfnis nach Angriff oder Rache auslöst und Übelkeit ein Vermeidungsverhalten generiert.

Erst in den letzten zehn Jahren wurde deutlich, dass positive Emotionen ebenfalls aufgrund ihrer Bedeutung für das Überleben entstanden sind. Dies gilt besonders für die Zeit, als die Vorfahren des Menschen begannen, in kleinen Gruppen zu leben und zu jagen, wo soziales Zusammengehörigkeitsgefühl und Zusammenarbeit das Überleben der Gruppe sicherten. Diese wurde sogar noch wichtiger, als sich die frühen Menschen in Jagd- und Sammelvölkern zu Siedlungen zusammenfanden, in denen sie Viehzucht betrieben und das Land kultivierten, das war vor nur ca. 10.000 Jahren.[102] Negative Emotionen werden also in Zusammenhang mit der Alarmierung des sympathischen Nervensystems gebracht, das im Individuum einen Erregungszustand auslöst, während die positiven Emotionen mit der Aktivität des beruhigenden parasympathischen Systems zusammenhängen, das den Menschen für neue Eindrücke empfänglich macht.

Barbara Fredrickson und Kollegen haben diese Theorie noch einen Schritt weitergedacht. Sie stellten fest, dass positive Emotionen dem Menschen nicht nur suggerieren, dass er sich in Sicherheit befindet, und ihm helfen, in der Gegenwart effektiv zu agieren, sondern auch dazu dienen, Fähigkeiten und Stärken zu entwickeln, die ihm in der Zukunft bei der Überwindung von Rückschlägen und Widrigkeiten helfen. Diese Broaden-and-Build-Theorie wird auch zunehmend von anderen Forschungsgebieten gestützt, etwa von den Neurowissenschaften und der Biologie sowie von umfassenden psychologischen Untersuchungen. Folgende Liste stellt einige der positiven Effekte positiver Emotionen dar. Sie basieren auf Experimenten mit freiwilligen Teilnehmern, bei denen bewusst positive respektive negative Gefühle ausgelöst wurden.[103]

Ein Anstieg des Maßes positiver Emotionen führt zu folgenden zuträglichen Effekten:

- Es fällt leichter, Ideen zu verbinden und kreativ zu sein.
- Es ist leichter, soziale Kontakte zu knüpfen.
- Entscheidungsfindung verbessert sich.
- Offenheit und Neugierde steigt.
- Das periphere Sehen ist verbessert.
- Der gesundheitliche Zustand ist besser.
- Hilfsbereitschaft bzw. Altruismus steigt.

- Das „Wir"-Gefühl steigt im Gegensatz zum „Ich"-Gefühl.
- Die Wahrnehmung von „sie und wir" ist herabgesetzt.
- Es besteht eine größere Bereitschaft, Ambiguität bzw. Unsicherheit zu tolerieren.
- Der Umgang mit Komplexität ist verbessert.
- Emotionale Agilität wird stimuliert.

Insgesamt helfen positive Emotionen dabei, psychische Stärken, positive mentale Haltungen, Sozialkontakte und körperliche Gesundheit zu stärken. Damit tragen sie signifikant zur Resilienz bei. Diese Aspekte sind weder ein Luxus noch ein „Nice to have", sondern wesentliche Bestandteile der Effektivität am Arbeitsplatz und des Lebens im Allgemeinen.

Natürlich kann man nicht die ganze Zeit positive Emotionen erleben. Diejenigen, die das tun, erwecken häufig den Eindruck, als fehle ihnen der Realitätssinn, und können ihren Mitmenschen mitunter richtig lästig werden. Es gibt einfach Zeiten, in denen man sich aufregt, sich Sorgen macht oder Enttäuschung spürt. Doch geschieht es zu häufig, dass man negative Emotionen erlebt oder zu lange braucht, um sich von solchen Erlebnissen zu erholen, und damit riskiert man, weniger effektiv zu sein. Menschen, die über lange Zeiträume Stress oder Sorgen erleben, büßen ihre Wirkungskraft und Gesundheit in hohem Maße ein. Barbara Fredricksons Untersuchungen zeigen, dass in unserem Leben das Verhältnis von positiven zu negativen Emotionen entscheidend ist. Verändert sich dieses Verhältnis zum Negativen, schwächen uns negative Emotionen, überwiegt das Positive, stärken uns die positiven Emotionen.

Bestand Ihr Verhältnis in den letzten 24 Stunden aus unter drei positiven Emotionen und einer negativen Emotion (zum Beispiel ein Zahlenverhältnis von 2 zu 1), war Ihr Tag wahrscheinlich „nicht so gut". Ist das Verhältnis deutlich über 3 zu 1, war der Tag gut, wenn nicht sogar toll. Jedoch spielt das Verhältnis eines einzelnen Tages keine so große Rolle – ganz nach dem Motto: Eine Schwalbe macht noch keinen Sommer. Die Frage ist eher, wie häufig das individuelle Verhältnis für eine beliebige 24-Stunden-Periode deutlich unter 3 zu 1 liegt. Liegt das durchschnittliche Verhältnis innerhalb von 14 Tagen unter 3 zu 1, deutet das darauf hin, dass der Betreffende mit andauernden negativen Emotionen lebt, die möglicherweise die Resilienz und den Gesundheitszustand schwächen, was sich unmittelbar auf die Effektivität am Arbeitsplatz auswirkt. Liegt im Gegensatz dazu das Verhältnis über Wochen über 3 zu 1, legt das nahe, dass der Betreffende Stressoren am Arbeitsplatz und im Alltag gut bewältigen kann. Tatsächlich wird er trotz der Belastungen, Enttäuschungen und alltäglichen Rückschläge aufblühen.

Ein Online-Test ermöglicht die Messung des individuellen „Positivitätsanteils" (Positivity Ratio)[104]: Man kann den Positivity Self Test regelmäßig ausfüllen, um die eigene Entwicklung, etwa in einem Zeitraum von drei bis sechs Monaten, zu überwachen. Das Positivitätsverhältnis ist in seiner Zuverlässigkeit und seiner Präzision nicht mit einem normalen Thermometer zu vergleichen, das als Indikator für die Krank-gesund-Relation – oder in diesem Fall als Indikator für die Gesundheit eines Menschen – fungiert. Es wird als Forschungsinstrument immer noch weiterentwickelt, doch es ist präzise genug, dem einzelnen Teilnehmer Hinweise darauf zu geben, wie es um die eigene emotionale Stärke angesichts von Widrigkeiten bestellt ist. Darüber hinaus kann man es einsetzen, um sich Ziele für die persönliche Entwicklung zu setzen und Veränderungen über die Zeit hinweg zu erheben.

Zusammengefasst haben positive Emotionen vier wirkmächtige Folgen:
1. Sie helfen, die gesundheitsschädlichen Effekte von Stress zu mindern.
2. Sie helfen, schnell wieder zum Normalzustand zurückzukehren, nachdem man Stress durchlebt hat.
3. Sie helfen, sich vor gesundheitsschädlichen oder negativen Effekten von Belastungen zu schützen.
4. Sie stärken einen, um den täglichen Herausforderungen und Rückschlägen in der Zukunft begegnen zu können.

Nachdem die beiden umfassenden Herangehensweisen bezüglich der Stärkung von Resilienz dargestellt wurden, geht es im nächsten Kapitel um Möglichkeiten, die vier Hauptaspekte von Resilienz zu fördern.

5. Was der Einzelne tun kann: Stärkung der vier personengebundenen Resilienz-Ressourcen

Die Bedeutung der beiden umfassenden Herangehensweisen an Resilienz (kognitiver Ansatz und die Stärkung positiver Emotionen), die wir in den vorangehenden Kapiteln erläutert haben, wird an geeigneten Punkten der folgenden Ausführungen noch einmal kurz betont. Allerdings werden wir nicht mehr im Detail auf die einzelnen Bestandteile der Ansätze eingehen. Zudem möchten wir darauf hinweisen, dass die im Folgenden dargestellten Techniken bei mehr als einer der Resilienz-Ressourcen Anwendung finden. Dies veranschaulichen auch die sich überlappenden Kreise in Abbildung 5.1.

Wie in Kapitel 4 ist es auch hier sinnvoll, bei der Lektüre die eigenen Erfahrungen zu reflektieren, um so das Verständnis der Prinzipien und Techniken zu fördern und die für Sie sinnvollsten auszuwählen.

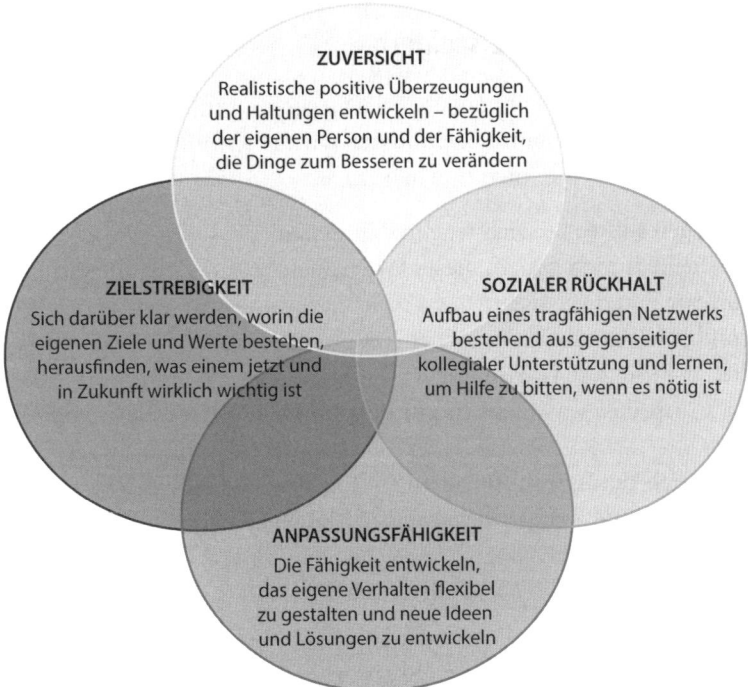

Abbildung 5.1: Resilienz aufbauen: die vier personengebundenen Resilienz-Ressourcen

5.1 Zuversicht

Wichtige Methoden:
1. Anwendung der kognitiven Herangehensweise: Hinterfragen Sie mögliche negative Überzeugungen bezüglich Ihrer eigenen Fähigkeiten, Reframing, stellen Sie sich Ihren Ängsten, reflektieren Sie;
2. identifizieren Sie Ihre natürlichen Stärken und nutzen Sie sie;
3. schaffen Sie sich „Flow"-Erlebnisse, strengen Sie sich an, indem Sie Herausforderungen annehmen.

Anwendung der kognitiven Herangehensweise

Dieser Ansatz ist besonders gut für die Stärkung von Resilienz geeignet, indem das Selbstbewusstsein bzw. die Selbstüberzeugung verbessert werden (s. die detaillierte Beschreibung in Kap. 1, S. 50–53, und die Abschnitte Optimismus und Attributionsstil in Kap. 1, S. 47–50).

Durch Reflexion Resilienz steigern

Es lohnt sich, sich anzugewöhnen, über die Gegenwart und die jüngere Vergangenheit zu reflektieren, denn damit beeinflussen wir die Art und Weise, wie wir Gegenwart und Zukunft wahrnehmen und bewältigen.

Folgende Fragen sollte man sich regelmäßig stellen:
- Was lief heute im Job gut? In dieser Woche?
- Was hat mir Freude gemacht?
- Wann fühle ich mich auf der Höhe?
- Was lief nicht so gut? Warum nicht?
- Wie kann ich das, was nicht so gut lief, vermeiden, verändern oder anders betrachten?
- Was kann ich dafür tun, um meinem Tag bzw. meiner Woche mehr Positives abzugewinnen und weniger negative Emotionen zu haben?

Eigene Stärken identifizieren und nutzen

Die vorhandenen Stärken einzusetzen ist ein wichtiger Faktor, um Resilienz zu fördern. Die Übung *Stärken entdecken*[105] hilft dabei, die eigenen Stärken zu ermitteln:

- Was hat Ihnen als Kind Spaß gemacht?
- Aus welchen Aktivitäten schöpfen Sie Energie?
- Wann fühlen Sie sich als Person sehr authentisch?
- Was fällt Ihnen leicht?
- Worauf konzentrieren Sie sich am meisten?
- Was lernen Sie leicht und schnell?
- Was motiviert Sie?
- Bei welchen Gelegenheiten sagen Sie Ihre ehrliche Meinung?
- Welche Begriffe verwenden Sie, wenn Sie voller Energie sind und sich engagieren?
- Was tun Sie spontan, ohne sich anzustrengen?

In diesem Kontext meint „Stärke" eine Tätigkeit, die man gut macht und die einem ganz natürlich zufällt. Diese Aktivität kostet keine Mühe, denn hinterher fühlt man sich energiegeladen und ist nicht erschöpft. Man mag einfach, was man tut. Diese Art „natürlicher Stärke" ist nicht dasselbe wie eine Fertigkeit, die man wiederholen und üben muss, wie Autofahren beispielsweise. Häufig sind Menschen dann am besten, wenn sie ihre natürlichen Stärken einsetzen können. Es ist nachgewiesen, dass es Stress reduziert und die Resilienz verstärkt, wenn man die eigenen Stärken kennt und einsetzt, insbesondere in unterschiedlichen Kontexten und auf verschiedene Weisen. Häufig wird dem Ausmerzen von Schwächen zu viel Aufmerksamkeit geschenkt, was große Anstrengungen bedeutet und meist nicht zufriedenstellend ist. Es zahlt sich wirklich aus, die eigenen Stärken zu erkennen und ihnen zu folgen. Sie zeichnen sich vor allem dadurch aus, dass sie Energie spenden und nicht rauben, daher ist es entscheidend, sie zu identifizieren.

Gemeinsam mit Marcus Buckingham arbeitete Donald Clifton im Gallup Institut. Er ist einer der Pioniere des stärkenbasierten Ansatzes im Management.[106] Seiner Meinung nach bieten die Entdeckung und die Stärkung der eigenen Talente die größten Erfolgschancen. Er sprach die Empfehlung aus, die eigenen Qualitäten einzusetzen, statt seine Energie darauf zu verwenden, jene anzustreben, die man gerne hätte.

Christopher Peterson und Martin Seligman haben Kriterien für individuelle typische Stärken entwickelt. Dazu gehören Eigenverantwortlichkeit und Authentizität („so bin ich wirklich") und das Gefühl der Aufregung, wenn diese Stärken zum Einsatz kommen, eine steile Lernkurve, eine Sehnsucht, das Gefühl der Unausweichlichkeit und der Stärkung anstatt der Erschöpfung, wenn die Stärke zum Einsatz kommt.[107] Die persönlichen Stärken dieser Art lassen sich online mit drei unterschiedlichen Fragebögen erheben, die jeweils andere Vorteile mit sich bringen:

1. VIA Inventory of Strengths (VIA-IS; ehemals Values in Action)

Dieser Fragebogen bringt die persönlichen Stärken in eine Reihenfolge von 1 bis 24 (s. Kasten) und ermöglicht, die eigenen größten Stärken zu identifizieren, die hier charakteristische Stärken (*signature strengths)* genannt werden. Diese Liste basiert auf einer umfassenden Studie von Christopher Peterson von der University of Michigan und Martin Seligman von der University of Pennsylvania. Sie fanden die Werte heraus, die alle Gesellschaften, religiösen Gemeinschaften und Kulturen weltweit in der Vergangenheit und Gegenwart vertreten. Die sechs Tugenden werden durch die menschlichen Stärken erreicht oder finden in ihnen ihren Ausdruck:

1. **Weisheit und Wissen:** 1) Kreativität, 2) Neugierde, 3) Urteilskraft, 4) Leidenschaft, etwas zu lernen, 5) Perspektive
2. **Mut:** 1) Tapferkeit, 2) Beharrlichkeit, 3) Ehrlichkeit, 4) Tatendrang
3. **Menschlichkeit:** 1) Liebe, 2) Güte, 3) soziale Intelligenz
4. **Gerechtigkeit:** 1) Teamwork, 2) Fairness, 3) Führung
5. **Mäßigung:** 1) Vergebung, 2) Demut, 3) Besonnenheit, 4) Selbstbeschränkung
6. **Transzendenz:** 1) Sinn für Schönheit und Vortrefflichkeit, 2) Dankbarkeit, 3) Hoffnung, 4) Humor, 5) Spiritualität

Mit freundlicher Genehmigung des VIA Institutes on Character © 2004–2013 (↗ http://www.viacharacter.org)

Charakteristische Stärken verleihen einem Individuum eine Identität. Ist man sich ihrer bewusst, lassen sich leichter Wege und Aktivitäten finden, die einem helfen, sich authentisch, voller Energie und mit sich selbst im Reinen zu fühlen. Zahlreiche wissenschaftliche Untersuchungen wurden mithilfe der VIA Strengths durchgeführt.[108]

Macht man sich diese Stärken im Rahmen einer längerfristigen Lebens- und Karriereplanung zunutze, steigt die Wahrscheinlichkeit, dass man seine Ziele auch erreicht. Das Finden und Umsetzen der charakteristischen Stärken ist eng verbunden mit dem persönlichen Wohlbefinden. Es wurde nachgewiesen, dass dies die Folgen von Angst und Stress mindern und damit einen indirekten Beitrag zur individuellen Resilienz leistet. Für die Erhebung von charakteristischen Stärken stehen ebenfalls online Fragebögen zur Verfügung.[109]

Der VIA-Signature-Strengths-Ansatz zielt auf die allgemeine Persönlichkeitsentwicklung und die Stärkung von Resilienz ab. Um die eigenen Stärken zu fördern, ist es wichtig, die Mehrheit der charakteristischen Stärken zu identifizieren und einzusetzen, während verschiedene weitere Fertigkeiten und Fähigkeiten ebenfalls gestärkt werden sollten, um sicherzustellen, dass man seine Position kompetent und selbstbewusst ausfüllt.

2. Realise2

Der zweite Ansatz zur Erhebung von Stärken ist Realise2[110]. Dieses Instrument wurde vom britischen Centre for Applied Positive Psychology entwickelt. Es erhebt 60 Stärken in den fünf Kategorien:

1. **Sein:** Stärken im Sinne von Authentizität, (Lebens-)Mission, Vermächtnis.
2. **Kommunikation:** im Sinne von ein guter Zuhörer sein, Feedback, Humor
3. **Motivation:** im Sinne von Rückschläge bewältigen, Wachstum, Wandel
4. **Beziehungen:** im Sinne von Mitgefühl, tiefere Beziehungen gestalten, Netzwerken
5. **Denken:** im Sinne von Ordnung, Regeln einhalten, Kreativität, Probleme lösen

Für die Planung der Persönlichkeitsentwicklung kann Realise2 sehr nützlich sein, ebenso für ein Coaching, da es spezifischere Persönlichkeitsmerkmale berücksichtigt als die 24 charakteristischen Stärken aus dem VIA. Während es dort primär um die charakteristischen Stärken geht, werden bei Realise2 auch andere gelernte Fertigkeiten einbezogen. Dieser Fragebogen ist insbesondere deshalb so leistungsstark, weil er die Stärken in vier übergeordnete Kategorien einteilt:

1. **Umgesetzte Stärken:** Sie werden im Alltag gut umgesetzt und sorgen für Energie. Doch besteht die Gefahr, sich allzu sehr auf sie zu verlassen oder sie zu übertreiben, d. h., sie sollten kontrolliert eingesetzt werden.
2. **Nicht umgesetzte Stärken:** Sie werden gut umgesetzt, sie spenden Energie, doch sollte man nach mehr Gelegenheiten schauen, um sie noch stärker einzubinden.
3. **Gelerntes Verhalten:** Auch dies wird gut umgesetzt, doch zieht es Energie und sollte moderat eingesetzt werden.
4. **Schwächen:** Diese Fertigkeiten und Fähigkeiten werden mangelhaft umgesetzt. So sie nicht entscheidend sind, sollten sie minimiert oder mit Stärken ausgeglichen werden.

Mit Realise2 lassen sich Übersichten über die Entwicklung von Einzelpersonen oder Teams erstellen, um Stärken zu stärken und für den Ausgleich für die am Arbeitsplatz wichtigen Schwächen zu sorgen. Zu Realise2 gehört *The Strengths Book*[111], das viele Anregungen gibt, wie man seine 60 Stärken weiterentwickeln kann. Für den Online-Test wird ein kleiner Unkostenbeitrag erhoben, ein persönlicher Entwicklungsplan kann angefordert werden.

3. StrengthsFinder

Der dritte Ansatz ist der StrengthsFinder, der auf der Basis von Untersuchungen des Gallup Instituts entwickelt wurde. In diesem Fall geht es mehr um die Stärken im Zusammenhang mit dem Beruf, hier sind es insgesamt 34. Mit dem Kauf des Buches von Gallup[112] oder direkt online erhalten Sie Zugang zu dem Online-Fragebogen.

Es gibt die Möglichkeit, Ideen für die persönliche Weiterentwicklung, die mit den identifizierten Stärken verbunden ist, zu erhalten. Dies kann hilfreich sein, wenn sonst keine Hilfe bei der Persönlichkeitsentwicklung am Arbeitsplatz zur Verfügung steht.[113]

Sind die Stärken mittels dieser drei Instrumente identifiziert, sind folgende Fragen im nächsten Schritt hilfreich:

- Was haben Sie über sich durch die Identifizierung Ihrer Stärken gelernt?
- Welche Stärken haben Sie entwickelt? Welche setzen Sie in Ihrem Job ein?
- Gibt es weitere Stärken, die Sie im Beruf nicht nutzen, die aber sonst im Privatleben zum Vorschein kommen?
- Und umgekehrt: Nutzen Sie Stärken im Job, die Sie privat brachliegen lassen?
- Nutzen Sie Ihre Stärken optimal aus, um Ihre Aufgaben gut zu erledigen?
- Welche Möglichkeiten gibt es, Ihre Stärken am Arbeitsplatz intensiver oder auf andere Weise zu nutzen?
- Welche Möglichkeiten gibt es, Ihre Stärken im Privatleben intensiver oder auf andere Weise zu nutzen?
- Was sind die Schattenseiten Ihrer Stärken, d. h., wo besteht die Gefahr, dass Sie sie überstrapazieren, und wie können Sie sie minimieren?

Der Flow-Zustand und Resilienz

In diesem Abschnitt führen wir einen neuen Blickwinkel ein, indem wir schauen, was passiert, wenn Stärken und Fertigkeiten durch Herausforderungen oder Aufgaben, die zwar anspruchsvoll, aber nicht überfordernd sind, auf die Probe gestellt werden.

Übung: Finden Sie heraus, welche Aufgaben Sie herausfordern, aber nicht überfordern

- Erstellen Sie eine Liste der Aufgaben im Job, für die Sie Erfahrung benötigen, die Ihnen aber so viel Freude machen, dass Sie manchmal in ihnen aufgehen, die Zeit vergessen und die Ihnen eher Energie geben als rauben.
- Erstellen Sie eine Liste der Aufgaben im Privatleben, für die Sie Erfahrung benötigen, die Ihnen aber so viel Freude machen, dass Sie manchmal in ihnen aufgehen, die Zeit vergessen und die Sie mit Energie erfüllen.
- Schreiben Sie schließlich die Dinge auf, für die Sie Erfahrung brauchen und die Sie gern gemacht haben, als Sie jünger waren, denen Sie nun nicht mehr nachgehen oder für die Sie keine Zeit mehr haben.

Die Aktivitäten auf Ihrer Liste sind Quellen für Flow. In diesem Zustand gehen Sie völlig in dem auf, was Sie gerade tun, wenn Kompetenzen und Herausforderungen im Gleichgewicht sind. Manchmal wird Flow auch als der Zustand bezeichnet, in dem man seine Kapazitäten voll ausschöpft. Flow ist an sich schon angenehm, aber wenn er mit höheren Zielen verknüpft wird und auch anderen zugutekommt, kann der Zustand zutiefst befriedigend sein. Dann fühlen Sie sich erhaben, es ist ein warmes Gefühl, sie sind offener, Ihnen ist leichter ums Herz. Flow ist besonders dann erquickend und befriedigend, wenn es um eine Aufgabe geht, die weder zu leicht noch zu schwer ist. Mihaly Csikszentmihalyi untersuchte Flow viele Jahre lang, zuletzt an der Claremont Graduate University in Kalifornien.[114]

Flow zeichnet sich durch folgende Aspekte aus:
- Die Aufgabe ist nicht zu leicht und bedarf gewisser Kompetenz.
- Sie konzentrieren sich.
- Es gibt klare Ziele.
- Sie bekommen sofortige Rückmeldung.
- Ihr Engagement ist intensiv und mühelos.
- Sie haben Kontrolle über Ihr Tun.
- Sie gehen in der Aufgabe auf.
- Die Zeit scheint stillzustehen.

Forschungsergebnisse belegen, dass Flow zu einer Leistungssteigerung und größerer Befriedigung führt, dass es Motivation, Kreativität, Selbstbewusstsein und Glücksgefühl steigert. Die Dinge, die Sie in der Jugend gemacht haben, als Sie noch über eine größere Freiheit verfügten, haben wahrscheinlich Flow hervorgerufen, sei es Bergsteigen, Sport, Musik, Schauspielerei, Malerei oder Domino spielen. Es gibt Hinweise darauf, dass es sich bei Flow nicht um einen Luxus handelt, sondern um ein lebenswichtiges Gut, das wesentlich zu Wohlbefinden und Resilienz beiträgt. Durch Aktivitäten, die Flow erzeugen, gelingt es Ihnen zu entspannen, und sie schützen vor den gesundheitsschädlichen Folgen von negativen Emotionen wie Stress und Nervosität. Man braucht Aktivitäten, die Flow erzeugen, in allen Lebensbereichen, also im Privat- ebenso wie im Berufsleben.

Den Flow-Zustand zu erreichen ist wichtig, um Wohlbefinden, Leistung und Zufriedenheit zu sichern. Dabei muss berücksichtigt werden, dass es mehr als nur eine Art Intelligenz gibt, die dazu genutzt werden kann. Howard Gardner von der Harvard University hat unterschiedliche Intelligenzen identifiziert.[115] Jeder kann Flow auf einem oder mehreren der folgenden Gebiete erreichen, in denen er sich am wohlsten fühlt:
- Wortgewandtheit
- Zahlenaffinität

- räumliches Denken
- Köperkoordination (Kinästhetik)
- Musikalität
- soziale Kompetenzen
- intrapersonale Fähigkeiten
- Naturaffinität.

Erkennen und ändern Sie Ihre Zeitperspektive

Der Psychologe Phillip Zimbardo von der Stanford University hat in seiner Forschung fünf Zeitperspektiven identifiziert, die an unterschiedlichen Punkten in unserem Leben in unterschiedlichem (Aus-)Maß vorkommen.[116] Diese individuellen Haltungen zum Thema Zeit werden sowohl durch persönliche Erfahrungen als auch durch kulturelle Einflüsse geprägt. Zimbardo zeigte, dass Zeit einen mächtigen Einfluss auf unsere Gedanken, Gefühle und Aktivitäten hat, dennoch sind wir uns dieses Effekts überhaupt nicht bewusst. Jede Zeitperspektive hat ihre Vor- und Nachteile, wenn sie zu starr eingenommen wird.

1. Die Perspektive „negative Vergangenheit" konzentriert sich auf negative persönliche Erlebnisse in der Vergangenheit, die immer noch die Macht haben, den Betroffenen zu erschüttern, was zu Verbitterung und Reue führen kann.
2. Die Perspektive „positive Vergangenheit" nimmt eine nostalgische Haltung ein. Beziehungen und Erinnerungen sind meist positiv, was aber den Nachteil mit sich bringt, dass im Extrem der Betroffene Risiken meidet, weil er sicherheitsorientiert denkt.
3. Die Perspektive „hedonistische Gegenwart" wird von vergnügungsorientierten Impulsen dominiert, was dazu führen kann, dass die Disziplin fehlt, um zugunsten der Zukunft auf gegenwärtiges Vergnügen zu verzichten. Der Betroffene hat unter Umständen viele Freunde und Bekannte, doch das ist mit einem ungesunden Lebensstil und Risikofreude verbunden.
4. Die Perspektive „fatalistische Gegenwart" wird in Zusammenhang gebracht mit der Freude an der Gegenwart, aber auch dem Gefühl, in ihr gefangen zu sein und angesichts der Zukunft machtlos zu sein.
5. Die auf die Zukunft fokussierte Perspektive hängt eng mit Ehrgeiz, Zielsetzung und To-do-Listen zusammen. Manchmal bringt sie ein Gefühl von Dringlichkeit mit sich, was für den Betroffenen und seine Umgebung Stress bedeuten kann. Den Fokus zu sehr auf die Zukunft zu legen, kann einen Mangel an engen Beziehungen und Auszeiten zum Erholen und Entspannen zur Folge haben.

Um Stress zu vermeiden und Lebenszufriedenheit zu maximieren, besteht im Allgemeinen die ideale Zeitperspektive aus einem geringen „Negative-Vergangenheit-Blick", einem hohen „Positive-Vergangenheit-Blick", einer niedrigen „Fatalistische-Gegenwart-Haltung" und einer moderat hohen (aber nicht zu hohen) „hedonistische-Gegenwart-Haltung" und Zukunft-fokussierten Perspektive. Der von Zimbardo entwickelte Fragebogen des Time Perspektive Inventory kann unter ↗ http://thetimeparadox.com/research/ ausgefüllt werden.

5.2 Sozialer Rückhalt

Um den sozialen Rückhalt zu stärken, sind vier Techniken wesentlich:
1. Entwicklung der emotionalen Intelligenz,
2. Beteiligung an sozialen Aktivitäten,
3. Pflege und Ausbau der sozialen Kontakte,
4. Dankbarkeit aussprechen.

Emotionale Intelligenz stärken

In Kapitel 1 haben wir kurz die emotionale („heiße") Intelligenz vorgestellt mit den Aspekten Selbsterkenntnis, Selbstmanagement, Aufmerksamkeit anderen gegenüber und Sozialkompetenzen. Wir haben dargelegt, welchen Einfluss sie auf die Stärkung von Resilienz haben. Um belastbare, unterstützende Beziehungen aufzubauen, ist emotionale Intelligenz unverzichtbar. Wie der Begriff „Kompetenz" andeutet, können die einzelnen Elemente emotionaler Intelligenz trainiert werden.

Aktivitäten in der Gruppe und Beziehungsaufbau

Sozialer Rückhalt und ein gutes Verhältnis zu anderen helfen beim nachhaltigen Aufbau individueller Resilienz. Eingehende Studien zeigten, dass glückliche Menschen sich der Pflege ihrer sozialen Beziehungen widmen wie ein Gärtner seinen Pflanzen. Es heißt, jeden Tag ein wenig an persönlichen Beziehungen zu arbeiten, bringe der persönlichen Gesundheit mehr als das Trainieren in einem Fitnessstudio – und es besteht kein Zweifel daran, dass körperliche Betätigung ab einem gewissen Punkt einen starken positiven Einfluss auf das Wohlbefinden und die Resilienz hat, wie wir später in diesem Kapitel noch sehen werden.

Über Millionen von Jahren hat sich das menschliche Gehirn hinsichtlich sozialer Kompetenzen entwickelt, um das Leben und Funktionieren in Gruppen zu ermöglichen. Fast im wörtlichen Sinne ist es ein „soziales Gehirn". Es braucht die Interaktion mit anderen, um die Fertigkeiten zu erlernen, die das Überleben und das Fortkommen sichern. Gene, die das Leben in Gruppen förderten, bargen einen klaren evolutionären Vorteil, sie sorgten für Kooperation und Zusammenhalt. Individuelle Resilienz hängt zum Teil von unserem sozialen Netzwerk ab. Immer mehr wissenschaftliche Erkenntnisse bestätigen, dass der aktive Kontakt zu anderen, eine positive Einstellung und Mitgefühl individuelle Resilienz stärken.[117]

Zu den Vorteilen gehören unter anderem:
- gegenseitige Wertschätzung und Gemeinschaft,
- Aufladen der Batterien und das Gefühl, lebendig zu sein,
- physiologische Veränderungen, die mit Wohlbefinden in Verbindung stehen.

Eine Überprüfung der veröffentlichten Forschung ergab, dass gute Beziehungen zu anderen möglicherweise die wichtigste Quelle für Lebenszufriedenheit und emotionales Wohlbefinden sind, ungeachtet des Alters und des kulturellen Hintergrunds.[118] Einige der wichtigsten Einzelergebnisse zeigen wir im Folgenden auf.

Beziehungen, die auf Vertrauen, Nähe und Zuneigung basieren, sind besonders eng mit Gesundheit und Wohlbefinden verknüpft. Belastbare Beziehungen helfen dabei, das Gefühl von Engagement und Verbindung mit der Welt entstehen zu lassen. Diese Kontakte spielen möglicherweise eine wichtige Rolle dabei, Lebenssinn und -ziele zu erkennen. Das individuelle Maß an sozialer Verbundenheit mit anderen Menschen ist einer der wichtigsten Prädiktoren für die Fähigkeit, auch länger anhaltende Herausforderungen oder Stressphasen erfolgreich zu überstehen. Nicht nur spielen die Beziehungen eine wichtige Rolle, sondern auch unsere Kompetenz, mit anderen Menschen umzugehen. Der IQ sagt nur 25 Prozent einer erfolgreichen Karriere voraus, die restlichen Prozent bestehen aus der Kombination aus der Fähigkeit, unsere Energie und den Stresspegel zu managen, unseren sozialen Netzwerken und dem Glauben daran, dass man mit seinem Verhalten wirklich etwas ausrichten kann.[119]

Es gibt verschiedene Wege, wie man seine sozialen Beziehungen am Arbeitsplatz – oder auch im Privatleben – verbessern kann. Dazu gehören:
1. Reflektieren und stärken Sie Ihre sozialen Netzwerke,
2. verbessern Sie problematische oder angespannte Beziehungen,
3. reagieren Sie aktiv und positiv anstatt passiv und negativ auf andere,
4. wenn Sie andere Menschen erreichen möchten, schaffen Sie eine Balance aus Verteidigung des eigenen Standpunktes und interessiertem Nachfragen nach dem Standpunkt des anderen. Bei dem Versuch, andere zu beeinflussen, bemühen Sie sich darum, Ihren Punkt zu befürworten und fragen Sie nach.

Reflektieren und Stärken Ihrer sozialen Netzwerke ist ein guter Anfang, um zu sehen, ob es eine Möglichkeit gibt, bestehende Netzwerke auszubauen oder stärker von ihnen zu profitieren. Indem Sie verschiedene Netzwerke aufzeichnen, machen Sie sich die sozialen Ressourcen deutlich, die Ihnen zur Verfügung stehen, und erkennen, wo es noch Möglichkeiten der Verbesserung gibt. Dies stellt deshalb einen Gewinn dar, weil es belegt ist, dass Menschen, die sich einsam und allein fühlen, zu Pessimismus, schlechter Gesundheit und Depressionen neigen. Nachdem Sie sich die Netzwerke vor Augen geführt haben, können Sie die Initiative ergreifen und weitere Beziehungen etablieren. Wie das möglich ist, das beschreiben wir weiter unten.

Die Macht der Netzwerke basiert auf ihrem exponentiellen Potenzial. Kennen Sie drei Personen, die jeweils wieder drei Personen kennen, können Sie Kontakt zu neun Menschen herstellen. Kennen diese wiederum drei andere, sind wir schon bei 27. Sehr schnell kommen da große Zahlen zustande.

Kevin Bickart von der Boston University zeigte, dass bei Menschen, die über ein größeres und / oder komplexeres soziales Netzwerk verfügen, ein bestimmtes Hirnareal größer ist. Es handelt sich um die Amygdala, die sich im medialen Teil des jeweiligen Temporallappens befindet. Sie spielt eine Rolle beim emotionalen Lernen und ist, als sich der Mensch weiterentwickelte, wahrscheinlich deswegen entstanden, um mit dem zunehmend komplexen Sozialleben umgehen zu können.[120]

Am Arbeitsplatz lassen sich verschiedene Arten von Netzwerken ausmachen:
- Vertrauensnetzwerk (Wem kann man vertrauen?)
- Ratschlag-Netzwerk (Wen fragt man um Rat oder Anleitung?)
- Informationsnetzwerk (Wen fragt man nach nötigen Informationen?)
- Geselligkeitsnetzwerk (Mit wem verbringt man gerne Zeit?)

Machen Sie die folgende Übung, um sich eine Übersicht über Ihre eigene Situation zu verschaffen: Listen Sie für jedes Netzwerk die Personen auf, mit denen Sie bereits Kontakt haben. Überlegen Sie, welche aktuellen oder zukünftigen Vorteile Sie daraus ziehen können. Ist der Austausch beidseitig? Wer könnte noch in dieses Netzwerk passen? Was sind die potenziellen Vorteile für Sie und die anderen? Im Leben sind besonders diejenigen Beziehungen wichtig, die wir zu Menschen haben, denen wir uns anvertrauen können. Etablieren Sie mindestens eine neue Beziehung in Ihrem Vertrauensnetzwerk. Wer könnte das sein? Wie stellen Sie es an? Versuchen Sie, sich in einer bereits existierenden Beziehung Stück für Stück zu öffnen.

Um zu üben, wie Sie *problematische oder angespannte Beziehungen verbessern* können, identifizieren Sie mindestens zwei Beziehungen am Arbeitsplatz, die harmonischer sein könnten. Versuchen Sie, diese Beziehungen zu festigen und durch folgende Maßnahmen zu verbessern:

- Humor, Wärme, Spaß, genießen Sie die Interaktion an sich, denken Sie nicht daran, wohin sie führen wird;
- zeigen Sie Interesse, seien Sie aufmerksam, stellen Sie Fragen und hören Sie wirklich zu;
- bieten Sie Unterstützung an;
- vertrauen Sie, zeigen Sie Akzeptanz und Bestätigung.

Sehr häufig scheint eine Beziehung angespannt zu sein, weil Sie unbewusst mit einer negativen Haltung an sie herangegangen sind. Dies führt meistens auf beiden Seiten zu negativen Erfahrungen. Indem Sie die Initiative ergreifen und den emotionalen Ton der Beziehung verändern, können Sie schnell eine Veränderung zum Besseren hervorrufen, die sich selbst verstärkt.

Konstruktiv auf andere zu reagieren stellt Beziehung her, auch wenn es keine Hürde zu überwinden gilt. Die Ergebnisse von Shelly Gable[121] von der University of California zeigen, dass eine Beziehung gestärkt wird und sich verbessert, wenn eine Person aktiv und konstruktiv – statt passiv und destruktiv – auf eine andere Person reagiert. Reflektieren Sie, wie Sie sich fühlen, wenn ein Freund, ein Kollege oder ein entfernter Bekannter Ihnen erzählt, dass sich etwas Gutes ereignet hat. Von folgenden vier Reaktionsarten fördert nur eine die Beziehung. Nehmen wir zum Beispiel an, jemand berichtet Ihnen, er sei gerade befördert worden. Vier mögliche Antworten zeigt Tabelle 5.1 auf:

Aktiv-konstruktiv	Authentischer, begeisterter Rückhalt	*Das ist toll! Erzählen Sie mir, wie kam es dazu? Wann? Wie fühlen Sie sich jetzt? Das wird die Arbeit von vielen Menschen sehr verändern.*
Passiv-konstruktiv	Gleichgültiger Rückhalt	*Das ist ja schön. (Dabei bleibt es.)*
Passiv-destruktiv	Ereignis wird ignoriert	*Was glauben Sie, was ich zu erzählen habe!*
Aktiv-destruktiv	Hinweis auf negative Aspekte des Ereignisses	*Ich hoffe, Sie wissen, worauf Sie sich da einlassen. Ich habe darüber nur Negatives gehört.*

Tabelle 5.1: Kommunikationsstile

Indem Sie auf die Details von dem, was Ihnen jemand erzählt hat, eingehen, zeigen Sie, dass Sie aufmerksam zugehört haben und am Gespräch interessiert sind. Versuchen Sie, die Situationen und die Menschen zu ermitteln, in und mit denen Sie mit großer Wahrscheinlichkeit in die drei negativen Kommunikationsstile verfallen. Dies geschieht beispielsweise, wenn man müde, abgelenkt oder sehr beschäftigt ist oder jemanden einfach nicht leiden kann. Nehmen Sie sich vor, in Situationen konstruktiver zu reagieren, in denen Sie Ihren Einfluss auf andere stärken oder die Beziehung zu ihnen verbessern wollen.

Bemühen Sie sich darum, eine *Balance zu finden zwischen der Verteidigung Ihres eigenen Standpunktes und dem interessierten Nachfragen*. Ein aktives und konstruktives Gespräch ist immer dann wichtig, wenn Sie versuchen, auf andere einzuwirken oder andere von Ihrer Meinung zu überzeugen. Den entscheidenden Unterschied macht die Balance zwischen *Verteidigung* (argumentieren für das, was Sie wollen) und *Nachfragen* (verstehen, was die anderen wollen).

Verteidigung bedeutet, dass Sie Ihre Gedanken und Ideen präsentieren, den anderen mitteilen, was Sie wollen, Ihre Kompetenzen, Ihr Wissen und Ihre Erfahrungen einsetzen, um Ihre Ideen zu verkaufen, und dabei immer Ihre Ansichten und Bedürfnisse im Auge behalten. Im Gegensatz dazu beinhaltet das *Nachfragen*, dass man sich für die Gedanken und Ideen der anderen interessiert und sie danach fragt, was ihrer Meinung nach passieren sollte. Diese Balance herzustellen ist eine Fertigkeit, die Beziehungen stärkt und verhindert, dass man in Feindschaften und Konflikten versinkt.

Eine nachfragende Haltung beinhaltet:
- Fragen, zuhören und erklären; vermeiden Sie es, einfach zu reden, um eine Idee zu verkaufen.
- Versuchen Sie, ohne Bewertung zu reagieren, fragen Sie nach.
- Vermeiden Sie, Ihren Standpunkt derart vehement vorzutragen, dass andere eine Diskussion scheuen.
- Betonen Sie den Nutzen für die Allgemeinheit, nicht nur Ihre Bedürfnisse.
- Zeigen Sie Verständnis für den Standpunkt der anderen Person; an welchen Hebeln müssen Sie ansetzen?
- Zeigen Sie die realistischen Kosten und Risiken ebenso auf wie die Vorteile.
- Stellen Sie sicher, dass alle verstanden haben, worauf Sie hinauswollen.

Die richtige Balance zwischen Verteidigung und Nachfragen führt zu Vertrauen und Offenheit. Ihre Gesprächspartner fühlen sich respektiert und neigen weniger dazu, ihre wahre Meinung zurückzuhalten und schweigsam zu bleiben.

Ausdruck von Dankbarkeit

Der „Ausdruck von Dankbarkeit" löst Forschungsergebnissen zufolge nachhaltig tiefe Gefühle aus, die die direkten Folgen von Stress und Depression mindern und individuelle Resilienz fördern.[122] Wie häufig zeigen Sie als Vorgesetzter oder Kollege Dankbarkeit für eine gute Arbeit oder das, was andere leisten? Bedanken Sie sich auf rein formale Weise, ohne wirklich dahinterzustehen, oder meinen Sie es ernst und richten Ihren aufrichtigen Dank an die betreffende Person? Gerade wenn man selbst unter Druck steht, nimmt man gern die anderen als gegeben hin und vergisst, Empathie und Wertschätzung zu zeigen.

Jeden Tag seinen Mitmenschen gegenüber Wertschätzung und Dankbarkeit auszudrücken, kann Resilienz stärken. Gerade Dankbarkeit hat eine ähnlich spezifische Qualität wie Mitgefühl, Liebe und Vergebung. Sie unterscheiden sich von den anderen positiven Emotionen, da sie sowohl dem Geber als auch dem Empfänger wohltun. In Kapitel 6 beschrieben wir das US Army Master Resilience Training, in dem Übungen zu Dankbarkeit einen wichtigen Teil ausmachen.

Kleine Aufmerksamkeiten fördern das Wohlbefinden sowohl des Gebers als auch das der anderen. Wissenschaftler fanden heraus, dass eine kleine freundliche Handlung im Vergleich zu zahlreichen anderen getesteten Interventionen am zuverlässigsten für einen momentanen Anstieg von Wohlbefinden sorgt. Das Angebot, anderen zu helfen und ihnen Rückhalt zu bieten, gar wenn man selbst Belastungen aushalten muss, kann zu einer Intensivierung menschlicher Beziehungen führen, die für intrinsische Befriedigung sorgt und indirekt einen Beitrag zur individuellen Resilienz leistet.

5.3 Anpassungsfähigkeit

Wichtige Techniken für Anpassungsfähigkeit umfassen:
1. Entwicklung einer Reihe von Bewältigungsstrategien,
2. aus Fehlern lernen und Risiken eingehen,
3. Training der eigenen Vorstellungskraft,
4. sich selbst herausfordern, neue Fertigkeiten erwerben,
5. sich um die körperliche Gesundheit kümmern.

Entwicklung von Bewältigungsstrategien

Um Resilienz zu fördern, ist es wichtig, eine Reihe von Bewältigungsstrategien zu entwickeln, anstatt sich nur auf eine oder zwei zu verlassen, auch wenn diese vielleicht sehr gut funktionieren. Beispielsweise setzen Personen, die einen Hang zur Ordnung und Struktur haben, häufig auf Planung und Organisation als ihre wichtigsten Bewältigungsstrategien. Das ist in vielen Situationen vielleicht hilfreich, wenn sich aber Situationen schnell verändern oder man von anderen abhängig ist, z. B. um Informationen zu bekommen oder Entscheidungen zu treffen, greifen diese Strategien zu kurz. Um das eigene Repertoire an Bewältigungsstrategien zu erweitern, besteht der erste Schritt darin, zu identifizieren, für welche Belastungen man anfällig ist und mit welchen Strategien man ihnen typischerweise begegnet. Unsere Vorschläge zu diesem Thema können zusätzlich zu den bewährten Vorgehensweisen angewendet werden und stellen eine Auswahl dar, die Sie häufiger ausprobieren oder intensiver anwenden können.

Tagebuch führen: In diesem Zusammenhang möchten wir auf die spezielle Technik des Tagebuchführens eingehen. Es ist eine effektive Methode zur Reduzierung von Angst und Stress, die noch dazu den Vorteil bietet, die Ursachen von Stress und die eigene Reaktion darauf zu reflektieren und zu überlegen, was einem stattdessen Erleichterung bringen würde.

Jamie Pennebaker von der University of Texas dokumentierte 1997 seine Forschungsergebnisse über die Vorteile des Tagebuchführens als Methode, um mit Stress und Problemen umzugehen. Er stellte fest, dass das regelmäßige Tagebuchschreiben Angst minderte und Arztbesuche um 50 Prozent reduzierte. Immunsystem und allgemeiner Gesundheitszustand der Teilnehmer verbesserten sich ebenso wie ihr Wohlbefinden. Darüber hinaus hatten sie verstärkt soziale Kontakte, was ein weiterer wichtiger Aspekt für die Stärkung von Resilienz ist.

Es ist bewiesen, dass regelmäßiges Tagebuchschreiben das Wohlbefinden und Resilienz noch über Monate verbessert. In einigen Fällen kann es dabei helfen, Depressionen zu lindern, insbesondere wenn es mit regelmäßiger körperlicher Ertüchtigung einhergeht.

Tipps zur Umsetzung dieser Technik

Um Resilienz und Wohlbefinden zu steigern, hat es sich bewährt, jeden Abend *Drei gute Dinge* aufzuschreiben. Alternativ kann man das Tagebuchschreiben auch unter *WWW* (Was war willkommen?) fassen oder einfach als Dokumentation dessen, wofür man an diesem Tag dankbar war. Probiert man diese Techniken aus, ist es wichtig, so präzise wie möglich zu formulieren, die eigene Rolle bei den jeweiligen Ereignissen zu reflektieren und zu versuchen, die eigenen positiven Gefühle festzuhalten. Diese Aufzeichnungen können alles Mögliche umfassen, was am Tag geschehen ist, sei es simpel oder tief greifend, gehe es um die Familie, Freunde, Arbeit, Natur, Kunst oder Ästhetik. Die Wirkung dieser Übung kann gemeinsam mit anderen, Partnern, Freunden oder Kollegen, noch verstärkt werden. Versuchen Sie, mindestens 21 Tage lang Tagebuch zu führen. Dazu ist ein kleines Notizbuch nützlich, es gibt aber auch Apps für Smartphones.[123] Besonders wirksam ist die Übung, wenn man regelmäßig Tagebuch führt, wenn auch nicht notwendigerweise jeden Tag.

Für Familien eignet sich ein Treffen am Ende des Tages, um Dankbarkeit und Wertschätzung auszudrücken, was darüber hinaus auch den Familienzusammenhalt fördert. Vielleicht erinnert das an das Sprichwort, man solle dankbar dafür sein, was man hat. Mittlerweile liegen Forschungsergebnisse vor, die belegen, dass dieser althergebrachte Gedanke tatsächlich positive Auswirkungen hat.[124]

Eine Abwandlung des Tagebuchs ist besonders dafür geeignet, die eigene Anpassungsfähigkeit zu erhöhen, indem man sein Repertoire an Bewältigungsstrategien erweitert. Dazu notiert man täglich die eigenen Gefühle, die während einer schwierigen Situation oder einer starken Belastung auftraten, beispielsweise bei Unklarheit über die eigene Rolle oder anhaltendem Stress im Beruf. Dies ist auch in Phasen nützlich, in denen man die Belastung als gar nicht so schwerwiegend ansieht. Beschreiben Sie jeden Tag so präzise wie möglich, was Sie am Arbeitsplatz erleben. Nutzen Sie dazu die kognitive Methode aus Kapitel 4 (s. S. 117 ff.) zur Reflexion, hinterfragen Sie damit Ihre Gedanken und Gefühle und reframen Sie sie. Denken Sie darüber hinaus über die Bewältigungsstrategien nach, die Sie bisher genutzt haben, um eine schwierige Situation durchzustehen. Greifen Sie auf eine Reihe verschiedener Herangehensweisen zurück oder nutzen Sie vorwiegend dieselben?

Eine Abwandlung der Tagebuch-Technik hat direkten Einfluss auf die Anpassungsfähigkeit. Dabei geht es darum, über Herausforderungen und Schwierigkeiten zu schreiben, jedoch bewusst eine positivere Sprache einzusetzen (wobei die Erzählung natürlich realistisch bleiben sollte). Es gibt Belege dafür, dass diese Methode tatsächlich die Fähigkeit verbessert, verschiedene Herausforderungen und Stress besser zu bewältigen. Dieser Ansatz ähnelt einer Technik, die von der Bewegung der Anonymen Alkoholiker (AA) genutzt wird, die als weltweit effektivstes und wirkmächtigstes Programm zur Verhaltensänderung angesehen werden können. Das AA-Programm setzt eine Technik ein, die sich „Fake It Until You Can Make It" nennt, was auf Deutsch so viel bedeutet wie „Tue so als ob, bis es dir gelingt". Aus den Neurowissenschaften werden jetzt Ergebnisse berichtet, dass der zugrunde liegende Mechanismus dieser Methode darin besteht, dass neu angelegte neuronale Verschaltungen im Gehirn dabei helfen, neue Verhaltensweisen anzunehmen.

Aus Fehlern lernen und Risiken eingehen

Die eigene Anpassungsfähigkeit kann auch dadurch verbessert werden, indem man sich seinen Ängsten stellt und Risiken gelassener gegenübertritt. Dazu gehört die Erkenntnis, dass Versagen und Missgeschicke nicht immer nur negative Folgen für einen selbst haben. Niemand kann immer nur Erfolg haben. Einige der grundlegendsten Erkenntnisse im Leben und in der Arbeitswelt basieren auf Fehlern oder darauf, erfolglos Risiken eingegangen zu sein. Es ist bemerkenswert, dass viele Unternehmer mit einigen Geschäftsideen gescheitert sind, bevor sie einen ganz großen Hit landeten. Wissenschaftliche Ergebnisse zeigen, welche Vorteile sich aus Misserfolgen ergeben können.[125]

Aus Misserfolgen lernen stärkt die Anpassungsfähigkeit, indem

- die Reflexion dessen, was man tut und was man besser machen kann, angeregt wird;
- Veränderung angetrieben wird, weil neue Ansätze zur Problemlösung entdeckt werden;
- Rückmeldung darüber erfolgt, was nicht gut gelaufen ist;
- die Flexibilität gestärkt wird, weil man über neue Wege nachdenkt, Dinge anzupacken;
- die Frustrationstoleranz in Bezug auf veränderte Umstände vergrößert wird;
- man demütig wird angesichts der Begrenztheit des eigenen Wissens und Fähigkeiten und die Tendenz zu unrealistischem Selbstbewusstsein hinterfragt.

Kreativität trainieren

Wie bereits erwähnt hat es für den Umgang mit Druck sowohl Vorteile als auch Nachteile, wenn man vom Wesen her praktisch und strukturiert veranlagt ist und auf Details achtet. Geht es jedoch um die Resilienz-Komponente Anpassungsfähigkeit, stellt die Tendenz, sich sehr stark auf Planung und Organisation zu berufen, nicht das einzige Risiko dar. Der Fokus auf Ordnung und Zweckmäßigkeit hilft sicherlich dabei, den Dingen eine Richtung zu geben, außerdem erleichtert er es, für die Zukunft zu planen und strukturiert Probleme zu lösen. Jedoch besteht dabei die Gefahr, dass man sich zu schnell für eine Lösung entscheidet, ohne seine Vorstellungsgabe einbezogen zu haben oder genug Zeit verstreichen zu lassen, um wirklich alle Optionen oder Alternativen zu bedenken.

Kreativität ist wie ein Muskel – wird sie zu selten eingesetzt, ist es schwerer, sie zu aktivieren, wenn man sie wirklich einmal braucht, um eine alternative Herangehensweise oder Lösung zu entwickeln. Der wichtigste praktische Tipp lautet, Situationen zu identifizieren, in denen verschiedene Lösungen möglich sind – auch wenn gar nicht die Notwendigkeit besteht, alternative Wege zu entwickeln. Nehmen Sie sich die Zeit, eine lange Liste mit Ideen zusammenzustellen – je verrückter, desto besser. Danach wählen Sie die besten und arbeiten diese detaillierter aus. Gehen Sie regelmäßig so vor, bis Sie das Gefühl haben, im Denken flexibler geworden zu sein, um auf unerwartete Situationen und Herausforderungen reagieren zu können.

Sich selbst herausfordern, neue Fertigkeiten lernen

Bewegen Sie sich immer nur in Ihrer persönlichen Komfortzone, kann dies überraschend negative Auswirkungen auf Ihre Resilienz haben. Bemühen Sie sich, neue Fertigkeiten zu erlernen, stärkt dies Ihre Resilienz sowohl hinsichtlich Ihres Selbstbewusstseins als auch der Anpassungsfähigkeit. Diesen Nutzen können Sie auch erzielen, wenn die neuen Fertigkeiten gar nichts mit Ihren beruflichen Zielen oder den Ansprüchen in Ihrem Privatleben zu tun haben.

Achten Sie auf Ihre Fitness

Körperliche Fitness hilft dabei, sich an schwierige Umstände anzupassen, und unterstützt die Resilienz. Im Folgenden geht es um die physiologische und biologische Untermauerung individueller Resilienz und die wichtige Rolle, die Sport, Schlaf und Ernährung dabei spielen. Ab einem bestimmten Punkt kann Ihre schlechte körperliche Verfassung ernste Auswirkungen auf die Resilienz haben. Es ist also umgekehrt extrem wichtig, darauf zu achten, den eigenen körperlichen Zustand zu „kräftigen", um die Resilienz zu stärken.[126]

Immer mehr wissenschaftliche Untersuchungen weisen darauf hin, dass zwischen körperlicher Betätigung und Gesundheit, Wohlbefinden und Resilienz eine deutliche ursächliche Beziehung besteht. Die dokumentierten Vorteile von regelmäßiger Bewegung umfassen Fitness und eine bessere Funktion des Herz-Kreislauf-Systems, eine allgemeine Stärkung des Immunsystems, stärkere Muskeln und Knochen (was zu mehr Muskelstärke und verbessertem Gleichgewicht führt), Veränderungen im Blutfettspiegel (das reduziert das Risiko von zahleichen Krebsarten) sowie die verringerte Gefahr, an einem Herzleiden, Hirnschlag und Diabetes zu erkranken.

Sollte das als Argumentation nicht ausreichen, gibt es eindeutige psychologische Vorteile von Sport: Bewegung reduziert die Ausprägung von Depressionen und Angststörungen, stellt einen Puffer gegen die toxischen Effekte von Stress dar und beschleunigt und verbessert die Arbeitsleistung. Sport stärkt das Selbstkonzept, die

Konzentrationsfähigkeit, mindert Reaktionszeiten und entschleunigt die Alterungsprozesse auf physischer wie mentaler Ebene (positives Altern).

In seinem Buch *Gehirn und Erfolg* fasst John Medina[127] einige der wichtigsten Erkenntnisse über die Verknüpfung von körperlicher Betätigung und Gesundheit zusammen. Bewegung mindert die Gefahr, an Alzheimer, Demenz oder einem Hirnschlag zu erkranken. Wird Sport gemeinsam mit anderen ausgeübt, besteht darüber hinaus noch der Vorteil sozialer Gemeinschaft. Regelmäßige körperliche Ertüchtigung ist so nützlich, dass mittlerweile Menschen mit milden Depressionen damit behandelt werden und in einigen Fällen nachhaltiger davon profitieren als von Medikamenten.[128]

Eine der wichtigsten Mechanismen von Sport ist die Freisetzung von wichtigen Hormonen und Neurotransmittern wie Serotonin, Dopamin und Noradrenalin, die eine wichtige Rolle für das Wohlbefinden spielen. Darüber hinaus wird das Gehirn mit mehr Sauerstoff versorgt. Es ist viel wichtiger, Zellen mit Sauerstoff zu versorgen als mit Flüssigkeit. Ein tiefer Atemzug kann beruhigende Wirkung haben. Bei Stress oder Angst schlägt das Herz mehr als 100 Mal in der Sekunde, dann kann man nichts mehr hören oder verstehen, was jemand zu einem sagt. Indem man ruhig atmet, beruhigt man sich. Sport sorgt dafür, dass das Blut schneller durch den Körper fließt, und bildet Stickoxid, was die Bildung von neuen Blutgefäßen anregt, die tief in das Körpergewebe eindringen. Blut liefert allen Körperteilen Glukose und Sauerstoff. Glukose setzt Energie frei, und Sauerstoff wandelt Giftstoffe in den Zellen zu transportfähigem Kohlendioxid um. Je mehr man sich bewegt, desto mehr Körpergewebe kann versorgt werden und desto mehr Giftstoffe können aus dem Körper transportiert werden – man wird gesünder und stärker.

Das Gehirn macht nur 2 Prozent des gesamten Körpergewichts aus, doch verbraucht es 20 Prozent des gesamten Energievorrats des Körpers. Dennoch kann es nur 2 Prozent seiner Neuronen nutzen, weil die Glukosezufuhr eingeschränkt ist. Sport erleichtert den Prozess, das Gehirn mit Sauerstoff zu versorgen und ihm damit optimale Leistung zu ermöglichen. Ebenso stimuliert Sport die Bildung des wichtigsten Wachstumsproteins im Hirn, des BDNF (von engl. „brain-derived neurotrophic factor"; dt. etwa: „Vom Gehirn stammender neurotropher Faktor"). Es übernimmt quasi die Funktion eines Düngers und hält damit bestehende Neuronen jung und gesund und sorgt für deren verstärkte Verbindungen untereinander. Ebenso regt Sport die Bildung neuer Gehirnzellen an, besonders im Hippocampus, der eine Rolle beim Erkennen von Gesichtern spielt.

Wie fit sind Sie?

Regelmäßige Bewegung, egal welcher Art, kann dafür sorgen, dass Sie gesünder sind und mehr Energie haben, was Ihre körperlichen und geistigen Funktionen signifikant verbessert. Halten Sie sich für fit und gesund? Woher wissen Sie das? Man kann eine Reihe von Merkmalen selbst erheben:

- Ihre Fitness-Rate ist das Maß, wie gut Ihr Körper Sauerstoff aufnehmen kann. Sie können den Test gemeinsam mit Freunden machen, es macht auch noch Spaß.[129]
- Der Body-Mass-Index (BMI) ist eine statistische Maßzahl für die Bewertung des Körpergewichts eines Menschen in Relation zu seiner Körpergröße. Der BMI sagt nur in Verbindung mit anderen Messgrößen wie prozentuales Körperfett etwas aus. Er ermittelt sich, indem man die Körpermasse in Kilo durch das Quadrat der Körpergröße in Metern teilt. Liegt der BMI
  - unter 18,5, bedeutet das Untergewicht;
  - zwischen 18,5 und 24,9, bedeutet das Normalgewicht;
  - zwischen 24,9 und 29,9, bedeutet das Übergewicht;
  - bei 30 oder drüber, gelten Sie als adipös.
- Das Verhältnis von Taillenumfang zu Hüftumfang bezeichnet man als Waist to Hip Ratio (WHR) oder auf Deutsch als Taille-Hüft-Verhältnis (THV). Ist der THV bei Frauen kleiner als 0,8 und bei Männern geringer als 1,0, kann man von guter Allgemeingesundheit ausgehen.
- Bluthochdruck, der über längere Zeit anhält, kann dem Körper auf unterschiedliche Weise Schaden zufügen. Messgeräte sind schon zu erschwinglichen Preisen erhältlich, doch sollte man die Bedienungsanleitungen vorher gründlich durchlesen. Bei Fragen sollten Sie Ihren Arzt aufsuchen.

Über weitere Messgrößen der Gesundheit informiert Sie Ihre Krankenkasse. Dazu zählen unter anderem:

- der Cholesterinspiegel: Er beeinflusst nachgewiesenermaßen das Risiko eines Schlaganfalls und altersbedingter Herzschwäche.
- der Grundumsatz: Er wird auch basale Stoffwechselrate genannt und lässt sich auf der Grundlage von Gewicht, Körpergröße, Alter und Geschlecht abschätzen. Sport sorgt für den Aufbau von gesundem Muskelgewebe, das die Stoffwechselrate verbessert.
- Triglyceridwerte
- Stoffwechselalter: Ist Ihr Stoffwechselalter höher als Ihr Lebensalter, ist das ein Anzeichen dafür, dass Sie Ihren Grundumsatz verändern müssen. Mehr Bewegung sorgt dafür, dass gesundes Muskelgewebe aufgebaut wird und führt somit zu einer Verbesserung Ihres Stoffwechselalters.
- Blutzuckerspiegel: Eine Überprüfung gibt Hinweise auf Diabetes.

Sport-Tipps

Ein nur 20-minütiger Spaziergang kann die Laune den ganzen Tag über verbessern. Unsere Gehirne sind immer noch darauf ausgerichtet, jeden Tag knapp 20 Kilometer zu laufen. Doch die meisten von uns gehen einer sitzenden Tätigkeit nach, und auch zu Hause sitzen wir viel. Jeden Abend fernzusehen, um sich zu entspannen, kann also den gegenteiligen Effekt haben und zu Depressionen führen. Allerdings verbringt der Durchschnittsamerikaner beispielsweise im Laufe seines Lebens mehr Zeit vor dem Fernseher, als einer bezahlten Arbeit nachzugehen. Wenn man müde ist, hilft es manchmal, sich zu bewegen, um sich danach frischer zu fühlen. Es ist nachgewiesen, dass sich ein Hund positiv auf die Gesundheit auswirkt. Einer Studie zufolge steigt die Wahrscheinlichkeit, einen Herzinfarkt um ein Jahr zu überleben, um das Achtfache, wenn der Betroffene einen Hund hat, mit dem er Gassi geht.

Die US-Gesundheitsbehörde empfahl 2008, dass Erwachsene täglich 10.000 Schritte gehen sollten, um gesund zu bleiben. Die Gesundheit und das Wohlbefinden sind wirklich in Gefahr, wenn man im Durchschnitt weniger als 5.000 Schritte am Tag tut. Einfache Messgeräte erheben die tägliche Schrittzahl. Diese und andere Instrumente helfen Ihnen, Ihre Aktivitäten zu beobachten. Versuchen Sie, Bewegungen und sportliche Übungen in Ihre täglichen und wöchentlichen Routinen miteinzubeziehen. Die Global Corporate Challenge (www.gettheworldmoving.com) soll Organisationen dazu ermuntern, Ihre Angestellten dazu zu bringen, in Siebener-Teams 120 Tage lang 10.000 Schritte zu gehen und somit „einmal um die Welt" zu marschieren.

Um fit zu bleiben, besuchen immer mehr Menschen Fitnessstudios, buchen Kurse oder fahren am Wochenende Rennrad. Das ist effizient und tut gut, doch manchmal kann es in einem bereits engen Wochenplan für noch mehr Druck sorgen. Man muss keine Fitnesskurse besuchen, um einigermaßen beweglich und gesund zu bleiben. Alternative Möglichkeiten bieten sich im Alltag an, um sich sportlich zu betätigen und nicht so viel zu sitzen. Anstatt das Auto zu nehmen, kann man zu Fuß gehen oder Rad fahren; lieber die Einkaufstaschen tragen, anstatt Wägelchen zu benutzen, und im Garten oder beim Hobby Dinge per Hand verrichten, anstatt auf elektrische Werkzeuge zurückzugreifen. Gehen Sie die Treppen, statt den Aufzug zu nehmen. Welche Alltagstätigkeiten, die Sie häufig erledigen, bieten Ihnen einen natürlichen Weg, Sport zu machen? Indem Sie diesbezüglich Ihre Denkweise ändern und von unregelmäßigem, aber intensivem Sport zu kurzen häufigen Abschnitten moderater Bewegung wechseln, tun Sie sich etwas Gutes.

Mit diesen Aktivitäten bringen Sie mehr Bewegung in Ihr Leben:

- An mehreren Tagen in der Woche 30 Minuten lang energisch gehen.
- Gehen Sie mit anderen Menschen spazieren, erfreuen Sie sich daran.
- Gehen Sie zur Arbeit zu Fuß oder fahren Sie mit dem Rad.
- Machen Sie dreimal in der Woche 30 Minuten Gymnastik.
- Gehen Sie Treppen so häufig wie möglich.
- Verbringen Sie Zeit draußen, indem sie spazieren gehen, Rad fahren, Wassersport betreiben, klettern ...
- Erledigen Sie Reparaturen am Haus.
- Pflegen Sie Ihren Garten per Hand, verabschieden Sie sich von elektrischen Geräten (zum Beispiel Hecke manuell schneiden statt mit der elektrischen Heckenschere).
- Stehen Sie auf, entfernen Sie sich alle 45 bis 60 Minuten vom Schreibtisch und lenken Sie Ihre Konzentration kurz auf etwas anderes.
- Fangen Sie mit einem Sport an, genießen Sie es.
- Schaffen Sie sich einen Hund an und gehen Sie mit ihm spazieren.
- Machen Sie einen Tanzkurs.
- ...

Eine Veröffentlichung der US-Gesundheitsbehörde gibt wertvolle Hinweise für körperliche Ertüchtigung, die auf die persönlichen Lebensumstände, Alter etc. abgestimmt ist.[130] Auch in Deutschland liefert unter anderem das Bundesministerium für Gesundheit praktische Ratschläge, zum Beispiel in Form der Initiative für gesunde Ernährung und mehr Bewegung (www.in-form.de). Für sehr ehrgeizige Sportler können mobile Apps sehr hilfreich sein.[131]

Schlafmangel *oder* **Schlafstörungen** wirken sich vielfältig auf den Menschen aus, unter anderem durch Reizbarkeit, Konzentrationsschwäche, geringe Toleranz, Emotionalität, geschwächte Gesundheit, Empfindlichkeit gegenüber Stress etc. Für die meisten Menschen ist die Lösung recht einfach: Im Normalfall brauchen sie mindestens sieben Stunden Schlaf. Man sollte immer zur selben Zeit in einem dunklen und ruhigen Raum schlafen gehen. Bei manchen helfen Rituale, um die Nachtruhe zu sichern. Fragen rund um den Schlaf werden auf der Website der Abteilung für Schlafforschung der Stanford University beantwortet.[132] Bei hartnäckigen Schlafstörungen ist es ratsam, den Arzt aufzusuchen.

Gesunde Ernährung ist ein entscheidender Faktor, um gesund zu bleiben.[133] Erhält der Körper regelmäßig all die Nährstoffe, die er braucht, ist er kräftig und kann seine Funktionen erhalten. Eine ausgewogene Ernährung hilft dabei, positiv und energiegeladen zu bleiben. Körper und Geist hängen eng miteinander zusammen, daher ernährt man auch seinen Geist, nicht nur seinen Körper. Eine ausgeglichene Ernährungsweise wirkt sich positiv auf Entscheidungs- und Problemlösefähigkeit aus, ja sogar auf die Erinnerung.

Ernährt sich ein Mensch sein Leben lang von ungesunden Dingen (Chips, Butter, fette und salzige Mahlzeiten, Fastfood, in hohem Maße verarbeitete Nahrungsmittel, Alkohol etc.), haben diese in der Gesamtheit einen großen Einfluss auf den Körper und wirken sich sogar auf die Gen-Expression aus. Übergewicht und Krankheiten reduzieren die Energie und können die Resilienz ernsthaft unterhöhlen.

> Die Weltgesundheitsorganisation WHO empfiehlt
> - ein gesundes Gewicht und einen ausgeglichenen Energiehaushalt,
> - die Reduktion von fettreichen Lebensmitteln, lieber ungesättigte Fettsäuren als gesättigte zu sich nehmen,
> - verstärkt Obst und Gemüse, Getreide und Nüsse zu verzehren und
> - Salz / Natrium zu reduzieren.
> - Eine unausgeglichene Ernährungsweise kann direkten Einfluss auf verschiedene Formen von Krebs, Herzerkrankungen und Gehirnschläge haben.

Bezüglich der physischen Gesundheit haben wir festgestellt, dass zu wenig Schlaf, eine ungesunde Ernährungsweise und mangelnde Bewegung ab einem bestimmten Punkt zu einer geschwächten Resilienz führen können. Ausreichend Schlaf, gesunde Ernährung und regelmäßige Bewegung steigern das Wohlbefinden. Jedoch ist das auf lange Sicht nicht notwendigerweise gleichbedeutend mit einer Verbesserung von Resilienz. Nichtsdestoweniger erreichen diejenigen langfristige Vorteile für die eigene Resilienz, die sich um ihre physische Gesundheit kümmern und die Chancen wahrnehmen, ihre Ausdauer zu trainieren, um den Körper zu kräftigen.

5.4 Zielgerichtetheit und das Streben nach Sinn

Zu den wichtigsten Techniken gehören: sich Gedanken darüber machen, was einem wirklich wichtig ist, sinnstiftende Ziele zu setzen und zu verfolgen sowie Achtsamkeit am Arbeitsplatz umzusetzen.

Was ist einem persönlich wirklich wichtig

Häufig ist eine persönliche Krise der Auslöser dafür, dass Menschen einen Schritt zurückgehen und sich fragen, was ihnen wirklich wichtig ist, was sie wahrlich schätzen und ihnen lieb ist. Solche Krisen ziehen meist eine umfassende Veränderung mit sich. Das liegt nicht nur an dem damit verbundenen Stress oder Trauma, sondern auch daran, dass Krisen dazu führen können, den Sinn der eigenen Ziele, die Übereinstimmung von persönlichen Zielen und Werten, klarer zu erkennen. Wenn dies eintritt, werden die Betroffenen resilienter, weil sie als Ergebnis ihrer Schwierigkeiten einen Sinn finden. Andere sind von Anfang an besser für den Umgang mit traumatischen Lebensereignissen gerüstet, weil sie ihr Leben bereits sehr zielgerichtet führen und bzw. oder ein gefestigtes Glaubenssystem haben, was ihre Resilienz untermauert.

Diese Art des Rückhalts basiert möglicherweise auf der Zugehörigkeit zu einer etablierten Glaubensgemeinschaft oder zu einer Gemeinde, die einem alternativen Glauben anhängt. In beiden Fällen gibt es Belege dafür, dass das Wohlbefinden und die Resilienz durch die Vorteile, die der Glaube mit sich bringt, gestärkt werden. Eine Erklärung für den Ursprung des Universums, Werte und Normen sowie Gemeindeaktivitäten wirken sich positiv aus, ebenso wie eine Erklärung dafür, was es mit dem Leben nach dem Tod auf sich hat. Andere Menschen wiederum orientieren sich an einem weniger institutionalisierten und persönlicheren Wertesystem. Solange dieses klar definiert und verbindlich ist, kann man es als „moralischen Kompass" oder „unverrückbare Glaubenssätze" bezeichnen. Belege zeigen deutlich, dass die Existenz solch einer Klarheit und Überzeugung Resilienz stärkt.[134]

Es ist wahrscheinlich, dass der Mensch die genetische Disposition geerbt hat, an etwas, das größer ist als er selbst, zu glauben. Dies sicherte das evolutionäre Überleben der Spezies. Das Hirn scheint so angelegt zu sein, dass es auf einen Glauben – gleich welcher Form – anspricht.[135]

In seinem Werk *Spiritual Evolution: A Scientific Defence of Faith* stellt der bedeutende Harvard-Wissenschaftler George Vaillant dar, dass einige positive Emotionen wie Liebe, Hoffnung, Freude, Vergebung, Glaube, Staunen und Dankbarkeit, die wir über Millionen von Jahren entwickelt haben, der Spiritualität zugrunde liegen. All diese Gefühle weisen über das Individuum und seine Probleme hinaus. Vaillant merkt an, dass die Hirnstrukturen, die die positiven Emotionen kontrollieren, etwa das limbische System, jüngeren Ursprungs sind und räumlich von den Hirnstrukturen getrennt liegen, die für die Verarbeitung von negativen Emotionen zuständig sind. Dazu gehört der Hypothalamus, dessen Aufgabe es ist, das Selbst zu schützen und das kurzfristige Überleben zu sichern. Vaillant zufolge umfasst Spiritualität positive Emotionen und den Bezug zu anderen Menschen. Alle großen religiösen Traditionen haben seit jeher Liebe und Mitgefühl als ihre leitenden Prinzipien gepredigt.[136]

Wir enthalten uns einer Meinung bezüglich des Werts von religiösen oder säkularen Wertesystemen. Jedoch unterstützen wir das Recht jedes Einzelnen, seine eigene Wahrheit zu erkennen, Selbsterkenntnis, Spiritualität und den Sinn des Lebens zu suchen. Es ist ausreichend belegt, dass ein Leben, das sich an einer Moral orientiert, die anderen nicht schadet oder sie toleriert, einen Sinn bietet, der einer nachhaltigen Resilienz zuträglich ist. Genauso führt das Verfolgen von Zielen, die sich nicht nur um einen selbst, sondern auch um andere Menschen drehen, und die von einem starken Wertesystem geprägt sind, zu einem Lebenssinn und angesichts von Herausforderungen oder Schwierigkeiten zu Resilienz. Ehrenamtliche Arbeit und die Sorge um das Wohlergehen anderer Menschen sind stark verknüpft mit anhaltender Resilienz. Viele Unternehmen unterstützen ehrenamtliches Engagement ihrer Beschäftigten. Beispielsweise bietet Johnson & Johnson seinen Angestellten bezahlten und unbezahlten Urlaub für gemeinnütziges Engagement, was sie auf ihren Arbeitgeber stolz sein lässt.

Es geht also im Großen und Ganzen darum, dass es sich lohnt, sich Gedanken über die eigenen Werte und das zu machen, was einem wichtig ist im Leben, noch bevor eine Krise die eigene Resilienz an ihre Grenzen bringt. Jedoch gilt auch hier, dass Stärken auch zu stark beansprucht werden können. Wenn Glaubenssätze zu rigide befolgt werden, kann das zu Intoleranz und im Extrem zu Gewalttätigkeit führen. Diese Unausgeglichenheit kann wiederum Resilienz auf verschiedene Art unterhöhlen, ganz abgesehen davon, dass sie der Anpassungsfähigkeit und dem sozialen Rückhalt schadet.

Im beruflichen Kontext können diese Überlegungen zu der Klärung darüber führen, welche Art von Aufgaben Sie wirklich sinnvoll finden und welche für Sie große Befriedigung bringen. Vielleicht führen Ihre Antworten sogar zu einer beruflichen Umorientierung. Edgar Scheins Analyse der sogenannten Karriere-Anker *(Career Anchors)* hat vielen Menschen dabei geholfen, zu ermitteln, welche der sieben Anker auf sie zutreffen. Daraus leitet sich ab, welches Element in hohem Maße bei ihrer Tätigkeit vorhanden sein muss, damit sie mit der Arbeit glücklich sind und sie der Beruf befriedigt. Die Anker werden folgendermaßen differenziert:

1. reine Herausforderung
2. allgemeine Führungskompetenz
3. Sicherheit / Stabilität
4. fachspezifische / fachliche Kompetenz
5. Autonomie / Unabhängigkeit
6. unternehmerische Kreativität
7. Service / Engagement für die Sache.

Der Einfluss des Modells der Karriere-Anker liegt in der Idee begründet, dass jeder aus einem dieser Anker die größte berufliche Befriedigung und Freude zieht. Liegt also beispielsweise Ihr Karriere-Anker in der technischen bzw. fachlichen Kompetenz, doch eine Reihe von Beförderungen haben Sie nun auf eine Position gebracht, in der Sie zu 90 Prozent allgemeine Führungskompetenz einsetzen müssen, sollten Sie sich vielleicht mit dem Gedanken anfreunden, den Job zu wechseln. Auch wenn Sie als Vorgesetzter positive Rückmeldungen bekommen, werden Sie auf diesem Posten wahrscheinlich unglücklich und unzufrieden, da Sie kaum Möglichkeiten haben, Ihre fachliche Kompetenz unter Beweis zu stellen. Ein Fragebogen zu den Karriere-Ankern zum Selbstausfüllen lässt sich online beziehen.[137]

Aber natürlich bieten sich auch weniger drastische Veränderungen an, wenn man feststellt, dass die eigene berufliche Position nicht dem entspricht, was einem wichtig ist. Bezüglich der Karriere-Anker gibt es häufig Spielraum in dem bestehenden Job, um ihn stärker nach eigenen Maßstäben zu gestalten. Ein anderer Blickwinkel kann beispielsweise durch die „drei Arbeitsorientierungen" eingenommen werden. Mit diesem Modell lässt sich der eigene Job oder die Karriere aus einer neuen Perspektive betrachten, damit daraus eine positivere Arbeitserfahrung erwachsen kann. Die Frage hierbei lautet: Ist die Arbeit, die man macht, einfach nur ein Job, ein Karriereschritt oder eine Berufung? Personen mit einer „Job-Orientierung" sind nicht sonderlich begeistert von ihren Aufgaben. Sie gelten gemeinhin als unmotiviert und suchen Erfüllung und Befriedigung in Aktivitäten außerhalb ihres Berufs. Personen mit einer „Karriere-Orientierung" werden sowohl von dem primären Nutzen ihrer Arbeit, beispielsweise dem Einkommen, als auch den sekundären Vorteilen, etwa sozialem Status, motiviert. Die „Berufungs-Orientierung" führt dazu, dass der Betreffende seinen Job liebt und ihn für das, was er ist, wertschätzt.

Amy Wrzesniewski von der New York University hat festgestellt, dass sich die Individuen in jeder beliebigen Branche in ihren Orientierungen unterscheiden können. So kann beispielsweise die eine Person, die als Krankenpfleger arbeitet, eine „Job-Orientierung" haben, während eine andere in demselben Team ihre Aufgabe als Berufung empfindet.[138] Hier wird einmal mehr deutlich, wie Wahrnehmung, Überzeugungen und Werte, die die Resilienz untermauern, einzigartig und je nach Betroffenem individuell sind.

Wie sich Zielorientierung und der Wechsel von einer Job- zu einer Berufungs-Orientierung umsetzen lassen, beschreiben wir eingehender in Kapitel 7.

Bedeutsame Ziele setzen und verfolgen

Es besteht ein enger Zusammenhang zwischen bedeutsamen Zielen im Leben und der aktiven Teilnahme an Vereinen und Gemeinschaften. Diese Elemente tragen dazu bei, Wohlbefinden und Zufriedenheit im Leben ebenso wie Resilienz zu fördern.

Wie bereits erwähnt, trägt ein klares und bedeutsames Lebensziel dazu bei, sich wohl zu fühlen. Gibt es diese Ziele nicht, laufen Menschen Gefahr, ins Schwimmen zu kommen, sie sehen keinen Zweck im Leben, was der Resilienz schadet. Persönliche Ziele sind dabei ebenso wichtig wie die Ziele der Firma, für die man arbeitet. Der Mensch ist die einzige Spezies, die für die Zukunft Pläne schmiedet. Jüngere Studien haben ergeben, dass Ziele zu haben ebenso wertvoll sein kann, wie sie zu erreichen.[139]

Zu den Vorteilen, Ziele zu haben, gehören:
- Fokussierung und das Gefühl, „auf dem Weg zu sein",
- sich klarzumachen, was man sich für die Zukunft wünscht,
- Hilfe bei der Überwindung von Niederlagen,
- Energiegewinn,
- Motivation,
- Hilfe dabei, Fortschritte festzustellen, und
- gegenseitige Unterstützung.

Es steht seit Langem fest, dass ein klares Ziel vor Augen oder eine Mission Menschen dabei hilft, erfolgreich zu sein, auch entgegen aller Wahrscheinlichkeit. Viele Studien über Erfolg von Organisationen zeigen dies.[140]

Häufig heißt es: „Wenn man nicht weiß, wohin man will, kommt man am Ende ganz woanders an." Viele Menschen erinnern sich an die beeindruckende Rede von John F. Kennedy 1961: „Ich glaube, dass sich die Vereinigten Staaten das Ziel stellen sollten, noch vor Ende dieses Jahrzehnts einen Menschen auf dem Mond landen zu lassen und ihn wieder sicher zur Erde zurückzubringen." Ebenso erinnern sich viele an die Rede von Martin Luther King: „Ich habe einen Traum …". Aktuellere Beispiele sind Amazon.coms Vision, das am stärksten kundenorientierte Unternehmen auf der Welt zu sein, ein virtueller Ort, an dem Menschen alle Güter finden, die sich online kaufen lassen. Der britische Unternehmer Richard Branson möchte mit der Firma Virgin Galactic der Erste sein, der Touristen ins Weltall befördert: „Wenn man nicht träumt, passiert nichts." Er plant ein Hotel im All, von dem aus zahlende Gäste Trips zum Mond machen können. Träume müssen nicht immer so groß sein, doch es ist wichtig, sie zu haben. Sie sind die Hoffnungen, Sehnsüchte und Wünsche, die jeder Mensch hat, die ihm Identität verleihen und Lebensziele darstellen.

Ziele müssen für den Einzelnen bedeutsam sein. Einige der wirkmächtigsten Ziele drehen sich um die Persönlichkeitsentwicklung, die Nähe zu anderen und darum, für andere die Welt zum Besseren zu verändern. Je persönlicher die Ziele hinsichtlich der eigenen Werte sind, desto stärker beeinflussen sie das Wohlbefinden positiv. Langfristig leistet die Orientierung an eigenen Zielen, von denen man wirklich überzeugt ist, einen entscheidenden Beitrag zu individueller Resilienz.[141]

Die Bedeutung von Zielen im Leben hat Kennon Sheldon von der University of Missouri eingehend untersucht. Er unterscheidet grundsätzlich zwei Arten von Zielen: *intrinsisch* und *extrinsisch befriedigende*.[142]

Sheldon zufolge werden intrinsisch befriedigende Ziele ihrer selbst willen wertgeschätzt, denn sie basieren auf tief verwurzelten eigenen Werten. Schritte zu ihrer Umsetzung oder das wirkliche Erreichen dieser Ziele kann höchst befriedigend sein. Im Gegensatz dazu werden extrinsische Ziele aufgrund ihres Outputs geschätzt. Dazu vergleicht man sich häufig mit anderen, es geht um Aussehen, Beliebtheit, Besitz und Status. Diese Ziele können zu Stress, aber nicht notwendigerweise zu Zufriedenheit führen.

Es gibt vier Kategorien von Zielen, die jeder Person wichtig sind:
- Bewältigung (Bildung, Karriere, Stärken)
- Beziehungen (Zugehörigkeit, Verbundenheit)
- Beitrag (Geben, einen Beitrag leisten, Vermächtnis)
- Teil von etwas Größerem sein (Religion, Spiritualität, Menschheit).

Bei jeder Kategorie sollte man sich fragen:
- Was erwarte ich vom Leben? Welche Rolle spielt dabei meine Arbeit?
- Was versuche ich mit meinem Leben zu erreichen?
- Was möchte ich erreicht haben, wenn ich auf mein Leben zurückblicke?
- Was ist mir wirklich wichtig?
- Woraus ziehe ich, auf mein Leben bezogen, Befriedigung?

Im nächsten Schritt notieren Sie sich Ihre persönlichen Ziele. Wenn man sie nicht aufschreibt, sind sie nur ungenaue Hoffnungen, die sich verändern, ohne dass man es bemerkt. Der amerikanische Psychologe Robert Emmons rät dazu Folgendes: Versuchen Sie, Ihre Ziele positiv zu formulieren, in Form von Dingen, die Sie erreichen wollen, nicht, die Sie vermeiden möchten. Richten Sie Ihre Wünsche auf etwas, das über Sie selbst hinausgeht, das andere miteinbezieht, das anderen nützt oder Gutes tut. Nehmen Sie sich vor, diese Ziele weise, geduldig und beharrlich zu verfolgen. Genießen und wertschätzen Sie schließlich Ihre Fortschritte, nicht nur, wenn Sie am Ziel angekommen sind.

Achtsamkeit am Arbeitsplatz

Im weitesten Sinne bedeutet achtsam zu sein, die Gegenwart zu genießen, sich am Guten zu erfreuen und das Positive in dem zu sehen, was man tut. Einigen Menschen liegt das im Blut, aber es ist auch eine Fertigkeit, die man erlernen und üben kann. Eng verwandt damit ist das Genießen. Achtsamkeit kann zu einer Angewohnheit werden, die mit Genießen zu tun hat, bis hin zu einer umfassenden Reihe von Techniken und Übungen, die unter Achtsamkeitsmeditation zusammengefasst werden. Meditation gehört zu den wirksamsten Techniken, die zu Entspannung und positiven Emotionen führen.[143]

Viele Menschen ziehen aus der Angewohnheit zu genießen ein Gefühl dafür, was ihnen wichtig ist. Diese Erkenntnisse und täglichen Erfahrungen können bereichernd sein. Es gibt eindeutige Belege dafür, dass das Erlernen der achtsamen Wertschätzung der Gegenwart bzw. der Vergangenheit starke positive Effekte mit sich bringt, dazu gehören ein gestärkter Optimismus und eine Reduzierung depressiver Gefühle.[144]

Indem man die Aufmerksamkeit darauf lenkt, was gut und erfreulich ist, und sei es auch noch so klein, werden Arbeitsvorgänge, die man nicht gerne durchführt, zu Gelegenheiten für Genuss. Es kann einen großen Unterschied ausmachen, ob man Verpflichtungen oder ungeliebte Tätigkeiten in etwas verwandelt, dem man positive Gefühle entgegenbringen kann. Folgende Fragen helfen dabei:

- Lässt sich die Aufgabe systematisieren und strategischer angehen?
- Kann man sie in eine Herausforderung umwandeln und Ziele formulieren?
- Können Sie durch die Aufgabe Ihre Fertigkeiten verbessern und Ihre Effizienz steigern?
- Können Sie sie gemeinsam mit anderen durchführen, damit sie Spaß macht?
- Können Sie das Tempo verändern, um sich mehr auf die physischen Erfahrungen zu konzentrieren?

Menschen, die nicht lernen, die Aspekte, die in der Gegenwart erfreulich und positiv sind, wertzuschätzen und zu genießen, gehen das Risiko ein, Tage, Monate und Jahre an sich vorbeiziehen zu lassen – unbemerkt, ungenutzt und unbeachtet. Sogar der biochemische Zustand des Körpers kann günstig verändert werden, wenn man lernt, die Gegenwart oder Tätigkeiten, die einem vielleicht in der Vergangenheit nicht gefallen haben, zu genießen.

Die praktischen Ratschläge, die wir in diesen zwei Kapiteln gegeben haben, sind für alle Leser gleichermaßen relevant, sei es der CEO eines Unternehmens, der Abteilungsleiter oder Beschäftigte bzw. Menschen, denen Sie zu helfen versuchen. Sie stellen die Basis für die Entwicklung von Maßnahmen im Beruf dar, die das Ziel verfolgen, die individuelle Resilienz der Betroffenen am Arbeitsplatz zu stärken. Im nächsten Kapitel geht es darum, was Vorgesetzte und Organisationen als Ganzes tun können, um dieses Ziel zu erreichen.

6. | Organisatorischer Ansatz: der Einzelne bei der Arbeit

6.1 Maßnahmen zur Stärkung von Resilienz auf individueller Ebene

In den folgenden zwei Kapiteln stellen wir verschiedene Herangehensweisen für die Stärkung von Resilienz am Arbeitsplatz dar. Unserer Einschätzung nach besteht der effektivste Ansatz für Organisationen darin, die Stärkung von Resilienz in eine umfassende Change-Management-Strategie zur Verbesserung des Wohlbefindens einzubetten. Diese besteht aus zwei Hauptteilen:

1. Resilienz-Training und -Entwicklung für den Einzelnen sowie
2. bewährte Management-Maßnahmen und unternehmensweite Strategien, um Resilienz auf breiterer Ebene zu fördern.

Wie bereits erwähnt, beeinflusst der sich stets beschleunigende technische Wandel sowohl unser Berufs- als auch unser Privatleben. Zusammen mit dem steigenden Leistungsdruck bedeutet das für unser Ziel, die Gesundheit und den Erfolg des Einzelnen und der Unternehmen, für die sie arbeiten, zu garantieren, dass der Bedarf an einem hohen Maß an Resilienz unter den Beschäftigten nie größer war.

Zuallererst müssen Führungspersonen, die unter einem hohen Leistungsdruck stehen, begreifen, dass ihre eigene Resilienz für ihre Effektivität entscheidend ist. So kann die Resilienz der Mitarbeiter, für die sie Verantwortung tragen und mit denen sie täglich interagieren, durch das eigene Verhalten erhalten oder unterminiert werden. Letztendlich ist die Rolle der Führungsperson und die des Unternehmens jedoch nur eine unterstützende: Jeder Einzelne muss die Verantwortung für die Verbesserung seiner Resilienz selbst übernehmen.

Es gibt drei Herangehensweisen zur Stärkung der Resilienz aller, die in einem Unternehmen oder in einer Organisation beschäftigt sind:

1. *Das Angebot für Führungskräfte zur persönlichen Weiterbildung*: Damit ist der Vorgesetzte in der Lage, für andere als „resilientes Rollenmodell" zu fungieren[145], und es hilft ihm, auch unter großem Druck konstruktiv mit Belastungen umzugehen. Damit reduziert er auch das Risiko, die individuelle Resilienz seiner Mitarbeiter zu unterminieren, etwa indem statt der nötigen Unterstützung Mobbing, absurd hohe Forderungen oder Kritik auf der Tagesordnung stehen.

2. *Unterstützungsangebot für die Beschäftigten, um ihre Resilienz zu stärken:* Dies geschieht dadurch, dass eine nachhaltige Verbesserung der Resilienz erleichtert wird und entsprechende Angebote geschaffen werden, bei denen jeder Mitarbeiter dazu aufgerufen ist, selbstverantwortlich dafür zu sorgen, dass er seinen Nutzen daraus zieht.

3. *Förderung guter Managementmethoden und -strategien* in der gesamten Organisation, indem sichergestellt ist, dass Strategien und Interventionen der Stärkung von Resilienz zuträglich sind.

In diesem Kapitel geht es um die ersten zwei Herangehensweisen, in Kapitel 7 stellen wir allgemeine Managementstrategien dar.

6.2 Die Stärkung von Resilienz fördern: Welche Möglichkeiten gibt es?

Was kann ein viel beschäftigter direkter Vorgesetzter tun, um die Resilienz seiner Mitarbeiter zu unterstützen und zu fördern? Welche Maßnahmen können Führungskräfte und Unternehmen für diese Art der persönlichen Entwicklung ergreifen? Zunächst ist es wichtig, dass dem Vorgesetzten bewusst ist, wie viele Dinge in der Arbeitsumwelt die Resilienz und das Wohlbefinden unterminieren können (s. Kap. 2 u. 3). Zugleich gibt es aber vieles, was die Führungskraft zur direkten und indirekten Stärkung der persönlichen Resilienz ihrer Mitarbeiter tun kann.

Grundsätzlich kann man sich auf zwei Arten der Resilienz-Bildung annähern, zum einen sie als „Reaktion" auf ein definiertes Problem wie beispielsweise eine Krise oder drohende Gefahr sehen, zum anderen als „proaktives Bemühen", um angesichts von Herausforderungen und Leistungsdruck Resilienz zu fördern und die Effektivität zu steigern. Die Bildung von Resilienz wird gemeinhin als Puffer gegen Stress und Belastungen gesehen, doch sie geht weit darüber hinaus, denn sie verbessert auch die Leistung. Dies kommt dem Einzelnen, dem Team und der ganzen Organisation und ihrem Erfolg zugute. In diesem und dem folgenden Kapitel zeigen wir auf, dass die effektivste Herangehensweise an Resilienz nicht darin besteht, sie als Selbstzweck zu sehen, sondern sie dazu zu nutzen, andere Ziele zu untermauern, zu stützen und zu verbessern – ganz besonders in schwierigen und herausfordernden Zeiten.

Zehn Dinge, die Führungskräfte tun können, um die Resilienz ihrer Mitarbeiter zu stärken und zu erhalten

Resilienz-fokussierte Interventionen (Kap. 6)

Persönliche Entwicklung für Führungskräfte
1. hilft diesen dabei, Verantwortung für die Verbesserung der eigenen Resilienz zu übernehmen;
2. unterstützt sie darin, den Einfluss ihres Führungsverhaltens einzuschätzen und zu lenken.

Unterstützung beim Aufbau von Resilienz der individuellen Beschäftigten
3. Gespräche über das Thema Resilienz stehen auf der Tagesordnung des Unternehmens.
4. Der Resilienz-Aufbau wird durch einen Dialog mit den Vorgesetzten und durch Coaching unterstützt.
5. Workshops und Entwicklungsmaßnahmen werden umgesetzt.

Erfolgreiche Management-Methoden, die dabei helfen, Resilienz aufzubauen (Kap. 7)

Aktives Management der Ursachen von Belastungen und Unterstützung am Arbeitsplatz, beispielsweise
6. aktiv positives Verhältnis zu Kollegen aufbauen (Arbeitsbeziehungen);
7. Bedeutsamkeit einzelner Positionen stärken (Arbeitsbedingungen);
8. Verantwortung bezüglich Planung, Entscheidungsfindung und Problemlösung abgeben (Kontrolle);
9. Probleme lösen und den Wandel managen durch Appreciative Inquiry, einem werteorientierten Ansatz aus der Team- und Organisationsentwicklung;
10. stärkenorientiertes Führen.

6.3 Persönlichkeitsentwicklung für Führungskräfte

1. Verantwortung für die Stärkung der eigenen Resilienz übernehmen

Dieser erste Punkt wird durch die Geschichten von Lynda und Matsuko veranschaulicht:

Lyndas Geschichte: privaten und beruflichen Belastungen standhalten

Lynda ist vor einem Jahr ins Führungskräfteteam gekommen, als sie den Posten der Produktionsleiterin übernahm. Die Atmosphäre sowohl in ihrem eigenen Mitarbeiterteam als auch im Kreis der anderen Führungskräfte beschrieb sie als „grauenvoll". Als Begründung führte sie aus: „Ich fürchtete mich, zu den Sitzungen zu gehen. Immer musste ich die Wogen glätten. Ich habe nie meine eigene Meinung gesagt, weil schon so viele Auseinandersetzungen zwischen anderen Leuten bestanden. Nicht nur fühlte ich mich nutzlos, es schmerzte mich auch. Das Verhalten, das ich da mitansehen musste, verstieß gegen meine Grundwerte. Die Auseinandersetzungen zwischen den Teammitgliedern waren aggressiv und destruktiv. Die Leute schrien sich an und marschierten aus den Meetings."

Sie war kurz davor aufzugeben. „Die Ansprüche an mich zehrten an mir und die Stunden am Schreibtisch waren qualvoll. Ich habe von 8 Uhr morgens bis Mitternacht gearbeitet und saß dann um 7 Uhr schon wieder in Meetings. Ich habe nicht ausreichend Schlaf bekommen und nahm zu. Trotz meiner Arbeitsstunden hatte ich nicht das Gefühl, das zu schaffen, was ich schaffen müsste. Das sagte mir zwar keiner, aber ich konnte das an den Ergebnissen ablesen."

Durch ihren neuen Posten bekam Lynda die Verantwortung für eine Abteilung, die jahrelang von einem Kollegen geführt worden war, der einen autokratischen und kontrollierenden Stil pflegte. Dementsprechend waren die Angestellten dieser Abteilung demoralisiert. Lynda versuchte, diesen Problemen zu begegnen, aber es fiel ihr sehr schwer. „Ich habe zu viel von mir gegeben, ich habe mir davon zu viel angetan. Monatelang war ich damit beschäftigt, mit Gefühlen umzugehen, Emotionen wahrzunehmen und zu verarbeiten, die gar nicht meine waren. Im Urlaub begriff ich, dass ich meine Gesundheit, meine Familie und mich selbst aufs Spiel setzte."

Lynda beschloss, etwas zu ändern. Um ihre Resilienz zu fördern, nahm sie acht Coaching-Sitzungen in Anspruch. Dort lernte sie die Grundzüge von Resilienz und einige einfache Werkzeuge zu deren Stärkung kennen. Am wichtigsten war es jedoch zu erkennen, dass Resilienz als Stärke trainiert werden kann, dass sie mehr ist als nur ein „Pflaster". Lynda betrachtete ihre Situation nun eher als ein „Comeback" denn als einen Rückschlag.

Während des Coachings konzentrierte sie sich darauf, an ihren automatisch auftretenden negativen Gedanken zu arbeiten und gleichzeitig ihr Selbstbewusstsein zu stärken, um ein-

---

greifen zu können, wenn sie Zeugin von Verhalten wurde, das gegen ihre Werte verstieß und inakzeptabel war. Im Laufe des Coachings wurde Lynda bewusst, dass sie meistens, wie sie sagte, „mich selbst angegriffen habe. Nichts war jemals gut genug, und mein Leben lang habe ich mich selbst bestraft." Der gedankliche Rahmen von Resilienz und die praktischen Werkzeuge, die sie während des Coachings kennenlernte, stellten für sie die große Chance dar, ihre eigenen Erfolge realistischer zu betrachten.

Diese Erfahrung wirkte sich auch auf ihr Privatleben aus. Ihre zweite Eheschließung stand kurz bevor und sie war immer noch in Selbstzweifel und Sorgen darum verstrickt, ob sie sich wirklich binden wollte. Sie kam dann zu dem Schluss: „Ich bin wie alle anderen, ich werde mein Bestes versuchen. 90 Prozent ist gut genug. Ich darf nicht aufgeben, bevor ich es überhaupt versucht habe. Ich muss meiner neuen Ehe mindestens so viel Respekt zollen wie meinem Job, wenn nicht sogar noch mehr."

Im Führungskräfteteam, wo es jetzt besser läuft, fällt es Lynda nun leichter, ihre Meinung zu sagen, ohne sich groß darüber Gedanken zu machen. Mittlerweile spricht sie Probleme an, während sie zuvor geschwiegen hätte, und tut auch kund, wenn sie etwas zu kritisieren hat. Darüber hinaus ist sie bereit, wenn nötig auch Konflikte auszutragen. Ihr zufolge ist ihr das in Fleisch und Blut übergegangen. „So bin ich nun mal bei der Arbeit."

Die Instrumente, die ihr am meisten geholfen haben, waren das Hinterfragen von negativen Gedanken und bei der Diskussion oder dem Lösen von Konflikten eher Dinge anzuzweifeln als beizupflichten. Darüber hinaus übernimmt sie die Perspektive von anderen und setzt ihre natürlichen Stärken ein. Um die Anzahl ihrer Arbeitsstunden zu reduzieren, nutzt sie Rituale. Aber eigentlich, so Lynda, „geht es darum, die Prinzipien von Resilienz zu verstehen. Für mich ist der Weg das Ziel."

Sechs Monate vor unserem Gespräch wurde ihre Widerstandskraft auf eine harte Probe gestellt: Bei ihrem Ehemann wurde Hautkrebs diagnostiziert. „Wenn ich nicht über diese Instrumente verfügt, wenn ich mir diese Gedanken nicht im Urlaub gemacht hätte, dann hätte ich mit dieser Nachricht nicht so umgehen können, wie ich es getan habe. Ich hatte das Gefühl, dass, gleichgültig, was passiert, ich mit der Situation umgehen kann. Egal, wie schlimm es zunächst aussieht, es gibt immer Hoffnung. Also wartete ich ab, erkundigte mich, organisierte mich und war für meinen Mann da. Ich war bereit, alles zu tun, was nötig war." Schließlich erwies sich der Tumor als gutartig, doch liegen immer noch viele Herausforderungen vor ihr.

Schließlich, so Lynda, fühle sie sich trotz der Herausforderungen, Frustrationen und Belastungen besser und scheue sich nicht, anderen gegenüber Stellung zu beziehen. Ihrer Einschätzung nach reagieren die Menschen auf sie als Vorgesetzte anders, was wiederum dazu führt, dass ihre Resilienz wächst. In ihrer Rolle als Vorgesetzte führte sie Einzelgespräche mit ihren Teammitgliedern über Resilienz, um in Erfahrung zu bringen, wie sie sie in diesem Sinne unterstützen kann.

Matsukos Geschichte: eine neue Rolle übernehmen

Matsuko ist Abteilungsleiterin in einer Großbank. In einem Zeitraum von sechs Monaten erhielt Matsuko sechs Coaching-Sitzungen, in denen es insbesondere um ihren Führungsstil ging. Der Fokus lag darauf, wie sie unter Druck oder, wenn sie gestresst war, arbeitete. In dieser Zeit machte sie folgende Tests: Leadership Impact, i-resilience, MBTI und Wave Professional Styles.[146]

Eines von Matsukos Problemen war ihr Umgang mit Ärger, denn sie ließ sich sehr leicht provozieren. Ihr wurde bewusst, dass sie, wenn sie unter Stress stand, schnell zu Wutausbrüchen neigte, sogar ihrem eigenen Chef gegenüber. Das führte dazu, dass sie ihre Meinung offen kundtat und dabei Dinge sagte, die sie später häufig bereute oder die zu einer Verschlechterung ihres Verhältnisses zu ihm führten. Immer, wenn das passierte, hatte sie das Gefühl, ihre Glaubwürdigkeit zu verlieren. Beim Coaching konzentrierte sie sich darauf, ihre Stärken zu stärken, anstatt ihre Schwächen zu mindern. Sie sagt: „Ich verstehe mich selbst jetzt viel besser. Ich erkenne die Alarmsignale früher, und anstatt negativ zu reagieren, nutze ich meine Stärken im Aufbau von Beziehungen und meine emotionale Intelligenz nicht nur dazu, heikle Situationen konstruktiv zu lösen, sondern auch dazu, das Verhältnis zu meinen Kollegen zu verbessern. Die Notwendigkeit, eine Deeskalation zu vermeiden, kommt immer seltener vor. Eine Schwäche habe ich in eine Stärke umgewandelt, auf der ich aufbauen kann. Meine emotionale Seite bestimmt, wie ich mich Leuten zuwende und sie motiviere. Das gibt mir Energie und den anderen auch. Nun fühle ich mich als Vorgesetzte gestärkt und besser in der Lage, mit Belastungen und dem, was ich bisher als Provokation wahrgenommen habe, umzugehen. Ich bin jetzt von einem Management, das auf Stärken basiert, überzeugt. Anstatt das Gefühl zu haben, dass überall nur Probleme auf mich einstürmen, sehe ich die Chance, auf dem, was gut ist, aufzubauen. Das habe ich bisher oft nicht gesehen, weil ich so sehr damit beschäftigt war, wegen der sich anhäufenden Probleme zu jammern."

2. Einfluss des eigenen Führungsverhaltens einschätzen und lenken

Ohne Frage haben Führungskräfte großen Einfluss darauf, ob sich ihre Mitarbeiter wohlfühlen und engagiert dabei sind oder ob sie gestresst sind – bis hin zum Burnout oder der inneren Kündigung. Eine detaillierte Prüfung der diesbezüglichen Forschungsergebnisse haben Ivan Robertson und Jill Flint-Taylor[147] vorgelegt. Sie entwickelten den Leadership Impact und den Profilfragebogen.[148] Wie bereits in Kapitel 3 detailliert dargestellt, basiert dieses Instrument auf denselben Modellen wie der *i-resilience*-Fragebogen, um die Persönlichkeitsmerkmale des Individuums (Fünf-Faktoren-Modell der Persönlichkeit) und die Situation am Arbeitsplatz (ASSET) zu erheben.

In seiner Herangehensweise bezieht sich der Leadership Impact auf das Bedürfnis von Führungskräften, Herausforderungen und Unterstützung in einem Gleichgewicht zu halten. Hier dient ein Entwicklungsprofil dazu, Vorschläge einzubringen, wie dies in Bezug auf die sechs ASSET-Quellen von Belastung und Unterstützung umzusetzen ist, wenn sich der Vorgesetzte auf seinen natürlichen Führungsstil verlässt. Beispielsweise weisen Forschungsergebnisse darauf hin, dass sehr selbstbewusste Führungskräfte möglicherweise einen negativen Einfluss auf das Wohlbefinden ihrer Teammitglieder haben: Sie erzeugen Stress, indem sie sich nicht mit den Mitarbeitern absprechen oder indem sie deren Vorschläge unberücksichtigt lassen (ASSET-Faktor Kontrolle). Dieser Einfluss kann in einzelnen Situationen eine Rolle spielen, aber auch langfristig der individuellen Resilienz einiger Teammitglieder schaden, weil es deren Selbstbewusstsein schwächt. Die Analyse von Leadership Impact legt besonderen Wert auf „unbeabsichtigten Schaden", der durch übermäßigen Einsatz von Führungsstärken, wie Selbstbewusstsein, Pflichtgefühl oder Sorge um andere, entstehen kann.

Fabios Geschichte, die im Folgenden aufgeführt ist, veranschaulicht, wie eine Veränderung im Führungsverhalten positive Auswirkungen auf die Mitarbeiter haben kann.

Fabio ist Bereichsleiter in einem multinationalen Unternehmen. Sein Team besteht aus fünf Mitarbeitern, mit drei von ihnen arbeitet er seit Jahren zusammen. Vor 18 Monaten sind nach dem Zukauf einer neuen Firma zwei neue Mitglieder dazugestoßen. Bis dahin hat Fabio bei einem 360-Grad-Feedback stets positive Rückmeldung bekommen. Seine Kollegen respektierten seine Energie, seine Entschlusskraft und seine Durchsetzungsstärke bei Verhandlungen. Später jedoch schnitt er bei Rückmeldungen durch seine direkten Mitarbeiter schlechter ab, besonders hinsichtlich der Punkte „Motivation von anderen" und „Selbst-Management". In den Antworten auf offene Fragen traten Begriffe wie „unvernünftig", „dickköpfig" und „aggressiv" auf. Im Mitarbeitergespräch teilte ihm seine Chefin Aisha mit, dass sie sogar gehört habe, er würde mit „seiner Art Mobbing betreiben", was sie irritierte. Aisha stimmte ihm zu, dass die unterschiedlichen Unternehmenskulturen von Stammfirma und akquiriertem Unternehmen dazu beigetragen haben könnten. Schon immer galt der Führungsstil ihrer Firma als rau und konkurrenzorientiert. Allerdings betonte Aisha, dass er die Verantwortung für seinen Einfluss auf das Team übernehmen müsse.

Zu dieser Zeit hatte Fabio eine externe Fortbildung für Führungskräfte mit dem Schwerpunkt Strategieplanung zur Hälfte absolviert. Zunächst hatte er das Angebot von Einzelcoachings ausgeschlagen, aber angesichts seines Gesprächs mit Aisha entschied er, dass es einen Versuch wert sei. Zunächst gab er Auskunft, um sein Profil erstellen zu lassen, was auch den Fragebogen des Leadership Impact umfasste.

Fabio freute sich zu sehen, dass seine primäre Wirkung auf sein Team positiv war: Er ermutigte seine Mitarbeiter, weiterzumachen und flexibel auf sich verändernde Ansprüche zu reagieren (was dem Leadership-Impact-Stil Pace entspricht. Dabei geht es um Geschwindigkeit: das Team mit positivem Druck und Herausforderungen motivieren, indem schnelles Handeln gefördert und belohnt wird. Es wird viel Wert auf Flexibilität, Wandel, Ideen, Begeisterung und Kreativität gelegt). Seine Persönlichkeitsmerkmale im FFM, die diesen Stil untermauerten, waren seine Tendenz, Herausforderungen zu suchen oder seiner Ansicht nach unnötige Hindernisse zu ignorieren, seine persönliche Energie und das Vermögen, dieses Energieniveau zu halten, Proaktivität und Freude am Führen sowie seine Begeisterungsfähigkeit. Hinsichtlich der ASSET-Faktoren gaben seine Ergebnisse Hinweise darauf, dass er einen besonders positiven Einfluss auf den Aspekt Arbeitsplatzsicherheit und Wandel sowie Ressourcen und Kommunikation hatte.

Jedoch überraschte es Fabio, dass er möglicherweise einen negativen Einfluss auf den ASSET-Faktor Kontrolle haben könne (also auf den Eindruck seiner Untergebenen, Entscheidungen mitbeeinflussen und ihre Ideen vorstellen zu können). Zu diesem Thema hieß es in seinem Abschlussbericht:

Ihr energischer, dominanter Führungsstil führt manchmal dazu, dass Sie anderen nicht ausreichend Gelegenheit bieten, ihre Meinung zu sagen, obwohl Sie wissen, dass es sinnvoll ist, andere bei Ihren Plänen und Entscheidungen zu berücksichtigen. Sie sind ehrgeizig und können beizeiten starrköpfig sein. Es ist wichtig, dass Sie erkennen, wann Sie Kompromisse eingehen müssen, um andere für eine Zusammenarbeit zu gewinnen, und ihnen mehr Möglichkeiten zur Mitbestimmung einräumen.

Zum selben Thema, aber bezüglich des ASSET-Faktors „Verhältnis zu Kollegen" hieß es im Bericht:

Ihre Abneigung, Kompromisse zu schließen, widerspricht Ihrer Fähigkeit, Konflikte zu lösen und ein kollegiales Arbeitsklima zu schaffen. Ist Ihr Verhalten aggressiv, folgen manche vielleicht Ihrem Beispiel, während andere Mitarbeiter sich bemühen, das Risiko, Ihren Unmut zu erwecken, zu minimieren. Dann ziehen sie sich zurück. Tritt dieser Fall ein, hat das negativen Einfluss auf Kreativität und Innovation.

Im Gespräch mit seinem Coach wurde deutlich, dass Fabio bestimmte Führungsfähigkeiten überstrapazierte und dass diese sogar auf höchster Führungsebene bestimmte Risiken mit sich brachten. Fabio erkannte aber auch, dass ihm sein hohes Energieniveau und sein starker Ehrgeiz viele Jahre lang nützlich gewesen waren. So hatte er sich den Ruf erworben, entschieden und energisch zu sein sowie unnachgiebig zu verhandeln. Jedoch war er an einem Punkt angelangt, an dem er sich übermäßig auf seinen natürlichen Führungsstil verließ und in Ermangelung von Alternativen an diesem festhielt, auch in solchen Situationen, in denen eine geduldigere und entgegenkommendere Haltung angemessen wäre. Obgleich er sich wirklich für das Wohlergehen seines Teams interessierte (auch dieser Aspekt wurde im Bericht des Leadership Impact hervorgehoben), verbarg sich das hinter seinem Durchsetzungsvermögen und manchmal hinter seiner Starrsinnigkeit. An diesen Punkten kamen Begriffe wie „Mobbing" ins Spiel.

Nach Fabios Dafürhalten war es hilfreich, dieses Problem als Risiko zu betrachten, das gemanagt werden musste. Es bestand darin, dass er gerade den Aspekt zu stark ausreizte, der eigentlich zu seinen wichtigsten Führungsqualitäten zählte. Daher entschloss sich Fabio, ein umfassendes Coaching in Anspruch zu nehmen. Mithilfe seines Coachs lernte er, in verschiedenen Situationen seine Führungsfähigkeiten flexibler einzusetzen, um unterschiedliche Menschen zu führen. Dies führte zu einer deutlichen Verbesserung der Arbeitsmoral in seinem Team. Später stellte sich auch heraus, dass Fabios bisheriges Verhalten dem Selbstbewusstsein von Ray, einem seiner neuen Teamkollegen, so sehr geschadet hatte, dass dessen Resilienz fast nachhaltig in Mitleidenschaft gezogen worden wäre. Indem Fabio der Einfluss, den er auf sein Team ausübte, klar wurde und er lernte, flexibler zu führen, konnte er das Beste aus seinen Führungsqualitäten machen. Damit verbesserte er sowohl das Betriebsklima in seinem Top-Team als auch Rays Selbstbewusstsein und vermied damit langfristige Beeinträchtigungen dessen Resilienz.

Während der Leadership Impact und das i-resilience speziell für die Erhebung des Wohlbefindens am Arbeitsplatz und der Resilienz entwickelt worden sind, gibt es darüber hinaus Diagnoseinstrumente zur Erhebung und Entwicklung von Führungsstilen. Auch sie fanden in unserer Darstellung Berücksichtigung.

Ein weiteres Erhebungsinstrument, das sich besonders auf die negativen Aspekte von Führungsverhalten unter Stress (die „dunkle Seite" von Führung) konzentriert, ist The Hogan Development Survey, HDS.[149] Es identifiziert die auf der Persönlichkeit der Führungsperson basierenden Risiken und „Entgleisungen" im zwischenmenschlichen Kontakt, wenn der Betroffene unter Stress steht oder abgelenkt ist. Diese Entgleisungen beeinflussen den Führungsstil und das generelle Verhalten der Führungskraft. Dem Ansatz von HDS zufolge stellen Entgleisungen unter gewissen Umständen tatsächlich Stärken dar. Jedoch liegt das Hauptaugenmerk darauf, was passiert, wenn diese Eigenarten zu häufig oder extrem auftreten, was die Leistungserfüllung und das gute Betriebsklima gefährdet. Im Extremfall kann das Ergebnis das Ende der Karriere bedeuten.

Die wichtigsten Skalen des HDS[150] sind:

1. leicht erregbar: launisch, leicht genervt, schwer zufriedenzustellen und sprunghaft
2. skeptisch: misstrauisch, zynisch, Kritik gegenüber empfindlich und auf das Negative fokussiert
3. vorsichtig: zögerlich, veränderungsresistent, risikoscheu und entscheidungsschwach
4. reserviert: unnahbar, gleichgültig den Gefühlen anderer gegenüber, unkommunikativ
5. betulich: nach außen kooperativ, aber eigentlich gereizt, starrsinnig und unkooperativ
6. wagemutig: übertrieben selbstbewusst, arrogant, aufgeblasenes Selbstwertgefühl
7. spitzbübisch: charmant, risikofreudig, geht bis an die Grenzen und sucht den Nervenkitzel
8. bunt: dramatisch, aufmerksamkeitsheischend, unterbricht und kann schlecht zuhören
9. fantasievoll: kreativ, denkt und verhält sich ungewöhnlich oder exzentrisch
10. fleißig: pedantisch, präzise, schwer zufriedenzustellen, Tendenz zum Mikromanagement
11. pflichtbewusst: gefallsüchtig, agiert nur ungern unabhängig oder gegen die landläufige Meinung.

Im Fall des typischen „Arschlochs" unter den Vorgesetzten zeigen sich viele dieser Entgleisungen, sie sind die schädlichen Vorgesetzten (toxic leader) oder „Psychobosse". Robert Sutton von der Stanford University schrieb einen kurzen Beitrag für den *Harvard-Business-Review*-Blog über seine Erfahrungen mit, wie er sie nannte, „Arschloch-Vorgesetzten" und den Schaden, den sie bezüglich der Arbeitsmoral und des Betriebsklimas anrichten können. Innerhalb von Wochen wurde er überschwemmt von Tausenden von Reaktionen, die ihn unterstützten, sowie zahllosen Beispielen, was Menschen unter solchen Vorgesetzten zu erleiden hatten. In kürzester Zeit wurde aus dem Blog ein gut recherchiertes Buch.[151]

Sutton entwickelte zwei Testfragen, um herauszufinden, ob sich eine Person wie ein toxischer Vorgesetzter benimmt:

1. Fühlt sich die „Zielperson" nach einem Gespräch mit dem Vorgesetzten unterdrückt, erniedrigt oder von der Person herabgesetzt? Ist jegliche Energie verpufft? Allgemeiner: Fühlt sich die Zielperson hinterher schlechter?
2. Richtet der mutmaßliche schädliche Vorgesetzte seine Bosheit eher gegen Personen, die weniger Macht haben als er, oder gegen die Leute, die mehr Macht besitzen als er?

Zu schädlichem bzw. toxischem Verhalten zählen persönliche Beleidigungen, Drohungen und Einschüchterungsversuche – verbal wie nonverbal –, sarkastische „Witze" und beleidigende „Sticheleien", unbeantwortete E-Mails, anzügliche Blicke, und Menschen werden so behandelt, als wären sie unsichtbar. Sutton berichtet, dass diese Gemeinheiten mehrheitlich von Vorgesetzten ausgehen und die Mitarbeiter treffen (schätzungsweise 50 bis 80 Prozent), während 20 bis 50 Prozent zwischen gleichgeordneten Kollegen ausgetauscht werden. In weniger als 1 Prozent der Fälle werden die Gemeinheiten „nach oben" gerichtet, gehen also von Mitarbeitern aus, um den Vorgesetzten „zu treffen".

Dieses Verhalten gehört meistenteils zur Kategorie „Mobbing" oder „Schikane", zu denen viele Unternehmen einen Kodex haben, aber vielfach werden diese Phänomene als einfach zur Unternehmenskultur zugehörig akzeptiert: „So ist er einfach, der Chef." Die Konsequenzen aus dieser Atmosphäre sind Erniedrigung, Unsicherheit und Angst. Sutton zitiert W. Edwards Deming, der vor langer Zeit sagte: „Reckt die Angst ihr hässliches Haupt, dann konzentrieren sich die Leute darauf, sich zu schützen, und helfen ihrer Organisation nicht, sich zu verbessern." Darüber hinaus listet Sutton die Kosten auf, die einem Unternehmen entstehen, wenn sie toxisches Verhalten dulden oder heimlich billigen, weil der Täter aus der Vorstandsetage kommt oder ein Leistungsträger ist, selbst wenn das unverschämte Verhalten explizit gegen die geschätzten Werte des Hauses verstößt. Es schadet dem Ruf des Unternehmens, lenkt von den Aufgaben ab, weil die Betroffenen versuchen, sich zu schützen, es reduziert die „psychologische Sicherheit" und beeinträchtigt die Arbeitsatmosphäre, weil sie von Angst geprägt ist. Darüber hinaus leiden Motivation und Arbeitseifer, stressinduzierte psychische und physische Krankheiten treten auf, Krankmeldungen sowie viele andere Indikatoren dafür, dass die Beschäftigten unmotiviert und abgelenkt sind, nehmen zu.

Werden schädliche Vorgesetzte toleriert oder kommt man ihnen entgegen, wird der Schaden an der Arbeitsmoral und dem Betriebsklima über die Einbußen hinaus, die bereits durch die Rüdheit entstanden sind, vergrößert. Dabei geht es nicht nur um das Betriebsklima, sondern auch um den Einfluss auf den Einzelnen. Nichts zehrt Resilienz so schnell auf, wie respektlos behandelt zu werden, insbesondere wenn eine Doppelmoral herrscht.

Schlechtes Benehmen, das Tolerieren dieses unsozialen Verhaltens oder Doppelmoral angesichts des Verhaltens von Führungskräften unterminiert mit großer Wahrscheinlichkeit die Resilienz und die Arbeitsmoral derjenigen, die Opfer der Gemeinheiten sind oder sie beobachten. Im Gegensatz dazu kann die Förderung der Stärken den gegenteiligen Effekt haben. Der Ansatz des Leadership Impact betont die Stärken, anstatt sich auf die Schwächen oder auf die „dunkle Seite" der Persönlichkeit zu konzentrieren. Doch auch hier gilt, dass Stärken ins Negative kippen können, wenn sie überstrapaziert werden. Der Myers Briggs Type Indicator (MBTI) nutzt einen ganz anderen Ansatz: Er fokussiert den persönlichen Verhaltensstil, der auf dem natürlichen Wesen des Individuums beruht, und war dem Stärken-Ansatz, den wir noch diskutieren werden, um einige Jahrzehnte voraus.[152]

Wahrscheinlich kennen viele Leser den MBTI, der als Instrument für die Fortbildung von Führungskräften eingesetzt wird. Denjenigen, denen der MBTI nichts sagt, sei der grundlegende Text von Isabel Briggs Myers und Peter B. Myers empfohlen, um mehr zu erfahren.[153] Im Folgenden greifen wir auf die Terminologie von Myers und Briggs zurück. Wenn Sie bereits wissen, welche Beschreibung von Persönlichkeitstypen am besten auf Sie zutrifft, sollten Sie auch bedenken, welche Arten von Stress mit Ihrem MBTI-Typ verbunden sind, um mögliche Fallen zu umgehen. Beispielsweise liegen viele Belege dafür vor, dass SJ-Typen, auch als „nachdenkliche Realisten" bezeichnet, Unsicherheit, Veränderungen und nicht eingehaltene Termine als Belastung empfinden. Im Gegensatz dazu lassen sich „nachdenkliche Innovatoren", NT-Typen, davon nicht verunsichern. Sie sind eher von Routine, Bürokratie und starren Strukturen gestresst. Die echte Herausforderung für einen Vorgesetzten mit Personalverantwortung liegt nicht darin, die Mängel zu beheben, sondern den natürlichen Stärken seiner Mitarbeiter entgegenzukommen. ST-Typen tendieren dazu, sich sehr auf Fakten und Ergebnisse zu verlassen, während NT-Typen sich auf Möglichkeiten und Strategien konzentrieren – es sei denn natürlich, sie haben gelernt, ihre Vorlieben auszugleichen.[154]

Wer einen ausgeglichenen und konstruktiven Führungsstil anstrebt, dem stehen viele Modelle zur Umsetzung zur Verfügung. Die Arbeit von Bob Kaplan und Rob Kaiser[155] ist besonders nützlich, denn sie umfasst praktische Vorschläge, wie man seine Stärken optimal nutzen kann, indem man seinen natürlichen Persönlichkeitsstil erweitert.

6.4 Beschäftigte in ihrer Entwicklung unterstützen

Gespräche über Resilienz auf die Tagesordnung setzen

Wenn es um einen offenen und ehrlichen Austausch über das Thema Resilienz am Arbeitsplatz geht, sind häufig Zurückhaltung und Widerstände zu beobachten. Resilienz und die potenziellen Negativeffekte von anhaltender Belastung durch die Arbeit sollten ein Thema sein, das diskutiert und reflektiert wird. Vielleicht ist es zunächst unangenehm, aber dieses Gefühl verschwindet mit der Zeit. Es ist kein Zeichen von

Schwäche, über die Bedeutung von Resilienz zu sprechen. Resilienz stellt eine Stärke dar, die Menschen helfen kann, mit Belastungen und Ansprüchen am Arbeitsplatz besser umzugehen. Darüber hinaus ermöglicht sie dem Einzelnen aufzublühen und sich wohlzufühlen, sogar unter schwierigen Umständen. Außerdem erholen sich die Betreffenden schneller von Rückschlägen. Fast jeder kann von verbesserter Resilienz profitieren. Weil dies häufig nicht richtig verstanden wird, ist es nützlich, das Thema anzusprechen und darüber ein offenes Gespräch zu führen.

Vorgesetzte haben einen Vorteil von diesem Austausch, denn sie zeigen damit ihren Teams und ihren Mitarbeitern, dass sie sich Gedanken machen, und zwar nicht nur über die Leistung der Abteilung, sondern auch über die Menschen, mit denen sie zu tun haben. Einer Studie von Towers Watson zufolge ist für Angestellte der höchste individuelle Ansporn für das Engagement bei der Arbeit, wenn ihre Vorgesetzten ehrlich an ihrem Wohlergehen interessiert sind. Weniger als 40 Prozent der Beschäftigten in der Studie hatten das Gefühl, dass dies auch wirklich zutrifft.[156]

Ein guter Weg, das Thema anzusprechen, ist die Einladung an die Teammitglieder, sich Gedanken darüber zu machen, wie eine Verbesserung ihrer Resilienz ihrer Arbeit und ihrem Privatleben zugutekommen könnte. Die Antworten, die dann kommen, beziehen sich meistens auf die Vermeidung von Stress, die Erhöhung der Effektivität und darauf, größere Befriedigung aus der Arbeit und dem Leben als solchem zu ziehen. Als Ausgangspunkt oder zur Unterstützung des Gesprächs kann man den Teammitgliedern anbieten, einen Fragebogen zur individuellen Resilienz wie den i-resilience[157] oder das Ashridge Resilience Questionnaire (ARQ)[158] zu beantworten. In einer konstruktiven Diskussion kann dann besprochen werden, welche Veränderungen nötig sind, um es den Beschäftigten zu erleichtern, mit Belastungen umzugehen und auch unter schwierigen Umständen volle Leistung zu erbringen, ohne Gefahr, dem Stress zu unterliegen oder ein Burn-out zu erleiden.

Stärkung von Resilienz durch Führungsgespräche und Coaching

Im Alltagsgeschäft kann schon viel erreicht werden, wenn man mit gutem Beispiel vorangeht und anerkennt, dass eine Situation sowohl für einen selbst in der Rolle des Vorgesetzten als auch für die Teammitarbeiter schwierig ist. Nutzen Sie die Gelegenheit in Personalgesprächen, beim Coaching und während Gesprächen in der Teeküche, praktische Ratschläge (s. Kap. 4 u. 5) zu geben. Dabei ist es wichtig, Resilienz als Stärke zu begreifen, die verbessert werden kann, nicht als Schwäche, die gemildert werden muss. Die Vorteile einer stabilen Resilienz sollten Sie hervorheben. Im Folgenden zeigen wir Ihnen, wie die Leitung einer Großbank den Resilienz-Aufbau einsetzt, um im Rahmen einer Reorganisation drei Teams erfolgreich zu integrieren.

Erics Geschichte: den Resilienz-Aufbau nutzen, um Teams zu integrieren

Eric ist leitender Angestellter in einer Großbank. Er steht der Abteilung für Vermögensmanagement vor. Dazu gehören verschiedene Geschäftseinheiten und Firmen, deren Dienstleistungen von der Vermögensverwaltung bis hin zur Lebensversicherung reichen. Nach einem eintägigen Seminar zur Stärkung von Resilienz beschloss er, Coaching in Anspruch zu nehmen. Es war genau das, wonach er gesucht hatte. Aufgrund einer Umstrukturierung des Konzerns hatte er ein neues Team übernommen, in dem verschiedene Funktionen und Geschäftseinheiten zum ersten Mal unter seiner Leitung zusammengefasst wurden. Eric fühlte sich damit nicht wohl, denn er fürchtete, nicht mehr so autonom wie bisher arbeiten zu können, außerdem nahm er alte Konkurrenten stärker wahr. Darüber hinaus hatte er die Befürchtung, diese neue Struktur werde nicht funktionieren. Auch das neue Team betrachtete die Veränderungen eher pessimistisch. Zu guter Letzt war das wirtschaftliche Klima in diesem Bereich so schlecht wie seit Jahrzehnten nicht mehr. Eric hatte also die Führung eines niedergeschlagenen, ängstlichen und feindlich gesinnten Teams übernommen, das aus anderen Bereichsleitern bestand, die wiederum ähnlich gestimmte Teams leiteten.

Eric suchte nach einem gemeinsamen Nenner, der die Führungskräfte vereinigen würde, die die Verantwortung für sein neues Portfolio trugen. Sicherlich war dies nicht die Loyalität zum Unternehmen, unter dem nun verschiedene Bereiche und Firmen zusammengefasst waren, denn auch hier herrschte Krisenstimmung. Nach Erics Meinung ließ sich ein Team aus sehr unterschiedlichen Menschen am besten zusammenbringen, wenn sie entweder mit einer drohenden Krise / Katastrophe konfrontiert waren oder sich einer aufregenden neuen Herausforderung gegenübersahen. Da beide Möglichkeiten ausgeschlossen werden konnten, brauchte Eric etwas anderes, um das Team emotional zusammenzuschweißen.

Alle Teammitglieder mussten große Belastungen bewältigen, einige sogar auch in ihrem Privatleben. Eric beschloss, die Stärkung der Resilienz zum Thema zu machen, was den Vorteil hatte, dass seine Teamleute sowohl beruflich als auch privat und außerdem auch noch das Unternehmen davon profitieren konnten. Mittels einer Reihe von Sitzungen und eines Workshops, auf den Einzelgespräche folgten, „katapultierte ich das Team durch die schwierigen Anfangsphasen des Teambuildings", so Eric. Der Fokus Resilienz brachte das Team zusammen und förderte das gegenseitige Vertrauen, weil man im Gespräch über dieses Thema offen sein musste. Die Teammitglieder zeigten dieses Vertrauen und sprachen recht früh im Prozess über ihre wunden Punkte, erzählten von ihren Sorgen, Ängsten und Unsicherheiten.

Eric zufolge „sank der Testosteronspiegel und das Niveau an Egomanie merklich ab; weniger Konkurrenz, weniger Wetteifer, was zu besseren Gesprächen, besseren Entscheidungsprozessen und geringerer Verteidigungshaltung führte." Da das Augenmerk auf Resilienz lag, konnte Eric eine neue Seite an seinen Leuten entdecken. Außerdem stellte er fest, dass sie offener dafür waren, die Sichtweisen von anderen zu akzeptieren. Der Nutzen dieses Ansatzes hält seit drei Jahren, trotz vieler Turbulenzen, an. „Wir hatten das Gefühl, wir laufen einen Marathon als Team. Wir hatten alle erkannt, dass wir Teil eines professionellen und privaten Supportsystems waren."

Was ihn selbst betraf, so gewann Eric ein besseres Verständnis für die Leute in seinem Team, stärker etwa als bei Team-Building-Events, die in der Natur stattfinden. Er hat das Gefühl, dass er nun seinen direkten Mitarbeitern nähersteht. Diese Maßnahmen halfen dabei, die Kluft zwischen ihm und den neuen Führungskräften sowie den Teammitgliedern, die schon länger dabei waren, zu schließen. Für ihn lag der anhaltende Vorteil in „einem unterschwelligen Bewusstsein – man weiß, dass Resilienz vorhanden ist. Es ist fast unterbewusst, wie praktische Philosophie: Man nutzt sie, wenn man sie braucht, ohne es zu wissen."

Zum Abschluss fasst Eric zusammen: „Es findet Anklang, den Fokus auf die individuelle Resilienz zu legen. In schwierigeren Phasen fühlen sich die Mitarbeiter besser unterstützt. Bei der Beschäftigung mit Resilienz treten unsere Schwächen offen zutage, aber dadurch werden wir gleichzeitig stärker. Sie erinnert uns daran, dass wir im Leben einen Ausgleich brauchen, und wie wir diese Balance erreichen. Durch die Auseinandersetzung mit Resilienz habe ich zwei Jobwechsel in drei Jahren überstanden, mit drei Kindern, die noch nicht in die Schule gehen. Das hilft mir. Dadurch bin ich in der Lage, auch im Laufe eines stressigen Tages noch Gespräche mit klarem Kopf zu führen."

Resilienzfördernde Workshops und Entwicklungsprogramme umsetzen

Grundsätzlich lassen sich in formalen Resilienz-Trainings und Stärkungsmaßnahmen der direkte und der indirekte Ansatz unterscheiden. Den direkten Ansatz verfolgen beispielsweise die Hay Group und das Hardiness Institute. Bei ihnen liegt das Hauptaugenmerk auf der Entwicklung von Verhaltens- und Denkgewohnheiten, die dem Einzelnen dabei helfen, effektiv mit belastenden Situationen, Widrigkeiten und emotionalen Rückschlägen umzugehen.

Die Herangehensweise der Hay Group[159] zur Stärkung individueller Resilienz besteht in folgenden Schritten:
1. Fähigkeiten zur Analyse von Überzeugungen schulen, um das Bewusstsein zu schärfen, wie diese Überzeugungen die Resilienz beeinflussen können;
2. sich selbst beruhigen und im Hier und Jetzt fokussieren;
3. Überzeugungen ändern, die der Resilienz schaden.

Der Ansatz nach Hay unterscheidet sinnvollerweise zwischen Fertigkeiten, die einige Zeit in Anspruch nehmen, und „schnellen Fertigkeiten", die augenblicklich die

Resilienz verbessern helfen. Sieben Kompetenzen sollen entwickelt werden, um die eigene Resilienz zu verbessern:

1. Erlernen der Verbindung von den Gedanken und Überzeugungen im Jetzt und Hier und den verhaltensmäßigen und emotionalen Konsequenzen von Widrigkeiten (sog. ABC-Modell)
2. Denkfallen: die Denkfehler erkennen, die wir häufig unbewusst machen, wenn wir beispielsweise voreilig Schlüsse ziehen
3. Eisberge entdecken: sich tief sitzende Überzeugungen bewusst machen, die wir über die Welt haben und darüber, wie diese Überzeugungen unsere Gefühle und unser Verhalten beeinflussen
4. Beruhigen und konzentrieren: Wege finden, um von den Widrigkeiten ein wenig Abstand zu gewinnen. Ziel ist es, Raum zu haben, um resilientere Gedanken zu entwickeln.
5. Überzeugungen hinterfragen: Prozess, in dem die Tiefe und damit die Richtigkeit des Verständnisses von Ereignissen verbessert wird. Dies führt zu einem Verhalten, das effektiver und nachhaltiger Probleme löst.
6. In Relation setzen: die Gedankenspirale in Richtung Katastrophe stoppen und sie in realistischeres Denken umwandeln
7. Resilienz in Echtzeit: all dies im Moment, in dem es darauf ankommt, umsetzen. Diese Fertigkeit hängt von der Umsetzung der anderen ab und gehört zu den „schnellen Fertigkeiten", die unabhängig davon sind, ob man die Zeit hat, die resiliente Reaktion gründlich zu überdenken.

Diese Fertigkeiten wurden zuerst identifiziert und dann im Penn Resilience Program berücksichtigt. Diese sehr erfolgreiche Maßnahme wird an britischen Schulen durchgeführt mit dem Ziel, Depressionen bei Teenagern zu reduzieren, und ist seither häufig kopiert worden. Ebenso wurden diese Kompetenzen dem US Army Master Resilience Training zugrunde gelegt, auf das wir im nächsten Kapitel noch eingehen werden. Die bereits erwähnten Studien der University of London ähnelten diesem Programm hinsichtlich des kognitiven Ansatzes bzw. des Reframings.

Das vom Hardiness Institute[160] angebotene Training basiert auf einer Langzeitstudie, die zwölf Jahre lang in einer großen Organisation durchgeführt worden ist. In dieser Zeitspanne wurden die Persönlichkeitsmerkmale der Teilnehmer untersucht, die längere Zeit konfrontiert mit der unsicheren Situation am Arbeitsplatz und dem Wandel arbeiteten und damit umgehen mussten bzw. unter diesen Umständen aufblühten. Ihre Entwicklung wurde verglichen mit derjenigen einer anderen Gruppe, die unter identischen Umständen dem Stress und anderen Problemen nicht gewachsen waren. Wie bereits in Kapitel 1 umrissen, erkannten die Forscher drei resiliente Haltungen, nämlich Engagement, Kontrolle und Herausforderung („3Cs": *commitment, control, challenge*): „Ist man auf diesen drei Gebieten stark, glaubt man daran, dass es in schwierigen Zeiten am besten ist, mit den Leuten und den Ereignissen um einen herum in Kontakt zu bleiben (Engagement), anstatt sich zurückzuziehen. Man versucht weiterhin, die Endergebnisse zu beeinflussen (Kontrolle), anstatt aufzugeben, und herauszufinden, wie man sich selbst und wie die anderen sich trotz des Stresses weiterentwickeln können (Herausforderung), anstatt sein Schicksal zu bejammern."[161] Die Wissenschaftler kamen zu dem Schluss, dass es eine Kombination aus Zähigkeit und Fertigkeiten ist, die Menschen dabei hilft, unter widrigen Umständen zu bestehen und aufzublühen. Der Mut und die Motivation, die mit diesen drei resilienten Haltungen einhergehen, sorgen für die Fähigkeit, in Übergangssituationen zu bestehen und sich um sozialen Rückhalt zu kümmern. Das Institut bietet darüber hinaus auch einen Test zum Thema Stressmanagement und -bewältigung an, der sowohl individuelle als auch unternehmensinterne Ressourcen auswertet, mit denen sich belastende Umstrukturierungen besser bewältigen lassen.

Im Gegensatz dazu besteht der *indirekte* Ansatz darin, diese Fertigkeiten und Fähigkeiten in einem großen Rahmen einzusetzen, um die Effektivität des Einzelnen in zweierlei Hinsicht zu verbessern. Erstens hilft diese Herangehensweise, den Einzelnen vor den negativen Auswirkungen von Rückschlägen zu schützen und seine Fähigkeit, mit Widrigkeiten umzugehen, zu stärken. Zweitens sorgt er dafür, dass er seine Kompetenzen und Leistungen verbessert, indem er seine Stärken ausbaut und unter anderem sein Augenmerk deutlicher auf positive Emotionen lenkt (vgl. Kap. 4 und 5). Der größere Rahmen beinhaltet darüber hinaus die körperlichen und biologischen Grundlagen (körperliche Ertüchtigung, Schlaf und Ernährung) sowie die emotionalen, sozialen, kognitiven und spirituellen Dimensionen, wie wir sie bereits aus der Perspektive des Individuums beschrieben haben.

Folgendes Beispiel illustriert, wie die freiwillige Teilnahme an Seminaren während der Mittagspause zu Veränderungen in einem ganzen Unternehmen führte.

Von Seminaren in der Mittagspause zur Weiterbildungsmaßnahme für die Vorstandsetage

Alles fing 2008 mit einem zufälligen Treffen von einem der Autoren und seinem ehemaligen Kollegen an, der mittlerweile in einem großen internationalen Biotechnologie-Unternehmen arbeitete. Dort hatte er eine Führungsposition inne und war in der Entwicklung tätig. Ihm zufolge suchte die Firma nach Wegen, um den Beschäftigten dabei zu helfen, mit dem beachtlichen Druck, unter dem sie standen, umzugehen. Insbesondere ein durch eine fehlerhafte Lieferkette ausgelöstes Problem war der Auslöser für diese Überlegung. Die Auswirkungen dieses Problems mussten von allen geduldig ertragen werden, was den Beschäftigten viel Arbeit abverlangte. Der Manager beschrieb die Situation als „ziemlich finstere Zeit" für das Unternehmen und für ihn persönlich. Abgesehen von dem Problem der medizinischen Versorgung stand auch noch die Übernahme einer weiteren Firma bevor, sein direkter Chef hatte gekündigt und seine eigene Zukunft war unsicher.

In dem Unternehmen bestand die Priorität in einer Führung durch schwierige Zeiten hindurch (Leading in Challenging Time). Auf der einen Seite wurde von der Führungsetage erwartet, mit dem verstärkten Druck umzugehen, auf der anderen Seite bot die Personalabteilung ihr keine praktische oder konkrete Hilfe an. Das Unternehmen war noch recht jung und der Gründer fürchtete, den ursprünglichen unternehmerischen Esprit zu verlieren, der in der Vergangenheit zu dem großen Erfolg geführt hatte. Bisher war das Unternehmen stetig gewachsen. Trotz des Drucks, ständig neue Produkte auf den Markt bringen zu müssen, konstant die Kosten zu senken und weitere Firmen dazuzukaufen – ganz zu schweigen von der Wirtschaftskrise vor einigen Jahren und dem Druck, der von internationalen Märkten ausging – wurde von den Führungskräften erwartet, alleine klarzukommen.

Der externe und interne Druck, sich von dem Problem mit der Lieferkette zu erholen und die Lieferung weiterhin zu gewährleisten, war extrem hoch. Die Firma hatte erstmals einen Workshop zum Thema Energie-Management statt Zeit-Management initiiert[162], und der Beauftragte für Weiterbildung und Entwicklung suchte nach neuen weiteren Wegen, die Kollegen zu unterstützen. Im Gespräch über Workshops zur Stärkung von Resilienz ging es um die Frage, was man in einer Mittagspause von ungefähr 90 Minuten denjenigen Beschäftigten anbieten konnte, die daran Interesse zeigten. Der Manager betonte, er wolle die Angestellten nicht noch zusätzlich unter Druck setzen oder sie von ihren Aufgaben abhalten.

Obgleich Resilienz-Workshops normalerweise zwischen einem halben und zwei Tagen dauern, war es schwer, dieser Herausforderung zu widerstehen. Dieser 90-Minuten-Workshop wurde in Holland und in Großbritannien getestet. Er diente dazu, den Beschäftigten darzulegen, was sie tun konnten, um sich selbst zu managen und ihre Resilienz zu fördern. Zu den Inhalten gehörten Informationen über die körperlichen und biologischen Grundlagen, die Rolle positiver Emotionen, den Vorteil, stärkenorientiert zu arbeiten, Flow herbeizuführen und den Wert einer optimistischen Haltung. Darüber hinaus wurde das Hinterfragen negativer Gedanken thematisiert sowie die Rolle, die eine übergeordnete Zielsetzung bei dem Überwinden von Widrigkeiten und andauernden Herausforderungen spielt. Die ersten Bewertungen waren sehr positiv, doch die Hauptaussage bestand darin, dass die Workshops zu kurz waren und man mehr Zeit für Diskussion und Austausch gebraucht hätte. Außerdem fehlte die Zeit, praktische Tools über die Einführung hinaus ausprobieren zu können.

Es wurde daraufhin eine halbtägige Version des Workshops mit dem Namen „Building Your Resilience" (Stärken Sie Ihre Resilienz) entwickelt, es folgte eine Version, die einen Tag lang dauerte. Diese Workshops wurden in verschiedenen Ländern in Europa, den USA, Kanada und Brasilien durchgeführt. Eine wichtige Erkenntnis bestand in der Feststellung, dass das Material für Resilienz-Training nicht speziell auf die verschiedenen Kulturen angepasst werden musste, obgleich die Übersetzung von wichtigen Begriffen verbessert wurde. Die Workshops wurden auf Konferenzen, aber auch als 1,5-tägige Trainings für spezielle Management-Teams durchgeführt. Am ersten Tag ging es um den Einzelnen in seinem Berufs- und

Privatleben, während der zweite Tag für die Diskussion über die Bedeutung für Vorgesetzte und Mitglieder des Führungsteams zur Verfügung stand. Doch immer stand die Stärkung der Resilienz des Individuums im Kontext der beruflichen Aufgabe im Vordergrund.

Darüber hinaus wurde ein freiwilliger Workshop „Sustaining Your Resilience" (Aufrechterhaltung der eigenen Resilienz) als Fortsetzung angeboten. Außerdem wurde ein spezieller Workshop für Führungskräfte entwickelt, bei dem das Hauptaugenmerk auf Maßnahmen lag, um die Resilienz am Arbeitsplatz zu stärken und zu erhalten. Die Workshops erfolgten über einen Zeitraum von 18 Monaten hinweg. In dieser Zeit wurde das Unternehmen von einem anderen übernommen. Die Übernahme verstärkte den Stress bei den Beschäftigten nochmals, womit der Bedarf an Workshops weiter anstieg, da die Firma scheinbar mit einem Schock nach dem anderen fertig werden musste.

Der neue Käufer äußerte Interesse an Resilienz verbessernden Maßnahmen, nicht nur, um den Beschäftigten in schwierigen Zeiten beizustehen, sondern auch, um ihnen zu helfen, ihre beste Leistung zu erbringen. Resilienz war nicht mehr die Antwort auf ein Problem, um dessen Auswirkungen zu mindern, sondern wurde als Aktivposten verstanden, um die Beschäftigten zu unterstützen. Mittlerweile war es nicht mehr ungewöhnlich, Resilienz zu thematisieren.

Inzwischen ist Resilienz-Training ein fester Bestandteil eines Programms, das zweimal jährlich für High Potentials angeboten wird. Es wird weltweit in Kooperation mit der Harvard Business School durchgeführt. Bisher haben über 1.000 Personen daran teilgenommen, was beweist, dass Resilienz von Unternehmen endlich als ein Wert anerkannt ist, der gefördert und wertgeschätzt wird.

Die Auswertungen der Workshops ergaben, dass der Einfluss der Fortbildungen individuell sehr unterschiedlich ist. Aus dem Resilienz-Training als Teil eines Change-Programms zogen die Teilnehmer für sich diejenigen Aspekte heraus, die sie für sich als Person und auch in der Rolle des Vorgesetzten als am hilfreichsten empfanden. Dieser kombinierte Ansatz aus persönlichen und beruflichen Aspekten ermöglichte ihnen die Reflexion, wie sie in ihrem Leben allgemein mit Herausforderungen besser umgehen können und wie sie als Führungskraft in Zeiten radikaler Veränderungen und Unsicherheiten – was mittlerweile eher die Norm als die Ausnahme ist – bestehen können. Der Beauftragte für Weiterbildung und Entwicklung stellte fest: „Resilienz wird nun als wichtiger Beitrag zu einer anhaltend guten Leistung betrachtet, da Menschen lernen, sich in schwierigen Zeiten selbst zu managen."

7. Interventionen in der Organisation: die Situation am Arbeitsplatz

7.1 Mit Belastung und Unterstützung am Arbeitsplatz umgehen

Effektiv die Ursachen für Belastungen und Unterstützung am Arbeitsplatz zu managen bedeutet, einen Ausgleich zwischen Druck und Unterstützungsangeboten zu schaffen, um so das Wohlbefinden auf hohem Niveau zu erhalten. Indem Maßnahmen ergriffen werden, um das Wohlbefinden zu steigern, werden sowohl der Einzelne als auch das Team insgesamt besser in die Lage versetzt, mit den derzeit herrschenden Belastungen umzugehen. Es besteht kein Zweifel daran, dass ein nachhaltig gutes Management der betreffenden Faktoren Ressourcen und Kommunikation, Verhältnis zu Kollegen und Kontrolle etc. dazu führen kann, die individuelle Resilienz auf lange Sicht zu verbessern, indem beispielsweise anspruchsvolle Ziele gesetzt werden, zugleich aber auch angemessene Unterstützung angeboten wird.

Nochmals betonen wir, wie wichtig es ist, zwischen den unterschiedlichen, aber eng miteinander verknüpften Konzepten individuelle Resilienz und Wohlbefinden zu unterscheiden. Das effektive Management der Ursachen von Belastungen und Unterstützung am Arbeitsplatz (ASSET-Faktoren) erleichtert es dem Einzelnen und dem Team, Belastungen und Rückschläge gut zu verkraften. Die Forschung belegt, dass man Belastungen besser gewachsen ist, wenn man gesund ist und sich gut fühlt, als wenn man ausgelaugt und geschwächt ist. Ein kluger Umgang mit Belastungen kann zusammen mit einem hohen Niveau an Wohlbefinden zu andauernden oder langfristigen Verbesserungen der individuellen Resilienz führen.

Die Frage stellt sich also, was passiert, wenn sich die Umstände zum Negativen verändern, etwa durch einen Führungswechsel, und sich die Faktoren, die zur Minderung des Wohlbefindens führen, verschärfen? Was geschieht, wenn ein Mitarbeiter das Team verlässt und in der neuen Arbeitsumgebung feststellen muss, dass dort diese Faktoren ungenügend gemanagt werden?

Ein hohes Niveau an Wohlbefinden innerhalb eines Teams ist nicht notwendigerweise gleichbedeutend mit hoher individueller Resilienz des Einzelnen auf lange Sicht, obgleich er oder sie kurzfristig besser mit Belastungen umgehen kann. Eine kurzfristige Verbesserung des aktuellen Wohlbefindens ist nicht dasselbe wie eine nachhaltige Stärkung individueller Resilienz. Nichtsdestoweniger können gewisse Maßnahmen einer Führungskraft zur Verbesserung von Arbeitsatmosphäre und Leistungen das Potenzial haben, die individuelle Resilienz der Beschäftigten langfristig zu verbessern. Dazu gehört beispielsweise, Ziele zu setzen, die für den Einzelnen eine machbare Herausforderung darstellen.

Um das Ziel zu erreichen, ein hohes Niveau an Wohlbefinden innerhalb eines Teams herzustellen, muss die Führungskraft Belastungen mit Unterstützungsangeboten ausgleichen. Das betrifft nicht nur ihren Führungsstil, sondern auch den Umgang mit Ressourcen und anderen externen Faktoren. Unter diesen Bedingungen steigt das Selbstvertrauen und verbessern sich die Kompetenzen individueller Teammitglieder, was wiederum ihre Resilienz fördert. Dies hängt jedoch von der Wechselbeziehung zwischen Individuum und der Situation ab (s. Abb. 7.1).

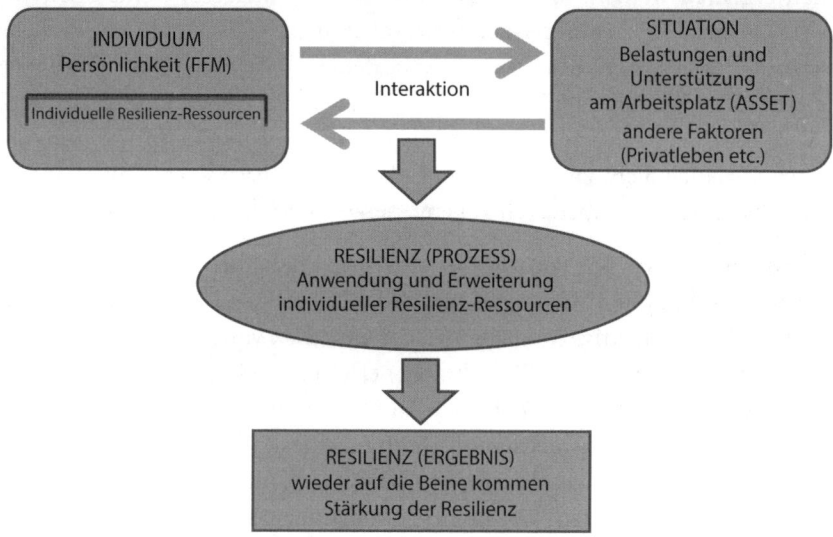

Abbildung 7.1: Wechselbeziehung von Individuum und Situation

Im Weiteren gehen wir auf die Rolle ein, die starkes Wohlbefinden am Arbeitsplatz spielt. Dabei muss man jedoch bedenken, dass der anhaltende Nutzen für die individuelle Resilienz auf spezifischen Handlungen oder Bedingungen basiert, die das Selbstbewusstsein, die Anpassungsfähigkeit, den sozialen Rückhalt und bzw. oder die Zielgerichtetheit des Einzelnen stärken. Starkes Wohlbefinden innerhalb des Teams führt nicht zwangsläufig zu einer Verstärkung der Resilienz des Einzelnen, die anhält, wenn sich die Arbeitsbedingungen ändern.

Es gibt eine Menge Dinge, die der Einzelne tun kann, um seine Resilienz direkt oder indirekt zu stärken (s. Kap. 4 u. 5). Allerdings gibt es keine einfache Lösung. Resilienz ist wie so viele psychologische Konstrukte das Ergebnis zahlreicher Faktoren, die zusammenspielen oder einander außer Kraft setzen. Wie bereits erwähnt, spielt auch das Privatleben eine Rolle für den Zustand der jeweiligen Resilienz, beide lassen sich nicht voneinander trennen. Die Alltagspraxis sowie die Kultur eines Unternehmens können Resilienz genauso ernsthaft unterminieren wie das Verhalten des Vorgesetzten. Im Positiven können sie dazu beitragen, dass die Resilienz aller Organisationsmitglieder gestärkt wird. Schließlich muss jeder Einzelne die Stärkung seiner Resilienz selbst in die Hand nehmen, doch es gibt viele Dinge, die Führungskräfte und Manager tun können, um Resilienz direkt oder indirekt zu fördern.

Im Folgenden stellen wir einige Beispiele vor, wie die sechs wichtigsten Ursachen für Belastungen und Unterstützung am Arbeitsplatz (ASSET-Faktoren) effektiv gemanagt werden können, um langfristig individuelle Resilienz zu verbessern und im Team ein hohes Maß an Wohlbefinden zu erreichen. Im engeren Sinne sind die folgenden Herangehensweisen für die Stärkung von Resilienz sinnvoll, im weiteren zeichnen sie jedoch gutes Management und gute Führung aus.

Verhältnis zu Kollegen: Aktive Verbesserung der Arbeitsatmosphäre

Einige Führungskräfte machen es sich zur Aufgabe, Zeit und Mühe darauf zu verwenden, innerhalb des Teams eine gute Arbeitsatmosphäre zu schaffen, während andere diesen Faktor zugunsten von Zielerreichung, Abgabefristen und anderen „harten" Zielen vernachlässigen. Im Rahmen von ASSET bildet das Verhältnis zu den Kollegen einen der sechs wichtigen Faktoren für Belastungen oder Unterstützung. Zwischenmenschliche Beziehungen spielen auch bei den anderen Faktoren eine Rolle, beispielsweise bei dem Bedürfnis, einbezogen und nach der eigenen Meinung befragt zu werden (Kontrolle) und hinsichtlich guter Kommunikation (Ressourcen und Kommunikation). Gute Beziehungen am Arbeitsplatz und Teamwork können langwährende Auswirkungen auf verschiedene Aspekte individueller Resilienz haben, ebenso wie auf den sozialen Rückhalt und das Selbstvertrauen.

Die Aussage bezüglich des Positivitätsanteils (Positivity Ratio, vgl. Kap. 4, S. 129 ff.), trifft auch auf Teammitglieder und auf den Einzelnen in Gruppen sowie auf ganze Organisationen zu: Teams arbeiten umfassender, kooperativer, produktiver und kreativer, wenn das Verhältnis von positiven zu negativen Emotionen größer als 3 zu 1 ist. Eine wegweisende Studie von 2005 zeigt, dass erfolgreiche Teams in Unternehmen vier wichtige Verhältniswerte beachten müssen, um Bestleistungen zu erreichen.[163]

1. Das Verhältnis von positiver und negativer Kommunikation im Team: Unterstützung, Ermutigung und Wertschätzung vs. Missbilligung, Sarkasmus und Zynismus
2. Gleichgewicht von Nachfragen (herausfinden, untersuchen) und Eintreten (gegen oder für etwas argumentieren) in Diskussionen
3. ausgeglichene Bezugnahme auf externe wie interne Faktoren
4. Teamzusammenhalt (Cliquenbildung vs. Gemeinschaft)

In dieser Studie wurden Führungsteams aus 60 unterschiedlichen Abteilungen in unterschiedliche Gruppen eingeteilt: High Performing (N = 15), Medium Performing (N = 26) und Low Performing (N = 19). Sie wurden bei ganz normalen Gruppendiskussionen beobachtet. Die Wissenschaftler fanden heraus, dass die Gruppe der Top Performer zwischen drei und fünf Mal mehr positiven als negativen Austausch im Gespräch hatten, was zu einer offenen, nicht restriktiven Atmosphäre führte. Bei den Gruppen mit geringer Leistung herrschte wesentlich mehr negative Kommunikation vor. Bei den Top-Performing-Teams waren Nachfragen und das Eintreten für eine Sache im Gleichgewicht, während die Teammitglieder der Low Performer deutlich häufiger für ihre jeweils eigenen Interessen argumentierten. Die Orientierung auf externe und interne Faktoren war bei dem Top-Team ausgeglichen, während bei den leistungsschwachen Teams eine Orientierung nach Innen vorherrschte. Hinsichtlich der zwischenmenschlichen Beziehungen standen die Mitglieder der starken Teams füreinander ein, während sich die der schwachen Teams uneins waren.

Im Allgemeinen gelingt es „ruhigeren respektvollen" Führungskräften besser, ihre Mitarbeiter zu Engagement zu ermuntern und zu motivieren, die nur angemessene Unterstützung und Möglichkeiten der persönlichen Weiterentwicklung brauchen sowie einen Sinn in ihrer Arbeit sehen müssen, um ihre beste Leistung zu erbringen. Diese Vorgesetzten setzen ihre Mitarbeiter nicht unnötig unter Druck, bringen sie nicht in die Defensive, zeigen weder rüdes Verhalten, noch setzen sie auf politische Spielchen auf Kosten der Dinge, die wirklich wichtig sind. Leider werden viele Führungskräfte angespannt und gleiten in negatives Verhalten ab, wenn sie selbst unter anhaltendem Druck geraten, was wiederum andere zu negativem Verhalten ermuntert und eine Negativspirale in Gang setzt, die auf gegenseitigen Schuldzuweisungen basiert (vgl. Kap. 4). Daher ist es so wichtig, dass auch Führungskräfte ihre eigene Resilienz stärken und ihren Führungsstil und ihren Einfluss reflektieren. Um diese Negativspirale zu durchbrechen, ist es am besten, die eigene positive Haltung zu verstärken, um somit den Mitarbeitern eine positive Erfahrung zu ermöglichen und sich so gegenseitig aufzubauen.

Arbeitsbedingungen: Aufgaben mit Sinn versehen

Es liegt im Wesen des Menschen, Teil eines größeren Ganzen sein zu wollen, an das er glauben kann. Dies führt uns auf geradem Weg zu der Resilienz-Komponente Streben nach Sinn und dem ASSET-Faktor Arbeitsbedingung. In diesem Zusammenhang wird unter „Sinn" häufig etwas verstanden, was in der Zukunft liegt und auf das man hinarbeitet, weil man es für erstrebenswert hält und es einen mit Stolz erfüllt. Es kann sich aber auch um eine Aktivität handeln, mit der man anderen hilft. Für viele Menschen bedeutet die Arbeit leider nichts anderes als eine Tretmühle, ein notwendiges Übel, das man ertragen muss, um Geld zu verdienen, mit dem man seinen Lebensunterhalt bestreitet. Wir verbringen als Erwachsene viel Lebenszeit mit Arbeiten, daher ist es sehr schade, dass so wenig Menschen ihre Arbeit wirklich lieben. Eine Option besteht darin, eine andere, bessere Arbeit zu finden, die einen eher befriedigt, doch das ist nicht immer einfach. Eine alternative Herangehensweise besteht darin, in dem, was man tut, einen Sinn zu sehen, oder als Führungskraft den Mitarbeitern dabei zu helfen, diesen Sinn zu erkennen. Eine Studie des Gallup Instituts von 2010 zeigte, dass nur 20 Prozent der Befragten ihre Arbeit „sehr" mögen, während die Mehrheit ihren Beruf als nicht sehr befriedigend empfindet.[164]

Wie bereits erwähnt, fand Amy Wrzesniewski in ihren Studien heraus, dass Menschen ihre Arbeit entweder als Job, als Karriere oder als Berufung empfinden können (vgl. Kap. 5). Das Center for Positive Organizational Scholarship an der University of Michigan Ross School of Business kreierte einen Prozess inklusive Begleitmaterialien, den es Job Crafting nennt. Dieser Prozess führt zu „aktiven Veränderungen, die Beschäftigte an ihrem eigenen Job vornehmen können, um verschiedene positive Ergebnisse zu erzielen, dazu gehören mehr Engagement, Befriedigung, Resilienz und ein Aufblühen im Beruf."[165]

Job Crafting ist eine positive Umlenkung des Prozesses, der traditionell top-down geschieht, wenn Vorgesetzte für einen Angestellten eine Position schaffen. Es „erlaubt den Angestellten, Gelegenheiten wahrzunehmen, um ihre Jobs besser ihren Motiven, Stärken und Leidenschaften anzupassen." Dies geschieht auf drei Arten: Entweder sie verschieben die Grenzen ihres Jobs, indem sie den Umfang ihrer Aufgaben verkleinern oder erweitern oder die Art und Weise ändern, wie sie sie erledigen. Zweitens können Teilnehmer dieses Programms ihr Verhältnis zu ihren Kollegen verändern, indem sie die Interaktionen mit Menschen am Arbeitsplatz neu gestalten. Drittens lässt sich die Auslegung der Position variieren, was ihre Stellung in einem größeren Zusammenhang betrifft.

Das klassische Beispiel für die letzte Herangehensweise ist die Putzfrau im Krankenhaus, die stolz auf ihre Arbeit ist und aus den positiven Beziehungen am Arbeitsplatz Befriedigung zieht sowie aus ihrem aktiven Anteil an dem Wohlergehen der

Patienten und an dem reibungslosen Ablauf des Alltagsgeschäfts auf der Station. Sie könnte auch ihre Position als Erfüllung niederer Tätigkeiten sehen, wenn sie Böden wischt und Mülleimer leert. Den Wissenschaftlern zufolge ist „Crafting" ein komplexer Prozess, der über längere Zeiträume informell vonstattengeht. Hier muss man zwischen positivem und negativem Crafting unterscheiden, denn Letzteres führt dazu, die eigenen Ansprüche zu senken und Kompromisse einzugehen. Wird positives Job Crafting gutgeheißen und unterstützt, hat man mehr Kontrolle über den Job, mehr bedeutsame Interaktionen mit denjenigen, die von der Arbeit profitieren, die Gelegenheit, mit Leidenschaft an die Aufgabe zu gehen. Darüber hinaus besteht die Chance, mit widrigen Umständen im Beruf gut klarzukommen. Diese Faktoren sind für das Crafting sowohl Motivation als auch gewünschtes Ergebnis. Folgende Resultate des Job Crafting sind dokumentiert worden: Veränderung der Bedeutung der Arbeit und der eigenen Berufsidentität, das Gefühl kompetenter zu sein, persönliche Weiterentwicklung und die Fähigkeit, in der Zukunft besser mit Widrigkeiten umzugehen.

Amy Wrzesniewski und ihren Kollegen zufolge ist Job Crafting ein natürlicher Prozess, den Beschäftigte durchmachen, um herauszufinden, was in ihrem Beruf und bei ihren Aufgaben sinnvoll und befriedigend ist. Dabei geht es im Wesentlichen um Einfallsreichtum. Aufgaben und zwischenmenschliche Beziehungen, die einen Job ausmachen, sind „flexible Bausteine, die neu organisiert, neu strukturiert und umbewertet werden können, um die Arbeit an die eigenen Bedürfnisse anzupassen". Damit bekommt die Aufgabe eine Bedeutung und einen Zweck; der Stelleninhaber sieht einen neuen Sinn darin, sich zu engagieren. Dies kommt dem menschlichen Streben nach Autonomie, Freiheit und dem Wunsch nach verantwortlichem Handeln nach. In mancher Hinsicht ähnelt dieser Prozess der Technik der Appreciative Inquiry, den wir weiter unten beschreiben (s. S. 191 ff.).

Das Center for Positive Organizational Scholarship[166] hat eine Übung zum Thema Job Crafting entwickelt, die man sowohl allein, mit anderen gemeinsam in einem Workshop, in einem Einzelcoaching oder im Rahmen eines Seminars durchführen kann. Auf der Website des Centers finden sich detaillierte Hinweise sowie unterstützende Maßnahmen für den jeweiligen Kontext.

Kontrolle: Beziehen Sie Mitarbeiter in Planung, Entscheidungen und Problemlösungen ein

Job Crafting und ähnliche Techniken sind ein Weg, um Menschen mehr Kontrolle über ihre Umwelt und ihren Arbeitsalltag zu geben. Noch wichtiger, damit Führungskräfte ebendies erreichen, ist jedoch, diejenigen in Abläufe miteinzubeziehen, mit denen sie im regelmäßigen direkten Austausch stehen, als Teil der täglichen

Interaktion im Team. Das bedeutet nicht, dass jeder Beschäftigte erwartet, ständig nach seiner Meinung gefragt und berücksichtigt zu werden, was ebenso unpraktisch wie sinnlos wäre. Diese Idee impliziert jedoch, dass Vorgesetzte sich zum Beispiel angewöhnen sollten, auch die Teammitglieder regelmäßig um ihren Input zu bitten, die sich sonst vielleicht nicht so oft zu Wort melden. Dabei sollten die Führungskräfte darauf achten, das Gespräch nicht zu dominieren und sicherzustellen, dass ihre Mitarbeiter regelmäßig über Planungen etc. informiert werden. Vorgesetzte, die besonders durchsetzungsstark, dominant, selbstbewusst und bzw. oder entscheidungsfreudig sind, sollten besonders darauf achten, dass sie nicht zu schnell zu Entscheidungen kommen oder das tun, was sie für richtig halten, ohne sich wirklich die Vorschläge der Mitarbeiter angehört zu haben.

Abgesehen davon, dass dadurch die Arbeitsmoral verbessert und kurzfristiger Stress im Team verringert wird, leistet man einen Beitrag zur langfristigen Stärkung der individuellen Resilienz, wenn man den Mitarbeitern Mitspracherecht einräumt. Dazu gehört auch, sie zu ermutigen, ihre Fähigkeiten zu erweitern (Selbstbewusstsein), sich aktiver mit anderen auszutauschen (sozialer Rückhalt), ihre Rolle und Ziele zu gestalten (Sinnstiftung) und neue Ideen und Herangehensweisen zu entwickeln (Anpassungsfähigkeit).

Wandel: Problemlösung und Change Management mit Appreciative Inquiry

Wird Wandel mittels der Methode Appreciative Inquiry vollzogen, gibt dies den Mitarbeitern Energie und lässt sie den Veränderungen mit Spannung entgegensehen. Sie haben das Gefühl, Teil des Prozesses zu sein und den weiteren Weg mitgestalten zu können. Anstatt Veränderungen als Quell von Ängsten und Stress zu erleben und als von oben indoktriniert, setzt Appreciative Inquiry positive Energie frei und stärkt die Resilienz.

David Copperrider und Leslie Sekerka[167] definieren Appreciative Inquiry als *eine bestimmte Art, Fragen zu stellen und sich die Zukunft vorzustellen, die positive Beziehungen fördert und sich auf die grundlegende Positivität einer Person, einer Situation oder einer Organisation verlässt. Damit fördert sie das Vermögen eines Systems für Zusammenarbeit und Wandel. Es geht darum, das Beste einer Organisation und ihrer Mitglieder zu entdecken, um zu erkunden, was zur Vitalität der einzelnen Mitglieder und der Organisation als Ganzer beiträgt.*

Diana Whitney und Amanda Trosten-Bloom[168] haben dazu ein so eingehendes wie nützliches Handbuch geschrieben, das detailliert praktische Tipps gibt. Den Autorinnen zufolge untersucht dieses Buch „die gestaltende Kraft positiven Denkens und den besonderen Wandel, der eintritt, wenn Stärke auf Stärke trifft und sich die

Hoffnungen unterschiedlicher Menschen verknüpfen." Sie sehen es als Aufgabe einer guten Führung an, Stärken so aufeinander abzustimmen, dass die Schwächen eines Systems dahinter verschwinden.

Zur Appreciative Inquiry gehört ein drastisches Umdenken (s. Tab. 7.1).

Von ...	Zum ...
... einem Nachdenken darüber, was fehlt,	... Erkennen dessen, was bereits vorhanden ist.
... der Konzentration darauf, was falsch läuft,	... Erkennen dessen, was funktioniert und was richtig ist.
... dem Festhalten der Vergangenheit	... Gestalten der Zukunft.
... einem Aufbauen auf Vergangenem	... Schaffen neuer Gelegenheiten.
... einem starren Durchsetzen von Regeln	... Ausweiten von Chancen.
... reaktivem Denken	... proaktiven Denken
... Anpassung	... Kontrast

Tabelle 7.1: Umdenken durch Appreciative Inquiry

Normalerweise läuft Appreciative Inquiry in vier deutlich voneinander zu unterscheidenden Phasen ab, den vier Ds:
1. Discover (entdecken, was an Positivem bereits vorhanden ist)
2. Dream (träumen, was sein könnte)
3. Design (bearbeiten, wie es sein sollte)
4. Destiny (festlegen, was sein wird)

Whitney und Trosten-Bloom haben diese vier Phasen ausführlich erläutert und mit einer detaillierten Praxisanleitung versehen.

In der Discovery-Phase wird gemeinsam intensiv versucht zu verstehen, was das Beste am Jetzt-Zustand ist und was in der Vergangenheit funktioniert hat.

In der nächsten Phase (Dream) steht die erfrische Exploration dessen, was sein könnte, im Vordergrund. Hier analysieren die Beteiligten gemeinsam ihre Hoffnungen und Träume bezüglich ihrer Arbeit, dem Verhältnis zu Kollegen, ihrer Organisation und der Welt.

Die Phase Design besteht aus einer Reihe von provokanten Vorschlägen, die die ideale Organisation in Aussageform beschreiben. Es geht darum, „was passieren sollte". Diese Aktivitäten werden entweder in Großgruppen oder in kleinen Teams durchgeführt.

In der Destiny-Phase wird mittels kreativer Übungen festgelegt, „was sein wird", wobei weiterhin der Lern- und Innovationsprozess gefördert wird. Damit ist der Kreislauf der vier Ds abgeschlossen.

Ein typischer Ablauf einer Appreciative Inquiry kann folgendermaßen aussehen:
- Nehmen Sie einen positiven Blickwinkel ein.
- Fragen Sie nach mutmachenden, zukunftsweisenden Geschichten.
- Identifizieren Sie Themen, die sich durch die Geschichten hindurchziehen, und bestimmen Sie die Themen, mit denen Sie sich weiterbeschäftigen möchten.
- Gestalten Sie gemeinsam Bilder von einer Zukunft, wie Sie sie sich wünschen.
- Finden Sie innovative Herangehensweisen, wie sich diese Zukunftsvision umsetzen lässt.

Es ist nicht unser Ansinnen, hier ein Grundlagenwerk über Appreciative Inquiry zu schreiben, wir möchten lediglich darauf hinweisen, dass sich mittels dieses Prozesses ein nachhaltiger Wandel anstoßen lässt, der den Mitarbeitern Energie gibt, anstatt sie auszulaugen, was nachhaltige und gesteigerte Resilienz zur Folge hat. Folgendes Beispiel illustriert den überproportional positiven Einfluss dieser Methode auf die demoralisierten und ängstlichen Mitarbeiter eines Unternehmens.

Appreciative Inquiry als Katalysator für die Entwicklung einer positiven Haltung dem Wandel gegenüber

Als Teil einer Umwandlungsstrategie wurde Appreciative Inquiry von dem Führungskräfte-Team einer Produktionsfirma initiiert. Die Stärkung von Resilienz war ein wichtiges Anliegen dabei. Darüber hinaus galt es, nach einigen unsicheren Jahren mit ständigen Veränderungen und Gesundschrumpfungen den Betrieb zu stabilisieren. Durch die Veränderungen waren die Beschäftigten müde, frustriert und bangten nicht nur um ihre Arbeitsplätze, sondern um die Existenz der gesamten Firma.

Es wurden zwanzig Personen aus allen Produktionsbereichen als Vorreiter für die Befragung ausgewählt, die Führungskräfte waren dabei ausgenommen. In einem Tagesworkshop lernten sie die Methode kennen und einigten sich auf die Fragen, die gestellt werden sollten. Die Teilnehmer planten, sofern möglich, jede Person in der Firma in einem Zeitraum von drei Wochen zu befragen, was eine recht große Herausforderung darstellte, da Schichtbetrieb mit drei Acht-Stunden-Schichten lief.

Die Gruppe beschloss, durch die Umfrage herauszufinden, worin die besten Aspekte des Betriebs und der Beschäftigten bestanden. So sollte ermittelt werden, was in der Produktion zu Energie, Leidenschaft und Engagement beitrug. Dies war ein deutlicher Unterschied zur Vergangenheit, wo Umfragen von oben angeordnet und kontrolliert worden waren und sich ausschließlich mit den vorherrschenden Problemen und Fehlern beschäftigten.

Das Briefing der Vorreitergruppe lautete folgendermaßen:

„Wir machen eine Umfrage, die alle im Betrieb umfasst. Es geht darum zu schauen, was wir am besten können und wie wir das verstärkt umsetzen können, damit dieser Betrieb ein toller Arbeitsplatz wird. Es ist hierbei anders als sonst, weil wir uns nur darauf konzentrieren, was wir gut machen, um einen positiven Wandel zu ermöglichen, der von allen mitgetragen wird. Wir haben die Umfrage selbst entwickelt und werden sie auch selbst durchführen. Auch die Antworten tragen wir zusammen und führen dann die Gespräche mit den Vorgesetzten darüber, was sie und wir tun können.

Das dient dazu, dass Sie besser wertgeschätzt werden, weniger gestresst sind und Ihre Tätigkeit Sie zufriedener macht. Bitte nehmen Sie an unseren Gesprächen teil. Zusammen können wir eine Zukunft gestalten, an die wir alle glauben können. Wir laden alle dazu ein, an diesen einstündigen Treffen teilzunehmen, in denen wir in kleinen Gruppen die vier folgenden Fragen stellen werden:

1. *Wie würde dieser Betrieb aussehen und wie würde es sich anfühlen, wenn das ein toller Arbeitsplatz wäre?*
2. *Konzentrieren wir uns darauf, was gut läuft. Bitte geben Sie uns einige Beispiele aus Ihrer Tätigkeit: Wo funktionieren die Abläufe gut, und was genau ist es, was Ihnen ein gutes Gefühl gibt?*
3. *Können Sie sich vorstellen, wie etwas Ähnliches jeden Tag möglich wäre?*
4. *Was meinen Sie, wie sollte die Leitung die Umsetzung unserer Ideen unterstützen?*

Unsere Treffen werden innerhalb der nächsten zwei bis drei Wochen stattfinden. Danach werden wir Ihre Antworten zusammenfassen, um die gemeinsamen Nenner herauszufinden und damit schnell Veränderungen einzuleiten, hinter denen der ganze Betrieb steht. Wir werden allen die Ergebnisse mitteilen und um Rückmeldung bitten, bevor wir die nächsten Schritte mit dem Führungsteam besprechen. Dies ist eine echte Chance herauszufinden, welche Veränderungen nötig sind, damit dies nicht nur ein leistungsfähiger Betrieb, sondern auch ein toller Arbeitsplatz wird."

Trotz beachtlicher logistischer Schwierigkeiten gelang es der Gruppe, mit 95 Prozent der Belegschaft zu sprechen, was im Prinzip alle umfasste mit Ausnahme der Kollegen, die krankgemeldet, im Urlaub oder beruflich unterwegs waren. Es waren 60 Treffen innerhalb von drei Wochen geplant – eine echte Herausforderung. Die „Pioniergruppe" setzte sich danach mit einem externen Berater zusammen, um aus den Antworten die Hauptaussagen zu generieren, die später allen Teilnehmern mitgeteilt und mit dem Führungsteam des Betriebs diskutiert werden sollten.

Wie für Appreciative Inquiry typisch, wurden die Ergebnisse in einem direkten und respektvollen Ton formuliert und auf Plakatwänden im ganzen Betrieb ausgehängt. Die Beschäftigten wurden eingeladen, Kommentare und Meinungen abzugeben, bevor man in einen konstruktiven Dialog mit dem Führungsteam einstieg.

Ein Ergebnis des sich daraus ergebenden Dialogs war das erstmalige Treffen der Führungsspitze und der zweiten Führungsebene außerhalb des Betriebsgeländes. Auf Augenhöhe wurden die Zukunftspläne diskutiert, um sicherzustellen, dass der Betrieb nicht nur überleben würde, sondern auch internationalem Wettbewerb standhalten oder – noch besser – einen guten Arbeitsplatz abgeben könnte. Es wurde beschlossen, das Führungsteam umzubenennen und damit die Differenzierung von Spitze und zweiter Führungsebene aufzuheben. Dies erwies sich als inspirierende Maßnahme, und die positive Energie, die dadurch freigesetzt wurde, war deutlich spürbar. Wo zuvor defensive Haltungen, Zynismus und Misstrauen geherrscht hatten, wurde nun gelächelt, Wärme und Begeisterung breiteten sich aus. Das erweiterte Führungsteam einigte sich auf eintägige Quartalssitzungen außerhalb des Geländes, um sich auszutauschen und die Fortschritte zu überprüfen. Durch Appreciative Inquiry war eine Veränderung der emotionalen Haltung möglich geworden, was zu einer deutlichen Verbesserung der Arbeitsmoral und des Engagements auf allen Ebenen der Firma führte. Die zuvor pessimistische Haltung wich einem realistischen Optimismus. Nachfolgende Evaluationen verzeichneten eine längerfristige Stärkung der Resilienz der Befragten.

7.2 Stärkenbasierter Führungsstil

Den Nutzen, der dadurch entsteht, die eigenen Stärken zu erkennen und neue Wege sowohl im Berufsleben als auch privat zu entdecken, haben wir bereits beschrieben (vgl. Kap. 5). Nun geht es um einen Führungsstil, der, um die Leistungsfähigkeit am Arbeitsplatz zu optimieren, auf Stärken basiert, anstatt sich darauf zu konzentrieren, Schwächen auszugleichen. Diese Herangehensweise ist besonders für die Entwicklung der Aspekte Zuversicht und Anpassungsfähigkeit relevant.

Über die Vorteile stärkenbasierter Führung und die Nutzbarmachung von Stärken ist bereits viel geschrieben worden.[169] Bei der Thematisierung dieser Art Führung und der Bereitstellung praktischer Instrumente hat das Gallup Institut Pionierarbeit geleistet. Für den Ansatz, eher auf die Stärken statt auf die Schwächen zu fokussieren, spricht, dass jeder Mensch über Stärken verfügt – seien sie entwickelt oder latent vorhanden. Wir sind mehr motiviert und haben mehr Energie, wenn wir mit unseren Stärken arbeiten. Das größte Potenzial liegt in den Stärken, diese sollten wir nutzen, anstatt zu versuchen, unsere Schwächen zu minimieren. Wenn unsere Stärken zum

Einsatz kommen, fühlen wir uns authentisch, echt und erfüllt. Indem wir unsere Stärken optimal nutzen, können wir mit unseren Schwächen umgehen oder sie gar kompensieren. Aus der Perspektive von Resilienz erfüllt uns die Arbeit auf Basis der vorhandenen Stärken mit Energie, sie entzieht sie uns nicht. Daher sind wir besser gegen Burn-out gefeit und erholen uns schneller.

Das Centre for Applied Positive Psychology (CAPP)[170] ist eines der führenden Institute für stärkenbasiertes Arbeiten. CAPP hat zehn Vorteile für Unternehmen identifiziert und betont, dass der Fokus, der auf die Stärken gerichtet ist, der Organisation auf vielfältige Weise hilft:[171]

1. Ein Zugang zu brachliegenden Talenten in der Organisation wird ermöglicht. Es wird zu viel Zeit damit verbracht, die Leistung von Beschäftigten zu verbessern, anstatt sich darauf zu konzentrieren, was sie am besten können.

2. Benötigte Arbeitskräfte bewerben sich und bleiben in dem Unternehmen. Der Mensch erfreut sich daran, seine Stärken einzusetzen, und zieht daraus tiefe Befriedigung. Stärkenbasierte Organisationen sind daher für Arbeitskräfte interessant, insbesondere für die Generation, die zwischen 1980 und 2000[172] geboren ist. Häufig verlassen Beschäftigte das Unternehmen, wenn sie das Gefühl haben, ihre Talente würden dort nicht gebraucht.

3. Die individuelle Leistung wird gesteigert. Das Augenmerk auf Stärken verbessert mit größerer Wahrscheinlichkeit die Leistung als die eingehende Beschäftigung mit Schwächen und die Versuche, sie auszumerzen.

4. Die Nutzung von Stärken sorgt für verstärktes Engagement der Beschäftigten. Der Einsatz von Stärken ist ein wichtiger Beitrag, um Angestellte zu motivieren.

5. Flexibilität wird gesteigert. Werden Mitarbeiter aufgrund ihrer Stärken ausgewählt und eingestellt, liegt das Hauptaugenmerk darauf, was sie tun können, anstatt auf dem, was sie in der Vergangenheit geleistet haben.

6. Das Teamwork wird gestärkt. Innerhalb einer Arbeitsgruppe vermehrt auf die Stärken zu achten, sorgt für größere Rollenflexibilität, Kooperation und positive Emotionen.

7. Diversität und Inklusion werden gefördert. Werden die Stärken jedes Einzelnen verstanden und berücksichtigt, bedeutet das eine Wertschätzung von Unterschieden und Diversität. Facettenreiche Teams sind meist kreativer und erzielen bessere Leistungen.

8. Es entsteht mehr Offenheit gegenüber dem Wandel und eine verstärkte Flexibilität, mit Veränderungen umzugehen. Wie beim Thema Flow (s. Kap. 5) bereits erwähnt, entstehen positive Emotionen, wenn Stärken zum Einsatz kommen. Man ist neuen Erfahrungen gegenüber offener und sieht einem Wandel weniger skeptisch entgegen, was angesichts von widrigen Umständen zur Resilienz beiträgt.

9. Mit Arbeitslosigkeit kann besser umgegangen werden. Sehen sich Beschäftigte von Arbeitslosigkeit bedroht, hilft ihnen das Bewusstsein für ihre Stärken, damit umzugehen, weil sie wissen, was sie anzubieten haben und in welchen Bereichen sie zu Bestleistungen fähig sind.

10. Es wird ein Beitrag zur Zufriedenheit und zum Glück der Angestellten geleistet. Die eigenen naturgegebenen Stärken einzusetzen hilft Menschen dabei, ihre Ziele zu erreichen, erfüllt sie mit Energie und leistet einen Beitrag zum Wohlbefinden. Das ergaben umfassende Studien über die starke Verbindung zwischen Wohlbefinden von Angestellten und unterschiedlichen Messgrößen unternehmerischer Effektivität.

Kurz zusammengefasst trägt die Mitarbeiterführung, die sich zum Ziel gesetzt hat, Stärken bewusst und nutzbar zu machen, dazu bei, dass die Beschäftigten in einer Umgebung, an die sie glauben, ihr Bestes geben. Wissen sie um ihre Stärken und nutzen sie sie in positiver Weise, werden sie wahrscheinlich ebenfalls auf positive Art auf andere reagieren und sie ebenso führen. Positives Management, das die Stärken der Mitarbeiter nutzt, ist ein potenzieller Wettbewerbsvorteil, indem Beschäftigte vor Burn-out geschützt sind und langfristig individuelle Resilienz verbessert wird.

Menschen aufgrund ihrer Stärken anzuwerben und auszuwählen kann in dem sogenannten „Kampf um Talente" ein Wettbewerbsvorteil sein und dazu beitragen, sich unter zunehmend verändernden gesellschaftlichen Rahmen- und Marktbedingungen durchzusetzen. Nicht nur deswegen ist es wichtig, eine Belegschaft zu haben, in der alle Generationen vertreten sind. Viele Arbeitgeber stehen heute vor der Herausforderung, die unterschiedlichen Bedürfnisse verschiedener Angestellten-Generationen zu befriedigen und ihre Erwartungen zu erfüllen. Zum ersten Mal umfasst die Gruppe der Erwerbstätigen fünf Generationen.[173] Eine Reaktion darauf könnte die Einstellung und Fortbildung von Beschäftigten aufgrund ihrer Stärken sein. Dabei ist es wichtig zu berücksichtigen, dass wir hier über Stärken in einem allgemeinen Sinn sprechen, nicht speziell über individuelle Resilienz-Stärken. Wir haben bereits auf drei wichtige Fragebögen zur Erhebung von Stärken hingewiesen (vgl. Kap. 5):

1. VIA Strength Survey, dessen Hauptaugenmerk sich auf die charakterlichen Stärken des Befragten richtet.
2. StrengthsFinder ist eine weit verbreitete Methode, um individuelle Stärken zu erheben, die auf einer riesigen Datenmenge beruht, die vom Gallup Institut gesammelt wurde.
3. Realise2 wurde von dem Centre for Applied Positive Psychology in Großbritannien entwickelt.

Der stärkenbasierte Ansatz wird in Einstellungsverfahren, zur Orientierung, in Team-Building-Prozessen und in der individuellen Fortbildung genutzt. Darüber hinaus findet er in der Karriereplanung, dem Projekt- und Change-Management Verwendung. Jacqueline Stavros und Lynn Wooten haben einen strategischen Ansatz für das Management mit Stärken entwickelt.[174] Sie untersuchten die Aspekte Stärken, Chancen, Hoffnungen und Ergebnisse hinsichtlich Appreciative Inquiry.

7.3 Vorgesetzte als Vorbilder für Wohlbefinden und Resilienz

Im Folgenden beschreiben wir einige allgemeinere Führungsmodelle, die unserer Einschätzung nach Resilienz proaktiv fördern und erhalten. Dabei berücksichtigen wir besonders den Fokus Motivation sowie grundsätzliche menschliche Werte, die an sich befriedigend sind.

Herausforderung Führung

Beginnen wir mit den fünf Herausforderungen, denen sich Vorgesetzte stellen müssen, und den zehn Verhaltensmerkmalen, die Jim Kouzes und Barry Posner in *Leadership Challenge* darstellen.[175] Dieses sehr einflussreiche Buch beschreibt Führung in einer sich schnell wandelnden und immer stärker konkurrenzbetonten Welt. Die Autoren versuchen die großen Mythen von Führung zu entlarven, insbesondere die Ansicht, erfolgreiche Führung basiere auf angeborenen Persönlichkeitsmerkmalen wie Charisma. Ihre Hauptaussage besteht darin, dass *Führung eine Reihe wahrnehmbarer und erlernbarer Praktiken* sei. Für die Autoren geht es bei der „Herausforderung Führung" darum, wie Manager in Organisationen außergewöhnliche Dinge umsetzen. Es gibt fünf Handlungsweisen, die erfolgreiche Vorgesetzte auszeichnen:

1. mit gutem Beispiel vorangehen und in dem eigenen Verhalten die Prioritäten verdeutlichen, mit anderen Worten: den Worten Taten folgen lassen;
2. eine Vision anregen, indem man ein Bild der Zukunft klar vor Augen hat und die Beschäftigten zur Mithilfe an der Umsetzung gewinnt;
3. den Prozess beeinflussen, indem man sowohl neue Chancen sucht als auch experimentell arbeitet und Risiken eingeht, um neue Produkte, Prozesse und Dienstleistungen zu entwickeln;
4. andere zum Handeln anregen, indem man die Unterstützung von allen Beteiligten gewinnt und Zusammenarbeit, Teamwork sowie Verantwortungsübernahme fördert und die Stärken der Mitarbeiter nutzt;
5. die Mitarbeiter emotional ermutigen, wenn der Weg zum Erfolg manchmal schwierig und lang ist, indem man den Beitrag des Einzelnen würdigt und Etappenziele sowie Errungenschaften feiert.

Diese fünf Verhaltensweisen lassen sich in weitere zehn differenzieren, die erlernt werden können. Darüber hinaus beinhalten diese zehn weitere 60 spezifische Handlungsweisen. Sie lassen sich mittels des Leadership Practices Inventory, einem effektiven Instrument für 360-Grad-Feedback, erheben.[176] Auf über 30 Jahren Forschung basiert dieser Ansatz von Mitarbeiterführung. Er ist dafür prädestiniert, Resilienz aufzubauen und nachhaltig zu sichern, da er Visionen, Werte, intrinsische Motivation und Zusammenhalt von Menschen in den Vordergrund stellt.

Transformative Führung

Ein weiterer Ansatz für Führung ist Bernard Bass' *Transformational Leadership*[177], der höchstwahrscheinlich aufgrund seines Einflusses auf die Mitarbeiter ebenfalls Resilienz fördert und unterstützt. Auch diese Herangehensweise ist über viele Jahre hinweg entwickelt worden.

Seinem Modell zufolge führen vier Aspekte zu „intrinsischer Motivation", „Selbstverwirklichung" und „Engagement":
1. idealisierter Einfluss (Stichwort Vorbild),
2. inspirierende Motivation,
3. Rücksichtnahme auf den Einzelnen,
4. intellektuelle Anregung.

Idealisierter Einfluss: Diese Wirkung zeigen Führungskräfte mit hohen moralischen und ethischen Normen, die man hoch schätzt und die Loyalität hervorrufen. Solche Vorgesetzten entscheiden sich dafür, zu tun, was richtig ist, anstatt die einfache oder nützliche Lösung zu wählen. Ihre Verlässlichkeit und Konsequenz ist für Resilienz förderlich – ihnen vertraut man und man respektiert sie.

Inspirierende Motivation: Diese Vorgesetzten haben eine klare Vision für die Zukunft, die auf ihren Werten und Idealen basiert. Sie rufen bei ihren Mitarbeitern Begeisterung hervor, bilden Vertrauen und inspirieren durch ihre Handlungen und ihre Sprache. Sie verlangen von ihren Mitarbeitern viel und bringen sie dazu, sich bei ihren Leistungen selbst zu übertreffen. Die Zusammenarbeit mit solchen Chefs führt zu Selbstvertrauen und Selbstwirksamkeit.

Rücksichtnahme auf den Einzelnen: Das Verhalten dieser Vorgesetzten zielt darauf ab, die individuellen Bedürfnisse der Mitarbeitern zu berücksichtigen, dazu gehören Coaching und Beratung. Diese Führungskräfte hören zu, sind empathisch und bieten persönliche Unterstützung an.

Intellektuelle Anregung: Diese Chefs stellen die Normen der Organisation infrage, ermuntern dazu, gedanklich neue Wege zu gehen, und drängen auf Innovation. Sie bestärken die Mitarbeiter darin, sich ihre eigenen Gedanken zu machen, die Haltung „Das haben wir schon immer so gemacht!" zu hinterfragen und die alten Probleme auf neue Art zu lösen, was zur persönlichen Weiterentwicklung der Mitarbeiter führt.

Werden diese vier Qualitäten kombiniert, erreicht eine transformationale Führungspersönlichkeit nicht nur herausragende Ergebnisse, sondern auch eine gute Arbeitsmoral und eine engagierte Mitarbeiterschaft.

Authentische Führung

Das dritte Führungsmodell, das zur nachhaltigen Stärkung von Resilienz beitragen kann, ist Bill Georges Authentic Leadership.[178] George zufolge liegt die Hauptaufgabe von Führung darin, klare Positionen zu den Themen Leidenschaft, Verhalten, Zusammenhalt, Beständigkeit und Mitgefühl zu beziehen. Führungsverhalten nennt er die Umsetzung von „soliden Werten". Dabei betont er die Bedeutung von verbindlichen Beziehungen und Führung mit dem Herzen sowie Selbstdisziplin.

Positive Führung

Schließlich stellen wir das Modell positiver Führung von Kim Cameron[179] und seinen Kollegen von der University of Michigan vor. Im wissenschaftlichen Rahmen der Positiven Psychologie beschreibt Cameron in seinem Buch *Positive Leadership* vier Prinzipien und die damit verbundenen Handlungsweisen:

1. *Förderung eines positiven Arbeitsklimas:* Dazu gehören die Haltungen Mitgefühl und Versöhnlichkeit, die detaillierter beschrieben werden als Schmerz erkennen, Sorge ausdrücken, Verletzungen anerkennen, Optimismus entdecken, Groll vergessen und einen gesitteten Umgangston durchsetzen.
2. *Förderung positiver Beziehungen unter Kollegen:* Dazu gehört das Erzeugen positiver Energie, etwa indem Gelegenheiten geschaffen werden, anderen zu helfen, indem Schritt für Schritt positive Netzwerke aufgebaut und gemanagt werden, indem die Stärken der Mitarbeiter hervorgehoben und negative Energien etappenweise minimiert werden.
3. *Förderung positiver Kommunikation:* Der regelmäßige Einsatz wohlmeinender Kommunikation (etwa fünfmal häufiger positives Feedback geben als negatives) gehört ebenso dazu wie Rückmeldungen deskriptiv zu halten, Probleme nicht auf einzelne Mitarbeiter zu beziehen und positive Selbsteinschätzungen einzufordern.[180]

4. Zuschreibung von positivem Sinn: Mitarbeiter werden darauf hingewiesen, welchen positiven Beitrag sie für andere leisten, Bedeutsames für den Einzelnen und der Nutzen für die Gemeinschaft werden betont. Es geht darum, ein Bewusstsein dafür zu schaffen, was man hinterlässt, und dabei auf den Beitrag zu einem Ziel, nicht nur auf Eigeninteresse und Leistung, hinzuweisen.

Kim Cameron versteht positive Führung als Betonung dessen,

- was sowohl den Einzelnen als auch Organisationen beflügelt (zusätzlich zu dem, was für sie eine Herausforderung darstellt),
- was in Organisationen funktioniert (nicht nur, was nicht funktioniert),
- was einen voranbringt (nicht nur, was einen hindert oder Probleme bereitet),
- was als gut empfunden wird (nicht nur, was negativ ist),
- was außergewöhnlich ist (nicht nur, was effektiv ist),
- was inspiriert (nicht nur, was schwierig oder anstrengend ist).

Zwischen positiver Führung nach Camerons Definition und Appreciative Inquiry bestehen viele Parallelen. Sowohl die auf Stärken basierende Arbeit als auch die befreiende Wirkung von positiven Emotionen verbessern nachhaltig die Resilienz von einzelnen Beschäftigten und Teams. Der Trend bei Führungstheorien geht auch weiterhin in diese Richtung, Werte und Tugenden von Vorgesetzten zu betonen und sich von dem Modell zu entfernen, in dem ein einsamer Wolf, der primär an Geld, Status und Macht interessiert ist, regiert, wie es in den 1980er- und 1990er-Jahren bis zum Crash 2007/2008 der Fall war.[181]

7.4 Strategische organisationsübergreifende Maßnahmen

In diesem Abschnitt geht es um systematischere und umfassendere Herangehensweise in Organisationen, um Resilienz als Faktor für den unternehmerischen Erfolg zu stärken. Die folgenden drei Beispiele werden in Kapitel 8 eingehender besprochen:

1. Das erste Beispiel, das US Army Comprehensive Soldier Fitness Program, basiert auf der Überzeugung der Führungsspitze, dass Resilienz benötigt wird, ohne dass Bedürfnisse zuvor analysiert werden müssen.
2. Im zweiten Beispiel beschreiben wir, wie die Stärkung von Resilienz für die Umgestaltung eines strategisch wichtigen Herstellungsstandorts genutzt wurde.
3. Im dritten Beispiel erfahren Sie, wie resiliente Denkweisen und Praxen bei einem Start-up im Finanzsektor von Gründung an umgesetzt werden.

Vorbehaltloses Vertrauen in Resilienz:
Das US Army Comprehensive Soldier Fitness Program

Dieses Programm wollen wir ausführlicher darstellen, weil es eine große Initiative darstellt, die trotz des militärischen Kontexts enorme Implikationen für Arbeitgeber im Generellen hat. Seit über einem Jahrzehnt ist die US Armee im Krieg mit dem Irak und Afghanistan. Dabei wechseln sich die Aufenthalte der Soldaten im Kriegsgebiet mit Heimaturlaub ab, was in einem noch nie da gewesenen Maß in Stress, Suiziden und zerbrochenen Familien resultiert. Die US-Armee musste also etwas unternehmen, um den Soldaten und ihren Familien bei der Bewältigung dieser Probleme zu helfen. In einem Programm zur ganzheitlichen Stärkung von Kompetenzen, das auf eingehenden psychologischen Untersuchungen basiert, sollte die Resilienz gefördert werden, anstatt die vorherrschenden Stresssymptome lediglich zu mildern. Das US Army Comprehensive Soldier Fitness Program (CSF) wird von offizieller Seite folgendermaßen definiert:

Ein Präventionsprogramm, das das Ziel verfolgt, die psychologische Resilienz aller Armee-Angehöriger, dazu gehören Soldaten, ihre Familienangehörigen sowie die Dienststellen mit den Zivilbeamten, zu steigern. CSF ist keine medizinische Behandlung, sondern es hilft denjenigen Beteiligten, die sich psychologischer Gesundheit erfreuen, den Widrigkeiten des Lebens, wie Kämpfen und der langen Trennung von den geliebten Menschen, zu trotzen. Dazu werden auf wissenschaftlichen Erkenntnissen basierende Maßnahmen angeboten.
(General W. Casey, U. S. Generalstabchef des Heeres[182])

Martin Seligman, der Pionier des sehr erfolgreichen Penn Resilience Programs zur Prävention gegen Depressionen und Professor für Psychologie an der Pennsylvania University, beschreibt in seinem Buch *Flourish – Wie Menschen aufblühen*[183], wie er 2008 zu einem Treffen unter dem Vorsitz von General Casey eingeladen und dort als weltweit anerkannter Experte für Resilienz vorgestellt wurde. Die US Army benötigte ein eigenes Resilienz Programm für 1,2 Millionen Soldaten, ihre Familien und die Zivilbeamten. Daraufhin wurde Seligman Brigadier General Corum vorgestellt, der das Projekt leitete. General Casey beauftragte die beiden, einen Vorschlag auszuarbeiten, für den sie 60 Tage Zeit hatten! Es wurde deutlich, dass die Armee genau wusste, was sie wollte – und zwar unverzüglich.

Die US-Armee war 1784 offiziell gegründet worden, doch erst 1940 thematisierte sie die körperliche Fitness ihrer aktiven Angehörigen. Zum ersten Mal wurden Fitness-Standards festgelegt und in den Armeealltag integriert. Im Jahr 2008 unternahm die Armee einen ähnlich radikalen Schritt, doch ging es nun um die seelische Gesundheit im Sinne von Resilienz. Daher gab sie die Entwicklung eines Resilienz-Trainings in Auftrag, nicht nur als Heilmittel gegen Posttraumatische Belastungsstörung, sondern als Förderung psychischer Widerstandskraft. Als Grundlage dienten die Stärken der Soldaten, die ihnen helfen sollten, ihren unterschiedlichen Rollen im Laufe ihrer Karriere bei der Army gerecht zu werden. Darüber hinaus war das Ziel, Maßnahmen, die sich an den individuellen Bedürfnissen orientierten, anbieten zu können.

Das Comprehensive Soldier Fitness Program besteht aus vier Hauptelementen:

1. einem Online-Fragebogen für die psychologische Eignung, dem Global Assessment Tool (GAT). Er besteht aus 105 Fragen, die meist in weniger als 15 Minuten beantwortet werden können. Die Umfrage wird alle zwei Jahre von allen Soldaten aller Ränge ausgefüllt. Das GAT bietet eine vertrauliche Einschätzung der Tauglichkeit auf emotionaler, sozialer, familiärer und spiritueller Ebene. Für Familien und Zivilbeamte gibt es spezielle Fragebögen. Nach Ausfüllen des Tests wird umgehend vertrauliches Feedback zu den individuellen Stärken generiert und auf entsprechende Online-Kurse für die Soldaten, ihre Familien und Zivilisten bezüglich möglicher Schwachpunkte hingewiesen. Bis September 2010 hatten 800.000 Soldaten den Fragebogen ausgefüllt. Im weiteren Verlauf wird die Umfrage zur weltweit größten Datensammlung von psychologischen Informationen anwachsen, die für Evaluation und Forschung in bisher noch nie da gewesenem Ausmaß zur Verfügung steht.

2. Das Online-Training wurde speziell für die Armee entwickelt. Es enthält Module zu den Themen emotionale, familiäre, soziale und spirituelle Eignung, die von herausragenden Vertretern der Positiven Psychologie entwickelt worden sind. Die Teilnehmer können zwischen den Modulen auswählen, nach Bedarf stehen Grund- und Fortgeschrittenenkurse zur Verfügung. Darüber hinaus sind sie verpflichtet, das fünfte Modul zum Umgang mit posttraumatischen Belastungen zu belegen. Hierbei geht es darum, den Soldaten die Bedingungen zu erklären, unter denen sie sich von einem Trauma besser erholen können.

3. In jeder Führungsakademie der Armee sind Resilienz-Trainings Pflicht.

4. Das US Army Master Resilience Training (MRT) ist ein zehntägiger Kurs, der von der University of Pennsylvania und Armeeeinheiten durchgeführt wird. Er richtet sich an Unteroffiziere, die als Multiplikatoren Kompetenzen zum Thema Resilienz weitergeben. Diese Fertigkeiten verbessern den Umgang mit widrigen Umständen, helfen Depressionen und posttraumatischen Belastungsstörungen vorzubeugen, aber verbessern auch das allgemeine Wohlbefinden und die Leistungsfähigkeit.

Die Master Resilience Trainings sind das Kernstück des Programms, daher beschreiben wir diesen Teil eingehender. An den ersten acht Tagen werden Fertigkeiten unterrichtet, die aus dem Penn Resilience Program stammen, indem Frontalunterricht mit Plenumsdiskussionen und Kleingruppenarbeit kombiniert wird. In diesen Sitzungen lernen die Teilnehmer, das Gelernte anzuwenden und einzuüben. An den letzten drei Tagen des Kurses werden die Unteroffiziere darin unterwiesen, ihr Wissen an andere Soldaten weiterzugeben. Der neunte Tag ist der Nachhaltigkeit gewidmet, es geht darum, Resilienz-Kompetenzen im Laufe der militärischen Karriere zu verstärken und sie im militärischen Kontext anzuwenden. Verbesserung ist das Motto des zehnten Tages: Es werden Techniken vermittelt, die ursprünglich aus der Sportpsychologie stammen, mit denen mentale Kompetenzen erweitert werden. Weitere Themen sind Stärkung der Zuversicht, Zielsetzung, Umgang mit Energieressourcen und Imagination. Die Inhalte des neunten und zehnten Tages wurden von Armeeangehörigen entwickelt.

Der Vorbereitungskurs für das MRT besteht aus fünf Modulen:[184]

1. **Modul 1 – Resilienz:** Bei dem 1,5-tägigen Modul geht es um die grundlegenden Prinzipien von Resilienz und darum, häufige Missverständnisse auszuräumen. Dieses Modul konzentriert sich auf die sechs wichtigsten Kompetenzen für den Aufbau von Resilienz:
   a. Bewusstmachung eigener kontraproduktiver Gedanken, Emotionen und Verhaltensmuster
   b. Selbstregulierung von Impulsen, Gedanken und Verhalten, um Ziele zu erreichen; Bereitschaft und Vermögen, Emotionen mitzuteilen
   c. mentale Wendigkeit, Flexibilität und Präzision im Denken
   d. Identifizierung von eigenen Charakterstärken, um sie für die Überwindung von Herausforderungen und Widrigkeiten zu nutzen
   e. Zusammenhalt, enge Beziehungen durch angemessene Kommunikation, Empathie und Hilfsbereitschaft knüpfen.

2. **Modul 2 – Ausbau mentaler Stärke:** Das 1,5-tägige Modul deckt die Fertigkeiten ab, die mentale Stärke und effektive Problemlösung fördern:
   a. Erkennen, dass unsere emotionalen Reaktionen auf Ereignisse deutlich von den Überzeugungen, die wir bezogen auf diese Ereignisse hegen, beeinflusst werden. Indem wir diese Überzeugungen verändern, können unsere automatischen emotionalen Reaktionen von unrealistisch negativ in realistisch positiv verwandelt werden. Bei diesen Übungen werden Beispiele sowohl aus dem Berufs- als auch aus dem Privatleben berücksichtigt.
   b. Erklärungsstile (Attributionsstile) und Denkfallen (z. B. voreiliges Schlüsseziehen, Schwarz-Weiß-Denken) steigern beziehungsweise mindern die eigene Leistung. Mit dem Verständnis der negativen Gedanken lassen sich die schädlichen Konsequenzen eingrenzen.
   c. „Eisberge" (oder zutiefst verinnerlichte Überzeugungen wie „Ich werde mit allem fertig, was mir geschieht" oder „Ganz tief innen weiß ich, dass ich ein

Loser bin") haben einen wesentlichen unbewussten Einfluss auf die Leistung in positiver wie in negativer Hinsicht. Eisberge können an die Oberfläche gehoben und mittels einfacher Techniken hinterfragt werden.

d. Das Management der eigenen Energie basiert auf Techniken wie Meditation, kontrollierte Atmung, Progressive Muskelentspannung und regenerierende Methoden wie Beten, Sporttreiben, Schlafen und Lachen.

e. Problemlösung mit einem sechsstufigen Modell hilft dabei, die zugrunde liegenden Ursachen richtig zu identifizieren und Lösungsstrategien sowie Strategien zur Vermeidung von sogenannten Bestätigungsfehlern *(confirmation bias)* zu bestimmen. (Bestätigungsfehler beziehen sich auf die Neigung des Menschen, Informationen so auszuwählen und zu interpretieren, dass diese die bereits bestehenden eigenen Erwartungen erfüllen.)

f. Negative Denkspiralen minimieren, wenn man sich in irrationalen Worst-Case-Grübeleien ergeht, indem man diese durch effektive Alternativpläne ersetzt.

g. Eine Haltung der Dankbarkeit kultivieren, indem man Tagebuch führt und dort täglich drei positive segensreiche Dinge notiert, über die man sich regelmäßig mit den anderen MRT-Teilnehmern austauscht.

3. **Modul 3 – Charakterstärken identifizieren:** In dem eintägigen Modul werden individuelle Stärken und das Können des Teams ermittelt und geübt, die deutlichsten Stärken zu nutzen, um Herausforderungen zu überwinden und Hindernisse auf dem Weg zu einem Ziel zu bewältigen. Die Unteroffiziere beantworten den VIA (s. Kap. 5) und identifizieren ihre persönlichen Stärken sowie etwaige Muster, die in der Gruppe vorherrschen. Nachdem die individuellen Kompetenzen besprochen worden sind, decken die Teilnehmer Stärken bei den anderen sowie Wege auf, wie diese für die jeweilige Mission genutzt werden können. Dabei liegt das Hauptaugenmerk nicht nur auf der Verwendung des eigenen Könnens als Vorgesetzter in der Truppe, sondern auch als Familienmitglied im Kreise der Lieben. Die Arbeit mit Stärken kann nicht nur dazu führen, dass die Truppe besser zusammenhält, sondern auch dazu, dass sich Familienmitglieder stärker miteinander verbunden fühlen.

4. **Modul 4 – Beziehungen stärken:** In dem eintägigen Modul geht es um Techniken und Fertigkeiten zur Bildung von tragfähigen Beziehungen. Dabei werden drei Techniken besonders hervorgehoben:
   a. aktive und konstruktive Reaktionen
   b. effektives Feedback, das sich auf den Prozess bezieht, nicht auf die Person
   c. durchsetzungsstarke Kommunikation und die Vermeidung eines passiv-aggressiven Kommunikationsstils.

5. **Modul 5 – Vertiefung des Gelernten:** In diesem halbtägigen Modul werden die wichtigsten Punkte noch einmal hervorgehoben und ein individueller Plan zur Stärkung der eigenen Resilienz aufgestellt.

Der erste offizielle MRT-Kurs wurde im November 2009 durchgeführt. Jeder zertifizierte MRT-Referent stimmt mit seiner Einheitsleitung regelmäßige Trainingszeiten ab, um alle Soldaten zu erreichen. Alle aktiven Armeemitglieder sind verpflichtet, pro Quartal an zwei Stunden Resilienz-Training teilzunehmen. Die MRT-Trainer sind in der Lage, unabhängig voneinander 12 Einheiten zu unterrichten. Dabei variiert die Länge des Trainings von 30 Minuten bis zwei Stunden, in denen alle fünf Module des Kurses abgedeckt werden.

Über die formelle Weitergabe ihres Wissens hinaus wird von den MRT-Trainern erwartet, dass sie das Gelernte im Alltag umsetzen und ihre Fertigkeiten in formeller und informeller Beratung nutzen. MRT-Trainer dienen dem Befehlshaber außerdem als Berater bezüglich der allgemeinen Eignung und Fragen, die das Resilienz-Training angehen. Sie geben darüber hinaus Hinweise, ob und wann ein Soldat professionelle Hilfe in Anspruch nehmen sollte. Bis Januar 2013 wurden 14.296 zertifizierte Master Resilience Trainer ausgebildet, über eine Million Soldaten erhielten Resilienz-Trainings. Bis Ende 2011 beauftragte die US Army Resilienz-Trainings für alle (Unter-)Offiziere.

Im Dezember 2011 wurde eine 15-monatige Evaluation des Einflusses von MRT auf die GAT-Ergebnisse (Global Assessment Tool) publiziert.[185] Die Studie untersuchte die GAT-Ergebnisse von acht zufällig bestimmten Brigade-Kampftruppen. Die Hälfte hatte an dem MRT-Training teilgenommen, die andere nicht. Die Ergebnisse der Teilnehmer des MRTs waren signifikant höher als die der Nichtteilnehmer, ungeachtet anderer Variablen wie Führungsverhalten und Zusammenhalt. Auch mit limitiertem Budget soll nach offizieller Meinung Resilienz-Training ebenso wie körperliches Training ein fester Bestandteil in der Army sein, weil es den Soldaten, ihren Familien und den Zivilbeamten hilft, auch unter widrigen Umständen das Leben zu meistern, während gleichzeitig Ausfälle durch Krankheit und Stress minimiert werden.

In Kapitel 8 gehen wir auf die Implikationen dieser großen Intervention für Arbeitgeber näher ein. Im Folgenden stellen wir dar, wie Resilienz zu einem wichtigen Motor in einem bedeutenden kulturellen Umwandlungsprozess eines wichtigen Fertigungsstandorts wurde.

Resilienz als wichtiger Motor für Veränderung: die Umwandlung eines strategisch wichtigen, aber leistungsschwachen Herstellungsstandorts

Eine strategisch wichtige Produktionsstätte produzierte jährlich Güter im Wert von mehreren Milliarden Dollar, doch die Atmosphäre war schlecht. Obwohl die Produktionsziele ständig angehoben und erfüllt wurden, wurde eine Reihe von Maßnahmen zur Kosteneinsparung umgesetzt, was zur Folge hatte, dass viele Mitarbeiter entlassen wurden. Damit sollte erreicht werden, dass das Werk hinsichtlich Kosten und Qualität mit der internationalen Konkurrenz mithalten konnte. Eine schnelle Folge von Umstrukturierungen und der begleitende Stellenabbau waren für die Beschäftigten ein Schock, insbesondere, weil das Werk aus Eigen- und Fremdsicht viele Jahre lang eine vorbildliche Organisation war: stabil, zuversichtlich und erfolgssicher.

Der Wandel erfolgte immer schneller, und der Druck des Unternehmens, mit immer weniger Belegschaft immer mehr zu produzieren, schien immer größer zu werden. Es schlichen sich Fehler ein, interne und externe Audits lenkten die Aufmerksamkeit auf den sinkenden Standard und immer häufiger wurden Qualitätsversprechen nicht gehalten. Die Probleme aufgrund qualitativ minderwertiger Produktion, mangelnder Ordnung im Werk und menschlicher Fehler nahmen zu.

Darüber hinaus erwies sich das Engagement der Mitarbeiter bei einer internen Umfrage als sensationell gering. Vorherige Geschäftsführer hatten heldenhaft die Produktion aufrecht gehalten und das Produkt geliefert, jedoch auf Kosten der Beschäftigten, die mittlerweile ausgelaugt, ängstlich und zynisch geworden waren – sie waren ausgebrannt.

Die neue Geschäftsführerin hatte also ein extrem wichtiges Werk geerbt, das jedoch Probleme auf allen Ebenen aufwies: bei der Arbeitsmoral, bei der Qualität der Produkte und bei der Beständigkeit der Produktion – bis hin zu Produktionsausfällen. Sie stand unter dem Druck der Unternehmensleitung, so schnell wie möglich die Probleme zu lösen und die bewährte Qualität zu liefern. Die mittlere Führungsebene diente als Sündenbock, weil man davon ausging, dass sie die neue Ordnung akzeptieren und das Geforderte abliefern müsse. Man drohte, das Werk zu schließen und die Produktion ins Ausland zu verlagern, sollten die Probleme nicht zügig gelöst werden.

Die Geschäftsführerin übernahm die Leitung eines Führungsteams, das mit der Aufgabe enorme Schwierigkeiten hatte, weil es permanent unter Druck stand. Die Teammitglieder fragten sich, wie lange sie das noch aushalten würden. Der Geschäftsführerin zufolge gab es „einen riesigen Vertrauensverlust" sowohl innerhalb des Teams als auch in der Produktionsstätte an sich. Die Führungskräfte waren gestresst und ihnen fehlte Unterstützung. Sie handelten nicht gemeinsam, sondern jeder für sich. Sie begriff, dass sich die Kultur ändern musste: Statt Schuldzuweisungen und Drohungen mussten Engagement und Wohlbefinden herrschen.

Der Geschäftsführerin war klar, dass sie mit den Führungsetagen anfangen musste. Ohne ein Team, das gemeinsam arbeitete, das mit Belastungen in positiver Weise umging, anstatt sich ihnen zu beugen, konnte sie die mittlere Führungsetage und schließlich den ganzen Betrieb nicht verändern. Sie beschloss, die Veränderung der Unternehmenskultur an Resilienz und Wohlbefinden aufzuhängen. So mussten die Mitglieder des Führungsteams ihr Selbstverständnis reflektieren. Dazu gehörte, die wunden Punkte zu verstehen, mit anhaltender Belastung in positiver Weise umzugehen und die eigene Zuversicht zu stärken. Dies wiederum würde den Mitgliedern erlauben, sich zu öffnen und einander mit Vertrauen zu begegnen, was ihre Art zu führen verändern würde und sich damit auch positiv auf ihre direkten Untergebenen auswirken sollte. Kurz gesagt, sah die Geschäftsführerin im Stärken von Resilienz ein Instrument, das dem Team helfen würde, Stress standzuhalten, anstatt ständig nur „Feuer zu löschen" und sich gegenseitig dafür die Schuld zu geben. Ein Führungsteam, das zusammenhält und positiv gestimmt ist, sollte der erste Schritt zur Umwandlung des Betriebs sein.

Die erste Veränderung, die das Team und die Beschäftigten im Werk wahrnahmen, war der Stil der Geschäftsführerin. Sie zeigte aktiv Wertschätzung, stellte viele Fragen und hörte gut zu. Es interessierte sie, wie es jedem ging, ungeachtet der Position in der Hierarchie. Nicht nur war sie immer höflich und umsichtig, auch angesichts von Rückschlägen und Problemen, sondern sie machte auch deutlich, dass sie das unhöfliche und rüde Benehmen nicht tolerieren würde, das im Werk um sich gegriffen hatte. Mit ihrem Verhalten zeigte sie, was sie schätzte, und stellte damit ein Rollenmodell dar. Unweigerlich sahen einige Mitarbeiter dieses Verhalten als Schwäche, während andere skeptisch waren, weil sie glaubten, ihr Benehmen diene lediglich dazu, die Leute in Sicherheit zu wiegen – in stressigen Situationen werde sie noch ihr wahres Gesicht zeigen.

Zwei Monate nach Dienstantritt initiierte die Geschäftsführerin einen Transformationsprozess im Führungsteam, der auf Gruppendynamik, individuelle Persönlichkeitsentwicklung und Resilienz ausgerichtet war. Die erste Phase bestand aus drei zweitägigen Kursen, die außerhalb des Betriebsgeländes durchgeführt wurden. Dabei ging es um die Fragen, wie man als Team Leistung steigert und eine neue Mission und Vision entwickelt, die die aktuellen Zustände abbilden, die Probleme verstehen und konstruktiv lösen helfen. Der erste halbe Tag war der Stärkung individueller Resilienz gewidmet, die im ganzen Veränderungsprozess eine wichtige Rolle spielte. Darüber hinaus füllten alle Mitglieder des Führungsteams Online-Fragebögen zu Persönlichkeit und Resilienz, unter anderem den Leadership Impact und i-resilience, aus.

Jedes Teammitglied hatte daraufhin individuelle vertrauliche Gespräche mit einem externen Berater, um die jeweilige angestrebte Entwicklung zu besprechen. Es wurden Entwicklungsziele festgelegt, die beispielsweise auch den Schwerpunkt Resilienz haben konnten. Zwei Drittel des Teams stimmten zu, einige Aspekte der eigenen Resilienz zu verbessern. Das reichte von Selbstbewusstsein über durchsetzungsstarke Kommunikation bis hin zum Umgang mit Pessimismus und Emotionskontrolle angesichts von Rückschlägen. Nach der Festlegung der Entwicklungsziele führte ein externer Berater Coaching-Einzelsitzungen mit den Mitgliedern durch. In regelmäßigen Abständen setzten sich die Teammitglieder zusammen, um über ihre persönlichen Fortschritte sowie über die des Teams hinsichtlich der Stärkung der Resilienz zu sprechen.

Zum Transformationsprozess gehörte auch die Einführung der stärkenbasierten Organisation. Dabei lag der Schwerpunkt auf den positiven Aspekten, auch wenn zuweilen dringende und unerwartet kritische Zwischenfälle das direkte und kompromisslose Eingreifen der Geschäftsführerin nötig machten. Wurde dies manchmal auch als Rückschlag wahrgenommen – die Kritiker freuten sich natürlich darüber –, wurde doch im gesamten Betrieb eine solide Basis aus Verständnis und gutem Willen gelegt. Das war nun anders als in der Vergangenheit, und die Beschäftigten reagierten darauf positiv. Möglicherweise wurde ein Fortschritt dadurch zuweilen verlangsamt, jedoch nicht verhindert. Ein ähnliches, wenn auch weniger umfangreiches Programm wurde für alle Vorgesetzten etabliert, darüber hinaus wurden Berater in der Organisationsentwicklung eingesetzt.

Zwar bestanden im Betrieb weiterhin Probleme u. a. hinsichtlich der Qualität, doch nun strebten die Teammitglieder zusammen eine gemeinsame Vision an und hielten sich an den Verhaltenskodex. Damit gingen sie wiederum für alle Beschäftigten mit gutem Beispiel voran. Diese wurden flexibler, anpassungsfähiger und zuversichtlicher, mit unvorhersehbaren Entwicklungen und großem Druck umgehen zu können, was für sie mittlerweile normal war.

Innerhalb eines Jahres verbesserten sich die Werte für die Mitarbeitermotivation drastisch, die Produktionsziele wurden übertroffen, interne wie externe Audits wurden bestanden und das Werk hielt die Ziele bezüglich Sicherheit, Haushalt und Qualität ein. Folgendes berichtete die Geschäftsführerin:

Als ich herkam, befanden sich das Führungsteam und das ganze Werk in einer Negativspirale. Es gab von oben Druck, man wollte den Betrieb schließen und die Produktion auslagern. Mein Job bestand darin, entweder das Problem zu lösen oder das

Werk zu schließen. Indem wir uns auf die individuelle Resilienz konzentrierten, kam das Führungsteam wieder zu Kräften und war erneut in der Lage, die Probleme anzugehen. Die Mitglieder retteten sich aus der Spirale von Schuldzuweisungen und Negativität. Es gelang ihnen, eine lustlose Arbeiterschaft dazu zu bringen, sich aktiv in die Lösung von Problemen einzubringen und damit zu einer sichereren Zukunft beizutragen. Ohne den Fokus auf individuelle Resilienz und stärkenbasierte Führung wäre die Veränderung innerhalb des Führungsteams und im gesamten Betrieb nicht so schnell vonstattengegangen.

Stärkung von Resilienz bei einem Start-up im Finanzsektor

Eine Unternehmensgründung ist anstrengend und anspruchsvoll. Es steht viel auf dem Spiel, der Druck, schnell zu reagieren, ist riesig und das Risiko zu versagen ist groß. Abgesehen von langen Arbeitstagen fehlt häufig der Kontakt zu und die Unterstützung von Unternehmen, die in dem eigenen Feld bereits etabliert sind. Die Anfänge eines Start-ups zeichnen sich durch schnelle Entscheidungen, Chaos und Lebendigkeit aus. Was für den einen Nervenkitzel darstellt, ist für den anderen eine Qual, denn häufig gibt es niemanden, mit dem man reden kann oder der die Zeit oder die Muße hätte, sich das alles anzuhören. Burn-out oder gar Selbstmord machen hier nicht selten die Schlagzeilen. Hohe Stressbelastung ist ein wesentlicher Bestandteil des unternehmerischen Bemühens. Risikokapitalanleger schauen sich den Geschäftsplan, Marketingpläne und die Finanzstrategie genau an. Häufig versuchen sie, das Risiko bei Start-ups, in die sie investieren wollen, durch ein kompetentes Management-Team einzudämmen. Doch nur selten – wenn überhaupt – wird geprüft, wie es sich mit den Kompetenzen der wichtigen Entscheider verhält, wenn sie unter großem Druck stehen.

Nach seiner Kündigung in einer großen Firma gründete ein Unternehmer sein eigenes Private-Equity-Geschäft. Er beschloss, von Beginn an Resilienz als wesentliche Säule seiner Unternehmenskultur zu etablieren. Kaum eine Woche nach Aufnahme des Geschäftsbetriebes präsentierte er allen Angestellten die Vorteile individueller Resilienz. Als Teil eines Workshops wurde außerdem gemeinsam eine Mission und eine Vision für die neue Firma erarbeitet.

Die Gruppe definierte die Firmenkultur folgendermaßen:
- glückliche und produktive Angestellte
- kollegiale und offene Kultur, die ein ganzheitliches Leben unterstützt
- Karrieremöglichkeiten
- Führung an Ort und Stelle, um Wachstum zu managen.

„Ganzheitliches Leben" hieß in diesem Falle, dass man sich auf die unterschiedlichen Elemente, die zu Wohlbefinden und Resilienz beitragen, konzentrieren wollte, anstatt eine Work-Life-Balance anzustreben. Man beschloss, gemeinsam das Augenmerk auf körperliche Ertüchtigung, ausreichend Schlaf und gesunde Ernährung zu richten. Eine frühe Initiative bestand darin, alle Mitarbeiter mit einem mobilen Endgerät bzw. Apps auszustatten, um die eigenen Gewohnheiten zu kontrollieren. Dazu diente eine Website, die allen die entsprechende Unterstützung anbot. Dem geschäftsführenden Direktor zufolge veränderte dieses Bewusstsein sein Leben, weil er gleichzeitig seine körperliche Bewegung, Schlaf und Ernährungsgewohnheiten überwachte und anpasste, was zuweilen schwierig sein konnte, da er häufig auf Reisen war. Ihm zufolge spürten alle Angestellten, wie wichtig die Konzentration auf Resilienz in dieser anspruchsvollen und stressigen Phase war. Dies half ihnen nicht nur, mit der Belastung umzugehen, sondern machte auch noch Spaß. Durch die technischen Hilfsmittel war es möglich, die Fortschritte der Beschäftigten zu vergleichen, was für die Ehrgeizigen unter ihnen einen besonderen Ansporn darstellte, während andere Kollegen darauf verzichteten, ihre Ergebnisse öffentlich zu machen.

Von Anfang an stand Resilienz auf der Tagesordnung dieses neuen Unternehmens und wurde regelmäßig auf halbjährlichen Treffen diskutiert und bewertet. Diese Meetings fanden zwei oder drei Tage lang außerhalb der Geschäftsräume statt. In der nächsten Phase wollte man gemeinsam das Thema Stärken angehen und sich positiven Emotionen widmen. Die Thematisierung von Resilienz als Stärke des neuen Unternehmens fand ebenso bei den jüngeren Angestellten wie bei den Partnern großen Anklang.

Im nächsten Kapitel gehen wir auf die wichtigen unterschiedlichen Einflüsse ein, die der Schwerpunkt Resilienz bei Organisationswandel und Leistungssicherung in schwierigen Zeiten hat.

Teil III

Die Zukunft von Resilienz und ihr Beitrag zu Unternehmenszielen

8. Stärkung von Resilienz: die Bedeutung für den Arbeitgeber

In diesem Kapitel bieten wir eine Übersicht über die Stärkung von Resilienz, die sich aus den Inhalten der vorangegangenen Kapitel ergibt. Anhand von acht Szenarien zeigen wir auf, welche praktischen Implikationen sich aus der Nutzung oder der Verbesserung individueller Resilienz am Arbeitsplatz ergeben.

8.1 Unser Ziel mit diesem Buch

Im Allgemeinen wird Resilienz mit der speziellen Fähigkeit verbunden, sich von Rückschlägen, Enttäuschungen oder extremen Ereignissen zu erholen. Doch diese Sichtweise ist zu eng gefasst und wird der Komplexität und der Multi-Dimensionalität dieses wichtigen Aspekts unseres Lebens nicht gerecht. Erkennt man, dass Resilienz sowohl den Prozess darstellt, angesichts von Bedrohung, Herausforderung und Widrigkeiten weiterzumachen und dabei effektiv zu bleiben, als auch das Ergebnis dieses Prozesses ist, dann treten die Bedeutung von Resilienz für die eigene Entwicklung und die Möglichkeiten für das Unternehmen deutlich hervor. Unsere Hauptaussage lautet, dass individuelle Resilienz als Stärke oder Kompetenz durch verschiedene Interventionen und Techniken entwickelt und verbessert werden kann.

Die eigene Einschätzung, wie resilient man ist, hängt von der Tagesform ab, doch wie resilient man auf Ereignisse reagiert, wird von einer Reihe konstanter Charaktereigenschaften und Persönlichkeitsmerkmalen, Fähigkeiten und Haltungen bestimmt. Vor dem Hintergrund unserer Forschung haben wir diese in vier Hauptkomponenten eingeteilt: Zuversicht, sozialer Rückhalt, Anpassungsfähigkeit und Zielgerichtetheit. Zentral für diese Aspekte sind bereits bekannte Resilienzfaktoren wie Selbstüberzeugung, einen Sinn finden und die Fähigkeit, Probleme zu lösen. Um Resilienz in ihrem ganzen Ausmaß erfassen und verstehen zu können, ist es unserer Meinung nach wesentlich, eine breitere und ganzheitliche Sicht auf diese Charakteristika einzunehmen, die jeder Mensch mitbringt – auch an den Arbeitsplatz. Wir setzen dazu das Fünf-Faktoren-Modell der Persönlichkeit ein, das durch verschiedene, für die Resilienz wichtige Messgrößen von Fähigkeiten und Fertigkeiten ergänzt wird. Diese persönlichen Eigenschaften sind ausschlaggebend dafür, wie wir verschiedene Situationen erfahren, womit unsere Resilienz von Tag zu Tag andere Formen annimmt. Es ändern sich die Stimmungen ebenso wie die Umwelteinflüsse, der Druck, sich einzugliedern oder sich einer Autorität unterzuordnen; beides beeinflusst tagesformabhängig die Resilienz im eigenen Verhalten.

Situative Einflüsse und die Art und Weise, wie man auf sie reagiert, sorgen auch für längerfristige Veränderungen, die unsere Kapazität, resilient auf die aktuellen Umstände zu reagieren, fördern oder unterminieren. Daher ist es für Interessierte wichtig, im Kontext von Organisationen die unterschiedlichen Ursachen von Belastungen und Unterstützung am Arbeitsplatz zu erkennen. Um dieses Verständnis unter Berücksichtigung der Hintergründe zu erleichtern, greifen wir auf die sechs Faktoren des ASSET-Modells zurück. Damit wird ein Rahmen für das Verständnis der individuellen Faktoren ebenso wie der Situation am Arbeitsplatz geschaffen, um die unterschiedlichen Formen, wie Resilienz aufgebaut, gefördert (oder unterminiert) wird, analysieren zu können.

8.2 Wie verbreitet ist Resilienz?

In diesem Buch haben wir uns primär mit einem breiteren, ganzheitlichen Konzept von Resilienz beschäftigt. Ein Weg, Resilienz zu betrachten, ist, sie als sogenannte heroische Resilienz – im Gegensatz zur Routine-Resilienz – zu konstruieren. Ein Beispiel für heroische Resilienz ist das monatelange Überleben im Dschungel, wenn man sich verirrt hat und sich nur noch von Schlangen und Insekten ernährt. Diese Kompetenz trifft nur auf eine kleine Gruppe in der Bevölkerung zu. Im Gegensatz dazu findet man Routine- oder alltägliche Resilienz bei fast allen Menschen, sie ist recht normal und weit verbreitet. Martin Seligman betonte, dass die Entwicklung einer im Großen und Ganzen optimistischen Haltung (eines der wichtigsten Bestandteile von Resilienz) wahrscheinlich evolutionsgeschichtlich einen Vorteil darstellte. Die meisten Menschen in individualistisch geprägten westlichen Gesellschaften sind mehr oder weniger optimistisch. Dies trifft nicht unbedingt auf die kollektivistischen Gesellschaften in Asien zu, wo Menschen vielleicht mehr Kraft aus sozialem Rückhalt ziehen als aus individuellem Optimismus.[186] Abgesehen von den physiologischen bzw. biologischen Voraussetzungen darf man nicht vergessen, dass Resilienz auf verschiedensten situativen Faktoren beruht wie Emotionen, Gemeinschaft und Beziehungen, Werte und Normen, Ziele, mentale und kognitive Voraussetzungen, ja sogar auf genetischen Grundlagen (vgl. Kap. 1 u. 4).

8.3 Beobachtungen bezüglich der Resilienz-Entwicklung

Welche Schlüsse lassen sich also aus der Erkenntnis ziehen, dass Resilienz durch Lernen und Weiterentwicklung gestärkt werden kann? Die Resilienz des Einzelnen mag vielleicht aufgrund schwerer anhaltender Belastungen am Arbeitsplatz, der Sorge um den Job, wegen Problemen im privaten Bereich oder schlechtem Schlaf geringer als sonst sein. Vielleicht hat dieser Mensch aber auch schon immer die Tendenz gehabt, Probleme zu wälzen, sich selbst die Schuld für alles zu geben und sich übermäßig kritisch zu beurteilen. Der eine ist vielleicht häufig bedrückt und hat im Job Kollegen, mit denen es nicht immer zum Besten steht. Der andere neigt dazu, in Panik auszubrechen, wenn er unter Druck gerät, und Entscheidungen zu treffen, die seine Mitarbeiter unnötigen Belastungen aussetzen. Auf manchen wirken sich lange Arbeitszeiten, die keine Aussicht auf Besserung bieten, die konstante Bereitschaft, E-Mails an 24 Stunden am Tag zu checken, Reisen oder lange Zeitspannen, die unterwegs und fern der Familie verbracht werden müssen, verstärkt belastend aus. Unter all diesen Umständen trägt eine Stärkung der Resilienz dazu bei, dass der Einzelne in der Gegenwart effektiv handelt und für die Zukunft gestärkt ist.

Verbunden mit der Idee, dass Resilienz erlernbar ist, ist ebenso unverrückbar die Schlussfolgerung, dass dieser Prozess nicht verallgemeinerbar ist. Es ist unmöglich, *die* sechs oder zehn Schritte zur Stärkung von Resilienz oder *die* grundlegenden Prinzipien zu ermitteln, die für alle Menschen in allen Situationen Geltung haben. Trainingsmaßnahmen können auf einem allgemeinen Angebot basieren, aus dem sich jeder selbst das auswählt, was am besten seinen Bedürfnissen entspricht. Dieser Ansatz wurde von der US Army sowie einer Produktionsstätte, die vor dem Aus stand, verfolgt (vgl. Kap. 7). Alternativ kann ein Training angeboten werden, das die Ergebnisse einer systematischen Erhebung reflektiert, aber auch hier muss der Betroffene schauen, auf was er seine Energie konzentrieren möchte und was ihm am ehesten entspricht. Es gibt also keine verallgemeinerbare Lösung, die für alle Menschen gleichermaßen gilt. Der Pflichtteil des Comprehensive Soldier Fitness Program der US Army bestand aus den Schwerpunkten Selbstwahrnehmung, Selbstkontrolle, mentale Flexibilität, Charakterstärken und Verbesserung der zwischenmenschlichen Beziehungen. Auch aus diesem standardisierten Vorgehen wird jeder Soldat seine eigenen Schlüsse ziehen. In Anhang II stellen wir eine umfassende Liste der Themen vor, die sich für ein Resilienztraining anbieten. Daraus lassen sich Elemente zu einer für den jeweiligen Zweck und zu den Bedürfnissen passenden Maßnahme zusammenstellen. Nicht alle Themen werden gleichermaßen relevant, und bestimmte Elemente werden in verschiedenen Kontexten unterschiedlich wichtig sein.

Wir erinnern daran, dass jedes Training, und sei es auch noch so gut, nicht zu nachhaltigen Veränderungen der Resilienz führt. Um dieses Ziel zu erreichen, bedarf es der langfristigen Gelegenheit, Ermutigung und Unterstützung beim Ausprobieren und bei der Veränderung von Verhalten. Führungskräfte müssen dieses Bemühen eindeutig unterstützen, und auch sie müssen in Übereinstimmung mit den Prinzipien, für die sie eintreten, handeln. Tatsächlich ist der beste Weg, Nutzen aus den Ressourcen, die in Resilienz-Trainings investiert worden sind, zu ziehen, dieses Thema zu einem kritischen Punkt einer langfristig angelegten Strategie zur Änderung der Unternehmenskultur zu machen. Dieser Prozess dauert Jahre und ist nicht innerhalb von Monaten abgeschlossen. Was jedoch nicht heißen soll, dass sich messbare Vorteile nicht schon nach Monaten einstellen, wie sich bei der US Army zeigte.

8.4 Was wir vom US-Army-Resilienz-Programm lernen können

Das US-Army-Resilienz-Programm[187], das auch die Familien der Armeeangehörigen und Zivilbeamte umfasst, stellt eine Initiative zum strategischen Wandel in der Armee dar. Sie soll Resilienz bzw. psychologische Fitness so grundlegend und normal im Armeealltag machen wie die physische Fitness. Es handelt sich um die weltweit größte und umfassendste Intervention im Sinne von Resilienz innerhalb einer Organisation, die ständig evaluiert und gegebenenfalls verbessert wird. Aus diesem Grund lassen sich viele Schlussfolgerungen auch für alle anderen Organisationsformen ziehen. Zehn klare Lektionen sind zuvorderst zu nennen:

Welche Schlüsse können Firmen aus dem Programm ziehen?[188]

1. Die Führung muss vollkommen und unmissverständlich hinter der Initiative stehen. General Casey betonte im Januar 2011, die Umsetzung des Comprehensive Soldier Fitness Program gehöre zu seinen Prioritäten. Dies wurde voll unterstützt vom amerikanischen Kongress und dem Heeresamt im Verteidigungsministerium und mit einem angemessenen Budget versehen.[189]
2. Der Umfang des Programms ist beispiellos. Es erreicht neben den Soldaten auch (Unter-)Offiziere, deren Familien und die Zivilbeamten.
3. Das Ziel des Comprehensive Soldier Fitness Program ist eine Armee, die psychisch ebenso leistungsstark ist wie physisch. Die Vision besteht darin, die psychologische Resilienz genauso Teil der Armeekultur und des Ethos werden zu lassen wie körperliche Kraft, die seit 1940 als wichtiger Bestandteil festgelegt ist. Die Stärkung von Resilienz wird nicht länger als Schwäche betrachtet, sondern als wesentlicher Beitrag zur Effektivität der Organisation im 21. Jahrhundert.

4. Verbunden mit dieser Vision wird das Comprehensive Soldier Fitness Program als ein wichtiger kultureller Wandel in der Armee verstanden. Dazu gehört ein ganzheitlicher Ansatz, der den Körper, die Emotionen, die Spiritualität, das soziale Umfeld und die Familie umfasst, sowie regelmäßige vertrauliche Erhebungen, die Verpflichtung zum Führungstraining, wahlweise individualisierte Online-Trainings-Module, flexibles Resilienz-Training für alle Soldaten, permanente Evaluation über die erzielten Auswirkungen und die Verpflichtung zu steter Verbesserung.

5. Der Fokus des Programms liegt nicht einfach auf einer Momentaufnahme im Sinne einer Reaktion auf eine drohende Krise. Die US Army verfolgt einen proaktiven Ansatz bei der Bildung und Stärkung von Kompetenzen. Eindeutig wurde festgestellt, dass es nicht reiche, einen Vortrag oder Kurs zu besuchen, wolle man Resilienz verbessern. Der Armee geht es um eine langfristige Strategie, um die Vorteile gestärkter Resilienz nutzen zu können.

6. Eine Besonderheit in dem Comprehensive Soldier Fitness Program besteht darin, dass es darauf angelegt ist, im Laufe der gesamten Karriere die Resilienz in unterschiedlichen Phasen zu stärken, dies gilt bei der Entsendung zu Kampfeinsätzen ebenso wie bei der Rückkehr der Soldaten. Im Unternehmens-Jargon heißt das Rekrutierung, Onboarding, Einführung in Führungspositionen, Entwicklung von Führungskompetenz, Unterstützung von Beschäftigten, die sehr viel reisen oder mit viel Stress umgehen müssen, sowie Fusionen, Akquisitionen oder Stellenabbau.

7. Die Verantwortung für das Programm wurde bewusst in der Abteilung Army Operations angesiedelt, nicht im Bereich Gesundheit. Das an sich ist schon eine Botschaft. Vielleicht sollte ein betriebsumfassendes Resilienz-Programm nicht bei der Personalabteilung oder Fortbildung seinen Platz finden.

8. Abgesehen von spezifischen Elementen, die auf die Armee abgestimmt sind, wie das Global Assessment Tool und der 9. sowie 10. Tag des Master Resilience Training, liegt fast alles Material der Öffentlichkeit vor, sei es als veröffentlichte Studien oder Bücher etablierter Wissenschaftler, die von Martin Seligman zusammengestellt wurden und die der Armee als Grundlage dienten. Mit angemessenen Quellenhinweisen und der freundlichen Erlaubnis der Autoren bzw. Herausgeber könnte jede Organisation ihre eigene Version eines Resilienz-Programms entwickeln, das auf die jeweiligen Bedürfnisse angepasst ist und die Unternehmenskultur verändern wird. Der Grund dafür, dass die Armee so schnell in der Lage war, das Programm umzusetzen, war, dass sie als Auftraggeber die Maßgabe vorgab, dass ausschließlich evidenzbasierte und nachgewiesene Methoden zum Einsatz kamen. Damit waren Experimente ausgeschlossen und wenig Innovation gegeben. Das machte eine Pilotstudie überflüssig, obgleich das Programm der Army auf seine Ergebnisse hin systematisch und regelmäßig überprüft wird.

9. Unternehmen können sich aufgrund aktueller Bedürfnisse für einen evidenz-basierten Ansatz entscheiden oder sich einer systematischen Erfassung unter-ziehen, wie beispielsweise die ASSET-Wohlbefinden-Befragung, die als Basis für die weitere Planung dient. Die US Army erkannte, dass es dringend nötig war, innerhalb ihrer Reihen das Thema Resilienz anzusprechen und zu stärken. Inso-fern fiel die Entscheidung auf eine unmittelbare Intervention, die sowohl strate-gischer Natur war als auch die Organisationskultur veränderte. Unternehmen, die sich ebenfalls einer drohenden Krise stellen oder sich mit Symptomen anhal-tender Belastungen umgehen müssen, können einen ähnlichen Ansatz wählen, während es für andere Firmen angemessener sein kann, zunächst die Daten zu erheben und daraufhin Maßnahmen zu ergreifen. Beide Ansätze funktionieren, es hängt von den Umständen ab, wann sie zum Einsatz kommen.

10. Zum ersten Mal weltweit setzte die US Army Tests der Gruppenintelligenz im Ersten Weltkrieg um. Im Zweiten Weltkrieg kam die Methode Critical Incident zum Einsatz, was bei der britischen Armee quasi zufällig zur Erfindung des As-sessment Center führte.[190] Wie es aussieht, sieht die US Army den evidenzba-sierten, kulturwandelfreundlichen und umfassenden Ansatz der Resilienz-Stär-kung als Vorteil gegenüber der Konkurrenz, woraus viele Unternehmen lernen können.

8.5 Praxisbeispiele für Resilienz-Stärkung in Organisationen

Wir haben acht Szenarien identifiziert, in denen die Stärkung individueller Resilienz dazu beitragen kann, die Leistungsfähigkeit von Organisationen und Unternehmen zu verbessern und gleichzeitig das Wohlbefinden und das Engagement der Beschäf-tigten zu steigern.

Resilienz-Stärkung dient
1. der Verbesserung der allgemeinen Leistung;
2. als Mittel gegen oder Reaktion auf Stress oder ungewöhnliche Umstände;
3. zur Beschleunigung von Teamentwicklung und/oder Integration;
4. der verbesserten Transformation einer leistungsschwachen Organisation;
5. der Kernkompetenz in Organisationen, die regelmäßig mit anspruchsvollen oder belastenden Umständen konfrontiert werden;
6. der grundsätzlichen Entwicklung einer Unternehmenskultur bei Start-ups;
7. als zentrales Element in Führungstrainings, insbesondere in schwierigen Situa-tionen, wie es heutzutage die Norm ist;
8. zur Unterstützung von Transformation in Organisationen und zum kulturellen Wandel.

Wir beschreiben diese Szenarien im Folgenden detaillierter und in unterschiedlichen Kontexten, obgleich sie sich in der Realität durchaus überschneiden können.

Verbesserung der allgemeinen Leistung

In diesem Szenario helfen Arbeitgeber einzelnen Mitarbeitern, die eigene Resilienz einzuschätzen und zu verbessern, um ihre aktuellen und zukünftigen Kapazitäten zu fördern. Die zugrunde liegende Annahme hierbei ist, dass fast alle Angestellten Vorteil aus einem erhöhten Maß an Resilienz ziehen können. Die betreffende Firma befindet sich nicht in der Krise und trotz einer herausfordernden Situation leidet sie nicht unter den Problemen, die häufig durch anhaltenden Druck und den damit verbundenen Stress entstehen. Obgleich die Unternehmensziele erreicht werden, besteht Klarheit darüber, dass man von den Mitarbeitern eine ganze Menge erwartet.

Das Angebot von normalerweise ein- oder zweitägigen Workshops zeigt, dass die Führung erkennt, dass die Situation gerade schwierig ist und dass alle davon profitieren können, die eigene Resilienz zu stärken. Dabei wäre es wichtig, diese Workshops so zu positionieren, dass klar wird, dass es inhaltlich darum geht, auf Stärken aufzubauen und nicht Gegenmaßnahmen gegenüber vermeintlichen Schwächen zu schaffen. Die Maßnahmen können auch Arbeitsgruppen und Führungskräfte-Teams angeboten werden. Dann ist die zentrale Frage, wie sich im Team die individuelle Entwicklung nutzbar machen lässt. Darüber hinaus ist ein Coaching-Angebot sinnvoll.

Bestimmte Gruppen wie Vertriebs- und Projektteams, die ständig unter großem Zeitdruck arbeiten müssen, ziehen besonders viel aus individuellem Resilienz-Training.

Resilienz-Stärkung ist nur eines von zahlreichen Themen, die eine Organisation ihren Mitarbeitern anbieten kann, um aktuell und in Zukunft ihre Rollen effektiver ausfüllen zu können. Wir haben durchgängig die Erfahrung gemacht, dass diese Workshops auf allen Unternehmensebenen großen Anklang fanden, weil sie den Teilnehmern ermöglichen, Luft zu holen. Sie bekommen Zeit, nicht nur ihre Arbeit, sondern auch ihr Leben insgesamt zu reflektieren. Die Tatsache, dass es sich bei den Methoden um erprobte und wissenschaftlich fundierte Techniken handelt, verstärkt bei den Teilnehmern die Zuversicht, aufgrund der Stärkung ihrer Resilienz auch in Zukunft unter schwierigen Umständen effektiv arbeiten zu können.

Resilienz-Stärkung als Mittel gegen oder Reaktion auf Stress

In diesem Szenario liegt ein umfassender Rückschlag oder eine Krise des Unternehmens in der Vergangenheit. Die Mitarbeiter sind beunruhigt und stehen unter dem enormen Druck, Fehlschläge wieder aufzufangen.

Hier ist ein Angebot von Workshops oder Coachings sinnvoll, bei denen die Teilnahme freiwillig ist. Dies zeigt den Mitarbeitern, dass sie mit ihren Gefühlen gesehen werden. Die Intervention umfasst Techniken und Hilfen, die den Beschäftigten ermöglichen, sich weiter auf das Wichtige zu konzentrieren, die nötigen Veränderungen umzusetzen und Ergebnisse zu liefern, während sich das Unternehmen von der Krise erholt. Wie bereits beschrieben, begann das Unternehmen im kleinen Rahmen Interessierten Workshops zur Stärkung von individueller Resilienz anzubieten, bevor es sie in die Fortbildung für die Führungsebene integrierte. Auch hier half die Stärkung der Resilienz, eine Krise durchzustehen, und wurde zum Teil der Unternehmenskultur.

Beschleunigung von Teamentwicklung und / oder Integration

Resilienz-Stärkung kann Teil einer Teamentwicklung oder eines Integrationsprozesses sein. Wie dargestellt, versuchte der Bereichsleiter einer Großbank, die Geschäftsführer untergeordneter Firmeneinheiten, die zuvor noch nicht gemeinsam gearbeitet hatten, zusammenzubringen. Grund dafür war, dass sich die Mutterfirma aufgrund der Wirtschaftskrise im Jahr 2008 in einer Krise befand, wie es zuvor in der 160-jährigen Firmengeschichte noch nie vorgekommen war.

In einem anderen Fall nutzte ein Vorstandsmitglied Resilienz-Trainings, um die Führungsetagen zweier sehr unterschiedlicher Einheiten einer Produktionsfirma, die zu unterschiedlichen Firmen innerhalb des Unternehmens gehörten, zu vereinigen: Es handelte sich hier auf der einen Seite um ein akquiriertes, recht junges Team, das mit den aktuellen technischen Standards vertraut und wenig organisiert war, und auf der anderen Seite um ein seit 40 Jahren etabliertes, konservatives Team mit lange bestehenden Strukturen, das genauestens organisiert war. Die beiden Seiten standen sich sehr misstrauisch gegenüber, beide hatten Angst, was dazu führte, dass sie eine sehr defensive Haltung annahmen und versuchten, den Status quo mit allen Mitteln zu verteidigen.

In beiden Fällen nutzten die Führungskräfte die Verbesserung individueller Resilienz für den Integrationsprozess und zur Teambildung. Im Fall des Herstellers trafen sich die Mitglieder beider Unternehmensteile, um eine gemeinsame Zukunftsvision zu entwickeln und herauszufinden, wie individuelle Resilienz im Wandlungsprozess dazu beitragen konnte, aus zwei Teilen eine Einheit zu machen. Im Fall der Finanz-dienstleister kamen die Vorstände der unterschiedlichen Firmeneinheiten zum ers-ten Mal zusammen, wobei das Thema Resilienz einen wichtigen Beitrag dazu leistete, die zwischen ihnen bestehenden Schranken niederzureißen.

In beiden Fällen führte die Diskussion über Resilienz und deren Nutzen sowohl im Berufs- wie auch im Privatleben sowie das Erproben von entsprechenden Instru-menten dazu, dass die Teilnehmer sich öffneten und weniger reserviert waren. Diese Offenheit ist ungewöhnlich für Gruppen, in denen Angst herrscht und die Teilneh-mer eine Verteidigungshaltung angenommen haben. Allein die Erkenntnis, dass alle Mitglieder des neu zusammengestellten Teams Menschen waren, die Stress, Druck, Ängste und Befürchtungen bewältigen mussten, führte zu einem Gemeinschaftsge-fühl. Dieses wurde durch gemeinsame Übungen zur Stärkung von Resilienz inten-siviert. Die Reaktionen darauf waren ganz und gar nicht negativ oder zynisch, die Teilnehmer reagierten begeistert und begegneten ihren Mitstreitern mit Mitgefühl und Verständnis. Ähnliche Ergebnisse berichtete Martin Seligman von den fast durchgehend „toughen" und anspruchsvollen Ausbildungsunteroffizieren, die am Master Resilience Training der US Army teilnahmen. Sie bewerteten das Training als eines der besten, an dem sie je zugegen gewesen waren.[191]

Transformation einer leistungsschwachen Organisation

Es ist für die Beschäftigten schon belastend genug, Teil eines leistungsschwachen Teams oder einer leistungsschwachen Organisation zu sein, insbesondere, wenn sie um ihren Arbeitsplatz bangen müssen oder gar Insolvenz und Schließung des Unter-nehmens droht. Diese Situation bedeutet sogar noch mehr Stress für diejenigen, die eine Führungsposition innehaben und für die Verbesserung der Leistung aller ver-antwortlich sind. Lang anhaltender psychischer Druck kann zu Stress-Symptomen führen, die die Gesundheit, die Energie und die individuelle Effektivität untermini-ren. Dies löst möglicherweise eine Negativspirale aus, wird der Prozess nicht früh genug gestoppt. Betroffene mit Resilienz-Workshops oder Coaching zu unterstützen, kann einen bedeutsamen Einfluss auf ihre Leistung haben, der zu einem verbesser-ten Umgang mit und Management von Veränderungen führt.

Dabei liegt die Betonung auf den persönlichen Stärken, das Augenmerk richtet sich darauf, wo Energie freigesetzt anstatt verbraucht wird, wie alternative Verhaltens- und Denkweisen, Worte und Gefühle aussehen, die dem Einzelnen dabei helfen, in einer schwierigen Phase effektiv zu bleiben oder sogar noch wirkungsvoller zu sein. Häufig heißt es, Unsicherheit sei die neue Sicherheit und Veränderung sei die neue Konstante. Dies trifft sicherlich oft zu, und der Wandel wird schneller und in noch größerem Ausmaß geschehen. In einer Veränderungsphase, in der die schiere Existenz eines Betriebs oder eines Konzerns auf dem Spiel steht, kann ein Angebot für die Stärkung von Resilienz den Druck mindern. Darüber hinaus wird das Vertrauen, mit der Situation umgehen zu können, gestärkt und der Zusammenhalt innerhalb des Führungsteams verbessert. Bewegen sich die Geschwindigkeit und das Ausmaß des Wandels wieder in normalen Bahnen, haben die Manager ihre Resilienz verbessert, sodass möglicherweise der Bedarf an Coaching und bzw. oder Training abnimmt.

Durch Resilienz die Kompetenz einer Organisation stärken, die regelmäßig unter anspruchsvollen oder belastenden Umständen arbeiten muss

Das wahrscheinlich häufigste Szenario für die organisationsinterne Implementierung eines Resilienz-Programms besteht, wenn die Organisation aufgrund ihrer Zielsetzung und ihres Aufbaus extrem hohen Belastungen ausgesetzt ist. Dies trifft besonders auf Polizei, Feuerwehr und Rettungsdienste, Militär, Beschäftigte im Gesundheits- und Sozialwesen sowie Positionen zu, die in der Öffentlichkeit stehen. Wie wir bereits bei dem Comprehensive Soldier Fitness Program gesehen haben, ist diese Maßnahme nicht nur für Soldaten und ihre Familien bestimmt, um dem Druck standhalten zu können, der mit dem Leben im Rahmen der US Army verbunden ist. Es geht auch darum, die generelle Fähigkeit aller Beschäftigten beim Militär zu verbessern, gut und effektiv zu arbeiten. Der Nutzen für diejenigen Organisationen, die täglich extremen Belastungen ausgesetzt sind, besteht in einer gesteigerten Effektivität und einem besseren Wohlbefinden aller Mitarbeiter. Dieses Programm hilft ihnen, ihre schwierigen und herausfordernden Aufgaben zu bewältigen.

Stärkung der Resilienz bei Start-up-Unternehmen

Jede Unternehmensgründung beginnt mit einer stressigen Phase. Es gibt viel zu tun, scheinbar steht für die Aufgaben zu wenig Zeit zur Verfügung, und häufig besteht das Team auch aus Mitgliedern, die zuvor noch nie zusammengearbeitet haben und sich nicht gut kennen. Effektives Führungsverhalten wird durch Persönlichkeit ersetzt, die Beschäftigten verlieren mit der Zeit ihren ursprünglichen Enthusiasmus und sehen der Zukunft ängstlich entgegen. Hehre Ziele müssen sich in realen Geschäftsergebnissen niederschlagen. Ein ähnlicher Prozess läuft ab, wenn Risikokapital-Anleger in kleine Unternehmen investieren oder wenn ein Team extra für eine besonders wichtige Produktentwicklung oder für die Einführung eines neuen Produktes zusammengestellt wird, wenn alle Hoffnung des Unternehmens auf ihm ruht.

In all diesen Fällen können Maßnahmen zur Verbesserung der individuellen Resilienz und / oder Coaching gut eingesetzt werden. Den Erfolg garantieren sie nicht, doch helfen sie den einzelnen Teammitgliedern, nicht nur in positiver Weise mit Stress umzugehen, sondern auch eigene Bestleistungen zu erreichen, was noch wichtiger ist. Das erwähnte Beispiel aus der Finanzbranche zeigte, wie Resilienz-Stärkung in die Teamentwicklung eines Start-ups integriert wurde, die sowohl alle Beschäftigten als auch die Partner umfasste.

Stärkung von Resilienz als zentrales Element in Führungskräftetrainings

Nach einem Treffen, in dem die Vorteile von Resilienz für Unternehmen und das Programm der US Army vorgestellt worden waren, beschloss die internationale Leitung der Personalabteilung einer weltweit agierenden Fast-Food-Kette, Resilienz zu einer seiner wichtigsten Leitlinien zu machen. Sie erklärte, sie würde diesen Schwerpunkt auf allen Ebenen und in allen Geschäftsbereichen kommunizieren.

Wie bereits erwähnt, integrierte eine Firma Resilienz-Trainings in ihr Führungsprogramm in Zusammenarbeit mit der Harvard Business School. Bei der US Army ist Resilienz fester Bestandteil in der Offiziersausbildung und Teil des langfristigen Kulturwandels der Organisation. Dabei ist Resilienz im Sinne von psychologischer Fitness für ihre Effektivität ebenso wichtig, wie es physische Fitness in den letzten 70 Jahren gewesen ist.

Resilienz als Motor für den Wandel in Organisationen

Einschätzung der eigenen Resilienz, Training und Coaching waren Teile eines Transformationsprozesses, den eine ökonomisch instabile, aber wichtige Produktionsstätte durchmachte. Dieser Schwerpunkt diente als vertrauensbildende Maßnahme unter den Mitgliedern des Führungsteams und zur Steigerung ihrer Effektivität. Damit gelang es, die unruhigen zwölf Monate zu überstehen, in denen nicht nur eine drohende Schließung umgangen, sondern darüber hinaus das Werk für neue Investitionen interessant wurde und die Mitarbeiter zu einem hohen Maß an Engagement motiviert wurden.

Die Geschäftsführerin kam zu dem Schluss, dass der Wandel eventuell auch ohne den Schwerpunkt individuelle Resilienz möglich gewesen wäre, doch hätte dies größere Opfer gefordert und viel mehr Zeit erfordert – Zeit, die das Unternehmen nicht hatte.

8.6 Die Zukunft von Resilienz in Organisationen

In sehr kurzer Zeit, etwa innerhalb von 20 Jahren, hat sich Resilienz von einem Gegenmittel oder einer Präventivmaßnahme gegen Stress und Angst (wie man beim Penn Resilience Program und frühen Weiterbildungsmaßnahmen bei Vertretern sehen konnte) zu einem Programm entwickelt, mit dem der Einzelne, Teams und Organisationen angesichts von herausfordernden oder schwierigen Umständen ihre Kapazitäten und Stärken verbessern und ihre Leistungen auf hohem Niveau halten können. Durch diesen breiteren Fokus veränderte sich Resilienz von einer rein kognitiven Funktion (z. B. automatische negative Gedanken enthüllen, verstehen und eliminieren) zu einem umfassenden Konstrukt, das sich ganzheitlich auf das Leben des Einzelnen bezieht, in dem persönliche Stärken identifiziert werden und als Basis positiver Emotionen, sozialer Beziehungen und Lebenssinn dienen – von dem körperlichen Aspekt ganz zu schweigen. Wir verstehen dies als einen ganzheitlichen Ansatz von Resilienz, der sich vom kognitiven / emotionalen klar unterscheidet.

In der Zukunft sehen wir den Fokus verstärkt auf dem nachhaltigen Aufbau von individueller Resilienz als wichtiges Element bei Transformations- und Veränderungsprozessen in Organisationen unterschiedlichster Art, insbesondere wenn viel auf dem Spiel steht und die Zeit drängt. Wir erwarten ein verstärktes Augenmerk auf Resilienz im Allgemeinen bei Organisationen, die ihren Beschäftigten auf allen Ebenen dabei helfen wollen, ihre Aufgaben effektiv zu erfüllen.

Basierend auf unseren Beobachtungen und jüngeren Erfahrungen kommen wir zu dem Schluss, dass Resilienz stärker in Führungskräftetrainings integriert werden wird. Neben der wachsenden Bedeutung von persönlicher Integrität und Authentizität und dem zunehmenden Bewusstsein für die wichtige Rolle, die Charakterstärken und positive Emotionen wie Dankbarkeit und Mitgefühl für Führungskräfte spielen, wird immer deutlicher, dass Vorgesetzte ihre Resilienz verbessern und schützen lernen müssen. Nur so können sie den Herausforderungen und Belastungen der Arbeitswelt begegnen. Dann arbeiten sie nicht nur effektiv weiter und nehmen Herausforderungen mit der nötigen Stärke an, sondern unterstützen dabei auch andere. Damit sinkt die Tendenz, dass die Betroffenen aus Organisationssicht schlechte und ethisch nicht vertretbare Entscheidungen treffen, weil sie unter Stress stehen.

Wir präsentierten einen Rahmen, der auf der einen Seite die individuellen Seiten der Resilienz des Einzelnen und auf der anderen Seite die wichtigsten Ursachen von Belastungen und Unterstützung am Arbeitsplatz, wie sie in jeder Organisation herrschen, berücksichtigt. Diese Sichtweise auf Resilienz am Arbeitsplatz ist neu, sie ermöglicht eine ganzheitliche, strategische und unternehmensweite Herangehensweise, um Resilienz bei allen Betroffenen zu stärken. Wir hoffen, dass dieser Ansatz für unsere Leser ebenso nützlich ist, wie er sich für uns bei der Betreuung unserer Kunden in den letzten Jahren erwiesen hat.

Es besteht kein Zweifel, dass Arbeitgeber durch die Stärkung und den Schutz von Resilienz bei ihren Beschäftigten nicht nur zum Erfolg ihres Unternehmens beitragen, sondern auch das Wohlbefinden und das Engagement der Mitarbeiter fördern.

Anhang

I. | Einen individuellen Resilienz-Plan erstellen

Kleine Schritte Tag für Tag sind effektiver für die Stärkung von Resilienz als große Pläne, die nicht umgesetzt werden. Häufig setzt man sich Ziele, die eher die eigenen Hoffnungen spiegeln und das Gewissen erleichtern, als dass sie wirklich zum Ziel führen. Oder sie verursachen ein schlechtes Gewissen, weil man sie nie erreicht. Meist führt das dazu, dass man entmutigt nach kreativen Wegen sucht, um die eigene Passivität zu rechtfertigen.

Drei entscheidende Kriterien sorgen dafür, dass die erforderliche Umsetzung zum Erreichen der Ziele wirklich stattfindet:
1. Es werden realistische Ziele gesetzt.
2. Es werden Rituale zur Umsetzung entwickelt.
3. Es wird sich um Unterstützung bemüht.

Wie häufig beschrieben, müssen die Ziele folgenden Kriterien genügen: Sie müssen spezifisch, messbar, attraktiv, realistisch und terminiert sein (SMART). Doch es reicht nicht, sich Ziele zu setzen. Um die gewünschten Vorteile zu erreichen, ist es nötig, sich zu einem Tun zu verpflichten, was wiederum andere Handlungen nach sich zieht.

Deshalb sind Rituale entscheidend.[192] Durch Rituale verwandelt sich Wunschdenken in eine regelmäßig ausgeführte Gewohnheit. Regelmäßige kleine Schritte führen viel eher zum Ziel als sporadische große Unternehmungen, die sich schwer in das Alltagsgeschäft integrieren lassen. Manchmal besteht die größte Hürde beim Erreichen eines Ziels darin, endlich loszulegen. Alles, was es braucht, um einen Prozess anzustoßen, sind Rituale, die dafür sorgen, dass man ein größeres Ergebnis erreicht.

Planen Sie etwa, regelmäßig laufen zu gehen, ist es vielleicht am schwierigsten, die Joggingschuhe anzuziehen. Lassen Sie sie daher direkt neben der Wohnungstür stehen, damit Sie daran erinnert werden, wenn Sie nach der Arbeit nach Hause kommen. Die Schuhe anzuziehen ist der Katalysator, den Sie brauchen. Shaun Anchor bringt in seinem Buch *The Happiness Advantage* das Beispiel, dass er aus seiner Fernbedienung für den Fernseher die Batterien herausnimmt.[193] Weil es ihm zu viel Mühe ist, sie wieder einzusetzen (was ungefähr 20 bis 30 Sekunden in Anspruch nimmt), lässt er das Gerät ausgeschaltet, wenn er nach Hause kommt. Stattdessen spielt er nach der Arbeit Gitarre.

Um Rituale zu etablieren, muss man bestimmte Verhaltensweisen genau definieren und sie zu festgesetzten Zeiten durchführen. Motiviert wird dieser Prozess durch die Verpflichtung einem größeren Ziel gegenüber.

Jim Loehr und Tony Schwarz beschreiben sechs Schritte, wie man Rituale plant und durchführt:

- Identifizieren Sie Ihr Ziel, egal, wie groß oder klein es auch sein mag. Sie müssen sich dieses Ziel wirklich wünschen und den Anspruch haben, es wirklich umsetzen zu wollen.
- Überlegen Sie, welche Dinge Sie tun können, die an sich klein sind, aber in der Gesamtheit einen Beitrag zu Ihrem Ziel leisten.
- Teilen Sie anderen Menschen Ihre Gedanken mit und berücksichtigen Sie deren Ideen und Reaktionen.
- Legen Sie sich auf einen bestimmten Zeitpunkt am Tag oder in der Woche fest, an dem Sie diesen kleinen Schritt ausführen werden. Stellen Sie sicher, dass dieser Zeitpunkt präzise und spezifisch ist, und integrieren Sie ihn in Ihre täglichen oder wöchentlichen Routinen.
- Wo angemessen, halten Sie Ihre Tätigkeiten in einem Protokoll, einem Tagebuch oder auf andere Weise fest. Notieren Sie auch, welche Effekte Ihr Ritual erzeugt.
- Machen Sie so für mindestens einen oder zwei Monate weiter, bis das Ritual wirklich seine Wirkung zeigt und zu einer Angewohnheit oder einem fast automatischen Verhalten geworden ist.

Folgende Tabelle zeigt einige Beispiele, die Ihnen helfen, Ihre Ziele und Rituale zu formulieren. Dabei wird unterschieden zwischen Wunschdenken, Mantras und Ritualen.

Wunschdenken	Mantra (Was ich mir wünsche)	Mein Ritual
Ich muss mich in Form bringen.	Ich muss mehr Sport machen.	Montags, mittwochs und freitags laufe ich 30 Minuten von 18 bis 18.30 Uhr.
Ich wäre gerne Künstler.	Ich muss mehr malen und zeichnen.	Ich reserviere mir den Sonntagmorgen von 10 bis 13 Uhr zum Malen.
Ich wünschte, ich würde mich von meinen E-Mails nicht so versklaven lassen.	Ich muss meine E-Mails managen, nicht umgekehrt.	Ich checke meine E-Mails nur drei Mal am Tag und schalte den Hinweiston ab.

Wunschdenken	Mantra (Was ich mir wünsche)	Mein Ritual
Ich möchte nicht mehr so viel Arbeit mit nach Hause nehmen.	Ich werde den Arbeitsumfang zu Hause einschränken.	Ich bin ausschließlich zwischen 19 und 21 Uhr online, keine Ausnahmen!
Ich wünschte mir, ich hätte mehr Zeit für meine Freunde.	Ich muss mich mehr um meine Freunde kümmern.	Der Erste, den ich nach der Arbeit anrufe, ist immer ein Freund.
Ich möchte gern besser schlafen können.	Ich gehe regelmäßiger früh ins Bett.	Ich lasse mich vom Handy um 22.30 Uhr erinnern, damit ich gegen 23 Uhr im Bett bin.
Ich fände es schöner, wenn meine Arbeit nicht immer meiner Freizeit mit der Familie dazwischenfunkt.	Ich möchte jeden Abend mehr Zeit in Ruhe mit meiner Familie verbringen.	Ich schalte mein Bürohandy um 18 Uhr ab und erst wieder um 9 Uhr morgens an.

Wissenschaftliche Studien[194] untersuchten, was Menschen, die ihre Ziele meistens erreichen, so erfolgreich macht:

1. Sie stellen sich vor, dass Sie Ihr Ziel bereits erreicht haben.
2. Sie suchen sich angemessen schwierige Ziele aus.
3. Sie wiegen Optimismus mit Pessimismus ab, um so eine realistische Sicht zu bekommen, denn ungehemmter Optimismus kann zu Misserfolg und Depression führen.
4. Sie machen detaillierte Pläne.
5. Sie überwachen ihre Fortschritte.
6. Sie suchen bei anderen Hilfe und Rat.
7. Sie erfreuen sich am Prozess.

Aufgrund jüngster Fortschritte in den Neurowissenschaften können wir die Funktionsweise des Gehirns dazu nutzen, unsere Aufmerksamkeit zu fokussieren. Mit den folgenden Tipps können Sie Ihr Gehirn „neu verkabeln". Damit wird die natürliche Trägheit des Gehirns bei der Neubildung von Gewohnheiten überwunden. Um die nötige Willenskraft zu entwickeln, ist ein klarer Zweck zielführend.

Stellen Sie sich folgenden Fragen:

- Was ist das Ziel, das Endresultat?
- Was nützt mir das?
- Was sind die Konsequenzen, wenn sich nichts ändert?

- Was verpasse ich, wenn ich mich nicht ändere?
- Wie fühlt es sich an, wenn ich mein Ziel erreicht habe?
- Wie sieht das bestmögliche Endergebnis für mich aus?

Versuchen Sie zweitens, alte Angewohnheiten durch neue zu ersetzen, anstatt sie einfach abzulegen. Indem man sich neue Verhaltensweisen angewöhnt, werden neue neuronale Signalwege angelegt und verstärkt. Wenn Sie sich darauf konzentrieren, was Sie erreichen möchten, stärken Sie die neuronalen Verbindungen.

Eine erfolgreiche Änderung von Verhalten bedarf eines abgestimmten Vorgehens und der Wiederholung. Um dies zu erreichen, lassen Sie Ihr neues Verhalten in Gedanken ablaufen. Diese Übungstechnik wird sowohl von Weltklassemusikern und Leistungssportlern als auch von Schauspielern und Politikern genutzt. Für dieses mentale Training sind zahlreiche neuronale Schaltkreise nötig, die auch notwendig sind, um die Handlung in der Realität auszuführen.

Darüber hinaus ist es hilfreich, so zu tun, als hätten Sie die neue Angewohnheit schon angenommen. Auch dies stimuliert die Verbindungen im Gehirn und die Neurotransmitter, die für die reale Umsetzung wichtig sind. So kann beispielsweise lächeln dazu führen, dass man sich besser fühlt, obgleich man traurig ist. Verhalten Sie sich, als sei Ihr Selbstbewusstsein ungetrübt, und gleich werden Sie sich selbstsicherer fühlen. Um die Aufmerksamkeit und Konzentration auf Ihr Ziel zu fördern, sind außerdem mentale und reale Notizen nützlich. Es ist nicht leicht, im Leben eine deutliche Änderung herbeizuführen, aber mit den richtigen Techniken ist es wiederum nicht ganz so schwer.

Entwickeln Sie für die nächsten drei Monate ein Ziel, das sich auf einen oder mehrere der Resilienzfaktoren bezieht:
1. Anpassungsfähigkeit
2. Zuversicht
3. sozialer Rückhalt
4. Zielorientierung

Ebenso kann man ein Ziel für die Stärkung von Resilienz setzen, das sich auf die körperlichen bzw. biologischen Dimensionen bezieht, wie Sport, Schlaf und Ernährung.

Überlegen Sie dann, was zu tun ist und wen Sie in Ihren Plan miteinbeziehen möchten. Zu den nützlichen Unterstützern des Prozesses zählen auch Bücher, Videos, lokale Selbsthilfegruppen, Kurse etc. Aber dazu gehören auch die Menschen, mit denen Sie sich austauschen, verhandeln oder die Sie beraten. Vielleicht gibt es Menschen, die Sie einladen können, Sie zu unterstützen und die sogar noch Spaß daran haben.

Entscheiden Sie schließlich, welche Rituale Ihnen dabei helfen werden, an Ihr Ziel zu gelangen. Ihre Pläne sind wirkungsvoller, wenn Sie sie anderen mitteilen, insbesondere, wenn diese anderen Personen Ihnen helfen und Sie mit Ideen und Ermutigung unterstützen, was im Idealfall auf Gegenseitigkeit beruht.

Ohne einen Plan ist es unwahrscheinlich, dass Sie die gewünschten Veränderungen in Ihrem Leben umsetzen werden. Echte Veränderung beruht darauf, dass es eine klare Vision dessen gibt, was man erreichen möchte, realistische Ziele, einen Plan, Selbstdisziplin und Anstrengung.

Drei goldene Regeln helfen, Ihr Ziel zu erreichen:
1. „Think big" – aber machen Sie kleine Schritte.
2. Beharrlichkeit zahlt sich aus.
3. Beziehen Sie andere in Ihren Plan und Ihre Fortschritte mit ein.

II. Wichtige Themen für die Stärkung von Resilienz

Für die Entwicklung von Trainings oder Maßnahmen wie Kurse, Coaching oder Führungskräftetraining lassen sich die bereits beschriebenen Komponenten (vgl. Kap. 4 u. 5) einsetzen. Die grundlegenden diagnostischen Rahmen und Instrumente haben wir in Kapitel 1 und 2 dargelegt.

1. Die Beschaffenheit von Resilienz verstehen
   a. Resilienz im engeren Sinne und reaktive (heroische) Resilienz
   b. Alltägliche Resilienz und das Verhältnis zur Persönlichkeit und der Situation
   c. Der potenzielle Vorteil von Resilienz-Stärkung
   d. für den Einzelnen
   e. für die Organisation bzw. das Unternehmen
   f. Zwei grundsätzliche Herangehensweisen: Emotionen und Kognition
   g. Die multidimensionale und komplexe Natur von Resilienz

2. Messung individueller Resilienz

3. Physiologische bzw. biologische Grundlagen
   a. Ausmaß und Intensität körperlicher Aktivität
   b. Schlaf
   c. Gesunde Ernährung

4. Rolle positiver Emotionen
   a. Unterschied zwischen positiven und negativen Emotionen
   b. Wissenschaftliche Untersuchung von positiven Emotionen und ihren positiven Auswirkungen auf den Einzelnen
   c. Insbesondere die Rolle von Dankbarkeit, Vergebung, Mitgefühl
   d. Freundlicher Umgang miteinander
   e. Positivitäts-Ratio und ihre Messung
   f. Achtsamkeit und Genuss erlernen
   g. Meditation und Reflexion

5. Bedeutungsvolle zwischenmenschliche Beziehungen sowohl im Arbeits- wie im Privatleben aufbauen
   a. Aufbau positiver Beziehungen
   b. Verbesserung schwieriger Beziehungen
   c. Konstruktive Kommunikation, Feedback geben
   d. Entdecken und Verbesserung von unterstützenden Netzwerken
   e. Sich in Gesprächen durchsetzen und behaupten

6. Stärken erkennen und nutzen
   a. Bei sich selbst
   b. Bei anderen
   c. Nutzen für den Einzelnen und die Organisation, der entsteht, wenn man sich auf Stärken konzentriert
   d. Stärken erkennen
   e. Neue Wege entdecken, diese Stärken einzusetzen
   f. Den Zustand des Flow erreichen

7. Eine positive Geisteshaltung erlangen
   a. Automatische negative Gedanken entlarven und eliminieren
   b. Optimistischer werden
   c. Reframing
   d. Aus Misserfolgen und Fehlern lernen
   e. Positive Geisteshaltung erlangen durch eine an Wachstum orientierte Denkart (im Gegensatz zu einer starren Denkweise)

8. Umgangsweisen erlernen
   a. Problemlösung unter Druck
   b. Mit den eigenen Energien haushalten
   c. Ruhe bewahren

9. Sinn und Werte
   a. Herausfinden, was wirklich wichtig ist im Leben
   b. Sinn in der Arbeit und im Privatleben finden
   c. Job-Crafting
   d. Appreciative Inquiry
   e. Ehrenamt; Engagement, um die Welt zum Besseren zu verändern

10. Bedeutung von Zielen
    a. Intrinsische vs. extrinsische Ziele
    b. Ziele, die mit den eigenen grundsätzlichen Werten übereinstimmen

11. Realistische Pläne entwickeln, die zu nachhaltiger Verhaltensveränderung führen
    a. Resilienz-Plan
    b. Rolle von Ritualen
    c. Bedeutung von sozialem Rückhalt.

Anmerkungen

Einführung – Worum es geht

1   Reich, J. W., Zautra, A. J. & Hall, J. S. (Hrsg.) (2012): *Handbook of Adult Resilience*, New York: The Guildford Press.

2   Lazarus, R. S. (1994): „Individual Differences in Emotion". In: P. Ekman & R. J. Davidson (Hrsg.), *The Nature of Emotions,* S. 332–336, New York: Oxford University Press.

3   Palmer, S. & Cooper, C. (2010): *How to Deal with Stress*. London: Kogan Page.

4   Kobasa, S. C. (1979): „Stressful Life Events, Personality, and Health: An Inquiry into Hardiness". *Journal of Personality and Social Psychology*, Januar, 37(1), 1–11.

5   Proudfoot, J. G., Corr, P. J., Guest, D. E. & Dunn, G. (2009): „Cognitive-Behavioural Training to Change Attributional Style Improves Employee Well-Being, Job Satisfaction, Productivity, and Turnover". *Personality and Individual Differences,* 46, 147–153.

6   Dieses Konzept basierte auf einer Studie über Wandel und Entwicklung in der Organisation *(organizational change and development, OD)*. Es wurde dort definiert, als „die gemeinsame Entscheidung der Organisationsmitglieder, Wandel herbeizuführen (Change Commitment), und der gemeinsame Glaube daran, gemeinschaftlich über die Fähigkeit dazu zu verfügen (Change Efficacy)" (Weiner, B. J. [2009]: „A Theory of Organizational Readiness for Change", *Implementation Science* , 4[1], 67). Dieses Konzept wurde auch auf Lernen und Entwicklung angewendet, wo sich zeigte, dass es sich um wichtige Erfolgsfaktoren für Entwicklungsmaßnahmen für Führung auf Weltklasseniveau handelt (Robertson, I. T. [2004]: „World Class Leadership Development", Summary Report for the UK Cabinet Office).

7   *The Guardian*, 21. Oktober 2011.

8   *Reuters*, 2. November 2011.

1. Die Einzelperson: individuelle Resilienz verstehen

9   Bonanno, G. A. (2005): „Resilience in the Face of Potential Trauma, Current Directions", *Psychological Science*, Juni, 14(3), 135–138.

10 Reich, J. W., Zautra, A. J. & Hall, J. S. (Hrsg.) (2012): *Handbook of Adult Resilience*. New York: The Guildford Press.

11 Rutter, M. (2007): „Resilience, Competence, and Coping". *Child Abuse & Neglect*, März, 31(3), 205–209, S. 205.

12 Charney, D. S. (2004): „Psychobiological Mechanisms of Resilience and Vulnerability: Implications for Successful Adaptation to Extreme Stress", *Focus*, 2, 368–391, American Psychiatric Association, zitiert in Reich et al. (2012), S. 35.

13 Tugade, M. M. & Fredrickson, B. L. (2004): „Resilient Individuals Use Positive Emotions to Bounce Back From Negative Emotional Experiences". *Journal of Personality and Social Psychology*, 86(2), 320–333, S. 320.

14 Windle, G., Bennett, K. M. & Noyes, J. (2011): „A Methodological Review of Resilience Measurement Scales". *Health and Quality of Life Outcomes*, 9(8), 1–18.

15 Peterson, C. & Seligman M. E. P. (2004): *Character Strengths and Virtues*, New York: Oxford University Press.

16 Masten, A. S. & Wright, M. O. D. (2010): *Resilience over the Lifespan: Developmental Perspectives on Resistance, Recovery, and Transformation*, zitiert in Reich et al. (2012), S. 213–237.

17 Gallo, L. C. & Matthews, K. A. (2003): „Understanding the Association between Socioeconomic Status and Physical Health: Do Negative Emotions Play a Role?" *Psychological Bulletin*, 129, 10–51.

18 Peterson & Seligman (2004), S. 78.

19 Johnson, S. (2009): „Organizational Screening: The ASSET Model". In S. Cartwright & C. L. Cooper (Hrsg.), *Oxford Handbook on Organizational Well-being*, S. 133–155, Oxford: Oxford University Press.

20 Coutu, D. L. (2003): „How Resilience Works". *Harvard Business Review on Building Personal and Organizational Resilience*. Boston: Harvard Business School Publishing Corporation.

21 Maddi & Khoshaba (2005).

22 Charney, D. S. (2004): „Psychobiological Mechanisms of Resilience and Vulnerability: Implications for Successful Adaptation to Extreme Stress". *Focus,* 2, 368–391, American Psychiatric Association.

23 Smith, T. W. (2006): „Personality as Risk and Resilience in Physical Health, Current Directions". *Psychological Science,* Oktober, 15(5), 227–231.

24 Mancini, A. D. & Bonnano, G. A. (2009): „Resilience in Common Life: Resources, Mechanisms, and Interventions". *Journal of Personality Special Issue,* herausgegeben von Davis, M. C., Luecken, L. & Lemery-Chalfant, K., Dezember, 77(6), 1637–1644.

25 Skodol, A. E. (2010): *The Resilient Personality.* In Reich et al. (2012), S. 112–125.

26 Costa, P. T., Jr. & McCrae, R. R. (1992): *Revised NEO Personality Inventory (NEO-PI-R) and NEO Five-Factor Inventory (NEO-FFI) manual.* Odessa, FL: Psychological Assessment Resources.

27 Mayer, J. D. & Faber, M. A. (2010): *Personal Intelligence and Resilience: Recovery in the Shadow of Broken Connections.* In Reich et al. (2012), S. 94–111.

28 Poropat, A. E. (2009): „A Meta-Analysis of the Five-Factor Model of Personality and Academic Performance". *Psychological Bulletin*, 135(2), 322–338.

29 Flint-Taylor, J. & Robertson, I. T. (2007): „Leader Personality and Workforce Performance: The Role of Psychological Well-Being". EAWOP 2007 (XIIIth European Congress of Work and Organizational Psychology), Stockholm.

30 Diese beiden Studien sind
  1. Barrick, M. R. & Mount, M. K. (1991): „The Big Five Personality Dimensions and Job Performance: a Meta-Analysis". *Personnel Psychology*, 44, 1–26;
  2. Tett, R. P., Jackson, D. N. & Rothstein, M. (1991): „Personality Measures as Predictors of Job Performance: a Meta-Analytic Review". *Personnel Psychology*, 44, 703–742.

31 Cattell, R. B. (1973): *Personality and Mood by Questionnaire.* San Francisco: Jossey-Bass.

32 Myers, I. B. mit Myers, P. B. (1980, 1995): *Gifts Differing: Understanding Personality Type.* Mountain View, CA: Davies-Black Publishing.

33 Saville, P., Holdsworth, R., Nyfield, G., Cramp, L. & Mabey, W. (1984): *The Occupational Personality Questionnaire (OPQ).* London: SHL.

34 Flint-Taylor, J. & Robertson, I. T. (2007): „Leaders' Impact on Well-Being and Performance". British Psychological Society Division of Occupational Psychology Annual Conference.

35 Kobasa, Suzanne C. (1979): „Stressful Life Events, Personality, and Health: An Inquiry into Hardiness". *Journal of Personality and Social Psychology*, Januar, 37(1), 1–11.

36 Maddi, S. R. & Khoshaba, D. M. (2005): *Resilience at Work: How to Succeed No Matter What Life Throws at You.* New York: Amacom.

37 Nicholls, A. R., Polman, R. C. J., Levy, A. R. & Backhouse, S. H. (2008): „Mental Toughness, Optimism, Pessimism, and Coping Among Athletes". *Personality and Individual Differences*, April, 44(5), 1182–1192.

38 Clough, P. J., Earle, K. & Sewell, D. F. (2002): „Mental Toughness: The Concept and Its Measurement". In I. Cockerill (Hrsg.), *Solutions in Sport Psychology*, S. 32–47, London: Thompson.

39 Nicholls et al. (2008).

40 Masten, A. S. & Wright, M. O'D. (2010): „Resilience over the Lifespan: Developmental Perspectives on Resistance, Recovery, and Transformation". In Reich et al. (2012), S. 213–237.

41 Frei übersetzt aus Boyatzis, R. E., Goleman, D. & Rhee, K. S. (2000): „Clustering Competence in Emotional Intelligence". In Bar-On, R. & Parker, D. A. (Hrsg.) *The Handbook of Emotional Intelligence: Theory, Development, Assessment, and Application at Home, School, and in the Workplace.* San Francisco, CA: Jossey-Bass.

42 Flint-Taylor, J., Robertson, I. & Gray, J. (1999): „The Five-Factor Model of Personality: Levels of Measurement and the Prediction of Managerial Performance and Attitudes". British Psychological Society Occupational Psychology Conference.

43 Tugade, M. M. & Fredrickson, B. L. (2004).

44 Fredrickson, B. L., Tugade, M. M., Waugh, C. E. & Larkin, G. R. (2003): „What Good Are Positive Emotions in Crises? A Prospective Study of Resilience and Emotions Following the Terrorist Attacks on the United States on September 11th, 2001". *Journal of Personality and Social Psychology*, 84(2), 365–376.

45 Ellis, A. (1991): „The Revised ABC's of Rational-Emotive Therapy (RET)". *Journal of Rational-Emotive & Cognitive-Behaviour Therapy*, 9(3), 139–172.

46 Seligman, M. E. P. (1991): *Learned Optimism: How to Change Your Mind and Your Life.* New York: Knopf.

47 Marshall, G. N., Wortman, C. B., Kusulas, J. W., Hervig, L. K. & Vickers Jr., R. R. (1992): „Distinguishing Optimism from Pessimism: Relations to Fundamental Dimensions of Mood and Personality". *Journal of Personality and Social Psychology*, 62(6), 1067–1074.

48 Costa, P. T., Jr., McCrae, R. R. & Dye, D. A. (1991): „Facet Scales for Agreeableness and Conscientiousness: a Revision of the neo Personality Inventory". *Personality and Individual Differences*, 12, 887–898.

49 Frankl, V. E. (1959): *Man's Search for Meaning: An Introduction to Logotherapy.* New York: Simon & Schuster. (Dt. Ausgabe [2009]: ... *trotzdem Ja zum Leben sagen: Ein Psychologe erlebt das Konzentrationslager*, München: dtv).

50 Tugade & Fredrickson (2004).

51 Parkes, K. R. & Rendell, D. (1988): „The Hardy Personality and Its Relationship to Extraversion and Neuroticism". *Personality and Individual Differences*, 9(4), 785–790; Maddi, S. R., Khoshaba, D. M., Persico, M., Lu, J., Harvey, R. & Bleecker, F. (2002): „The Personality Construct of Hardiness: Relationships with Comprehensive Tests of Personality and Psychopathology". *Journal of Research in Personality*, 36(1), 72–85; Horsburgh, V.,

Schermer, J., Veselka, L. & Vernon, P. (2009): „A Behavioural Genetic Study of Mental Toughness and Personality". *Personality and Individual Differences*, 46(2), 100–105.

52 ↗ http://www.robertsoncooper.com.

53 Flint-Taylor, J. & Robertson, I.T. (2013): „Enhancing well-being in organizations through selection and development". In R. J. Burke & C. L. Cooper (Hrsg.), *The Fulfilling Workplace*, S. 165–186, Farnham: Gower.

54 Windle et al. (2011), S. 17.

55 Block, J. & Kremen, A. M. (1996): „IQ and Ego-Resiliency: Conceptual and Empirical Connections and Separateness". *Journal of Personality and Social Psychology*, 70, 349–361; Klohnen, E. C. (1996): „Conceptual Analysis and Measurement of the Construct of Ego-Resiliency". *Journal of Personality and Social Psychology*, 70, 1067–1079.

56 Peterson, C., Semmel, A., von Baeyer, C., Abramson, L. Y., Metalsky, G. I. & Seligman, M. E. P. (1982): „The Attributional Style Questionnaire". *Cognitive Therapy and Research*, 6(3), 287–299.

2. Einzelperson und Situation: individuelle Resilienz im beruflichen Kontext

57 Johnson, S. (2009): „Organizational Screening: The ASSET Model". In S. Cartwright & C. L. Cooper (Hrsg.), *Oxford Handbook on Organizational Well-being*. Oxford: Oxford University Press.

58 Besag, V. E. (1989): *Bullies and Victims in Schools*. Milton Keynes, England: Open University Press.

59 Safian, R. (2012): „This Is Generation Flux: Meet the Pioneers of the New (and Chaotic) Frontier of Business". *Fast Company*, 9. Januar.

60 McClelland, D. C. (1998): „Identifying Competencies with Behavioral-Event Interviews". *Psychological Science*, 9(5), 331–339.

61 Goleman, D. (1998): *Working with Emotional Intelligence*. New York: Bantam Books.

62 McClelland, D. D. (1973): „Testing for Competence Rather Than for ‚Intelligence'". *American Psychologist*, 28(1), 1–14.

3. Stärkung von Resilienz im Laufe der Jahre: von einer Abhilfemaßnahme zur Leistungssteigerung

63 Proudfoot, J., Guest, D., Carson, J., Dunn, G. & Gray, J. (1997): „Effect of Cognitive-Behavioural Training on Job-Finding Among Long-Term Unemployed People". *The Lancet*, 350(9071), 96–100.

64 Rose, V., Harris, E. (2004): „From Efficacy to Effectiveness: Case Studies in Unemployment Research". *Journal of Public Health* (Oxford), 26, 297–302.

65 Collard, B., Epperheimer, J. W. & Saign, D. (1996): *Career Resilience in a Changing Workplace. Information Series No. 366*. Columbus, Ohio: ERIC Clearinghouse on Adult, Career, and Vocational Education.

66 Waterman, R. H., Waterman, J. A., Collard, B. A. (1994): „Toward a Career-Resilient Workforce". *Harvard Business Review*, 72(4), July/August, 87–95.

67 Ebd.

68 GlaxoSmithKline – Stress Management, Health, Work and Well-Being. Case Studies, Department for Work and Pensions, ↗ http://www.dwp.gov.uk/health-work-and-well-being/case-studies/gsk-stress/ (zuletzt aufgerufen am 19.8.2016).

69 Robertson, I. & Cooper, C. (2011): *Well-Being, Productivity and Happiness at Work*. Basingstoke: Palgrave Macmillan, S. 128.

70 Cooper, C. L. & Cartwright, S. (1997): „An Intervention Strategy for Workplace Stress". *Journal of Psychosomatic Research* 43(1), 7–16.

71 Cooper, C. & Finkelstein, S. (2012): *Advances in Mergers & Acquisitions*. Bingley: Emerald.

72 van der Klink, J. J., Blonk, R., Schene, A. H. & van Dijk, F. J. H. (2001): „The Benefits of Interventions for Work-Related Stress". *American Journal of Public Health*, 91, 270–276.

73 Jordan, J., Gurr, E., Tinline, G., Giga, S. I., Faragher, B. & Cooper, C. L. (2003): *Beacons of Excellence in Stress Prevention: Research Report 133*. London, U.K.: UK Health and Safety Executive Books, S. 194.

74 Cartwright, S. & Cooper, C. (2011): *Innovation in Stress and Health*. Basingstoke: Palgrave Macmillan.

75 Cooper, C., Goswami, U. & Sahakian, B. J. (2009): *Mental Capital and Wellbeing*. Oxford: Wiley-Blackwell.

76 MacLeod, D. & Clarke, N. (2009): *Engaging for Success: Enhancing Performance through Employee Engagement*. London: Department for Business, Innovation and Skills (BIS), S. 9.

77 Robertson & Cooper, *Well-Being*, S. 138.

78 Donald, I., Taylor, P., Johnson, S., Cooper, C. L., Cartwright, S. & Robertson, S. (2005): „Work Environments, Stress and Productivity: An Examination Using ASSET". *International Journal of Stress Management*, 12(4), 409–423.

79 Cropanzano, R. & Wright, T. A. (1999): „A Five-Year Study of the Relationship between Well-Being and Performance". *Journal of Consulting Psychology*, 51, 252–265.

80 Harter, J. K., Schmidt, F. L. & Keyes, C. L. M. (2003): „Well-Being in the Workplace and Its Relationship to Business Outcomes: a Review of the Gallup Studies". In C. L. M. Keyes & J. Haidt (Hrsg.), *Flourishing: Positive Psychology and the Life Well-Lived* (S. 205–224), Washington, DC: American Psychological Association.

81 Luthans, F., Luthans, K. & Luthans, B. (2004): „Positive Psychological Capital: Going beyond Human and Social Capital". *Business Horizons*, 47(1), 45–50.

82 Website des Positive Psychology Centers unter ↗ http://www.ppc.sas.upenn.edu, University of Pennsylvania, 2007.

83 Staal, M. A. (2004): *Stress, Cognition, and Human Performance: A Literature Review and Conceptual Framework*. Moffet Field, CA: NASA.

84 Lundberg, U. & Cooper, C. (2010): *The Science of Occupational Health*. Oxford: Wiley-Blackwell.

85 Dollard, M. F., Winefield, H. R., Winefield, A. H. & de Jonge, J. (2000): „Psychosocial Job Strain and Productivity in Human Service Workers: a Test of the Demand-Control-Support Model". *Journal of Occupational and Organizational Psychology*, 73, 501–510.

86 LePine, J. A., Podsakoff, N. P. & LePine, M. A. (2005): „A Meta-Analytic Test of the Challenge Stressor-Hindrance Stressor Framework: An Explanation for Inconsistent Relationships Among Stressors and Performance". *Academy of Management Journal*, 48, 764–775.

87 Braskamp, L. A. & Wergin, J. F. (2008): *Inside-out leadership. Liberal Learning*. Association of American Colleges and Universities, 30–35.

88 Flint-Taylor, J. & Robertson, I. T. (2007): „Leader Personality and Workforce Perfor-mance: The Role of Psychological Well-Being". EAWOP 2007 (XIIIth European Congress of Work and Organizational Psychology), Stockholm; Flint-Taylor, J. & Robertson, I.T. (2007): „Leaders' Impact on Well-Being and Performance". British Psychological Society Division of Occupational Psychology Annual Conference.

89 Flint-Taylor, J. (2008): „Too Much of a Good Thing? Leadership Strengths as Risks to Well-Being and Performance in the Team". British Psychological Society Division of Oc-cupational Psychology Annual Conference; Kaplan, B. & Kaiser, R. (2006). *The Versa-tile Leader: Make the Most of Your Strengths – without Overdoing It*. San Francisco, CA: Pfeiffer.

4. Methoden zur Stärkung der eigenen Resilienz

90 Dieser Fünf-Faktoren-Modell-Fragebogen untersucht direkt die Stärken und Risiken in Relation zu den vier Hauptbestandteilen der Resilienz und den sechs Ursachen von Belas-tungen und Unterstützung am Arbeitsplatz.

91 Richard Layard beschreibt dies in seinem hervorragenden Buch *Happiness: Lessons From a New Science* (2005), Penguin Books. (Dt. [2009]: *Die glückliche Gesellschaft: Was wir aus der Glücksforschung lernen können*, Frankfurt a. M.: Campus).

92 Im Jahr 2005 veröffentlichten Sonja Lyubomirsky, Laura King und Ed Diener ihre um-fassende Analyse von 225 unterschiedlichen wissenschaftlichen Untersuchungen von Glück. Dabei wurden dieselben Personen über eine lange Zeit hinweg befragt. Sonja Ly-ubomirsky (2007): The How of Happiness, Piatkus. (Dt. [2008]: *Glücklich sein: Warum Sie es in der Hand haben, zufrieden zu leben*, Frankfurt a. M.: Campus).

93 Martin Seligmans *Erlernte Hilflosigkeit* (1997) beschreibt bahnbrechende Untersuchun-gen mit getesteten Fragebögen zum Selbstausfüllen und praktischen Übungen, um von einer pessimistischen zu einer optimistischen Denkweise zu kommen. Zu den belegten Resultaten gehören eine verringerte Angst, ein verbessertes Immunsystem, gesteigerte Leistungsfähigkeit und Wohlbefinden. Seligmans jüngeres Buch *Flourish – Wie Menschen aufblühen. Die Positive Psychologie des gelingenden Lebens* (2012) stellt eine nützliche Ak-tualisierung dar und beschreibt die möglichen Vorteile, die eine optimistische Haltung mit sich bringt und wie man sie erlernen kann.

94 Dieser Titel über die Macht der Geisteshaltung ist sehr gut untersucht und gibt praktische Hinweise, insbesondere wie es zur Bildung eines feststehenden Denkschemas kommt. Dweck, C. (2007): *Mindset: The New Psychology of Success*, Random House. (Dt. [2009]: *Selbstbild: Wie unser Denken Erfolge oder Niederlagen bewirkt*, München: Piper).

95 Einen einfachen deutschsprachigen Online-Test finden Sie unter: ↗ https://www.palver-lag.de/Optimismus_Test.html (zuletzt eingesehen am 10.10.2016). (Der Junfermann Ver-lag übernimmt keine Verantwortung für den Inhalt fremder Websites bzw. die Auswer-tung der Online-Tests.)

96 Aus Nezu, A., Nezu, C. & D'Zurilla, T. (2007): *From Solving Life's Problems*, New York: Springer.

97 Thomson, S. (1985): „The Benefits of Merit-Finding". *Psychology Today*.

98 Das beste Buch zu diesem Thema stammt von Karen Reivich und Andrew Shatte (2002): *The Resilience Factor: Seven Keys to Finding Your Inner Strength and Overcoming Life's Hurdles*, Broadway Books.

99 Vgl. Tal Ben-Shahar in seinen sehr populären Vorlesungen über Glück und Positive Psychologie an der Harvard University 2003.

100 *Die Macht der guten Gefühle* von Barbara Fredrickson (2008) ist ein bahnbrechendes Buch, das auf umfassender Forschung basiert. Positive Emotionen machen uns in der Gegenwart effektiver und sorgen auch für Ressourcen in der Zukunft. Fredrickson entdeckte außerdem die entscheidende Postivitäts-/Negativitäts-Relation.

101 Vor allem treibt Kim Cameron von der University of Michigan diesen Forschungszweig voran. Siehe hierzu ↗ http://www.centerforpos.org/ (zuletzt eingesehen am 10.10.2016).

102 Zu diesem Thema ist Paul R. Ehrlichs Buch *Human Natures: Genes, Cultures and the Human Prospect* (2000) zu empfehlen.

103 Eine detaillierte Beschreibung von Barbara Fredricksons Broaden-and-Build-Theorie positiver Emotionen und neueste Froschungsergebnisse ist unter ↗ http://www.unc.edu/peplab/broaden_build.html zu finden (zuletzt eingesehen am 10.10.2016).

104 Der Positivitätstest (2009) von Dr. Barbara Fredrickson ist unter ↗ http://www.positivityratio.com einzusehen (zuletzt eingesehen am 10.10.2016). Dieser Test ist auf Englisch, leider gibt es auf Deutsch keinen vergleichbaren Fragebogen online.

5. Was der Einzelne tun kann: Stärkung der vier personengebundenen Resilienz-Ressourcen

105 Linley, A. (2008): *Average to A+, CAPP Press*. Die Liste der Fragen wurde mit freundlicher Genehmigung von The Centre for Applied Positive Psychology abgedruckt.

106 Vgl. beispielsweise Buckingham, M. & Clifton, D. (2001): *Now Discover Your Strengths*. New York: The Free Press, oder Linley, A. (2010): *The Strengths Book, CAPP Press*.

107 Peterson, C. & Seligman, M. (2004): *Character Strengths and Virtues: A Handbook and Classification*. New York: Oxford University Press; Washington, DC: American Psychological Association.

108 Die aktuellen Studien finden sich unter ↗ http://www.viacharacter.org (zuletzt aufgerufen am 10.10.2016).

109 Zum Beispiel unter ↗ http://www.authentichappiness.sas.upenn.edu. Auf Deutsch sind vergleichbare Tests rar, ein Einstieg könnte sein: ↗ http://www.bewerben.com/content/checkliste (zuletzt eingesehen am 10.10.2016).

110 ↗ http://www.cappeu.com/Realise2.aspx (zuletzt eingesehen am 10.10.2016).

111 Linley, A., Willars, J. & Biswas-Diener, R. (2010): *The Strengths Book: Be Confident, Be Successful, and Enjoy Better Relationships by Realising the Best of You*, CAPP Press.

112 Rath, T. & Conchie, B. (2008): *Strengths-Based Leadership*, Gallup Press. Damit bekommen Sie Zugang zum Online-Fragebogen StrengthsFinder, basierend auf den Forschungsergebnissen von Gallup.

113 ↗ http://www.strengths.gallup.com (zuletzt eingesehen am 10.10.2016).

114 1990 erschien sein Klassiker *Flow: The Psychology of Optimal Experience*. Mihaly Csikszentmihalyi hat die Idee des Flow entwickelt und bis heute erforscht. Auch empfehlenswert ist sein Buch *Flow – Das Geheimnis des Glücks* (2007) Stuttgart: Klett-Cotta.

115 Gardner, H. (1993): *Frames of Mind: The Theory of Multiple Intelligences*, London: HarperCollins.

116 Zimbardo, P. & Boyd, J. (2008): *The Time Paradox: The New Psychology of Tie that Will Change your Life*, New York: Free Press.

117 Vgl. Jane Duttons Arbeiten an der University of Michigan unter ↗ http://www.bus.umich.edu/facultybios/facultybio.asp?id=000119663, oder The Compassion Lab at ↗ http://www.compassionlab.org/teaching.htm (zuletzt eingesehen am 10.10.2016).

118 Gable, S. L., Reis, H. T., Impett, E.A. & Asher, E. R. (2004): „What Do You Do when Things Go Right? The Intrapersonal and Interpersonal Benefits of Sharing Positive Events". *Journal of Personality and Social Psychology*, 87, 228–245.

119 Weitere Informationen über die Vorteile von sozialen Beziehungen siehe ↗ http://diener.socialpsychology.org/ (zuletzt aufgerufen am 10.10.2016).

120 Vgl. Nature Neuroscience unter: ↗ http://tinyurl.com/28rgcwm (zuletzt aufgerufen am 10.10.2016).

121 Maisel, N. & Gable, S. L. (2009): „The Paradox of Received Social Support: the Importance of Responsiveness". *Psychological Science*, 20, 928–932.

122 Zum Thema Erforschung von Dankbarkeit siehe Emmons, R. (2007): *Thanks! How the New Science of Gratitude Can Make you Happier*, University of California, Davis. (Dt. [2008]: *Vom Glück, dankbar zu sein: Eine Anleitung für den Alltag*, Frankfurt a. M.: Campus).

123 ↗ http://www.apple.com/itunes/ (zuletzt aufgerufen am 10.10.2016).

124 Palmer, S. & Cooper, C. (2012): *How to Deal with Stress* (3. Aufl.), London: Kogan Page.

125 Vgl. Kotter, J. P. (1995): „Leading Change: Why Transformation Efforts Fail". *Harvard Business Review*, 73(2), 59–63.

126 Charney, D. & Nemeroff, C. (2004): *The Peace of Mind Prescription: An Authoritative Guide to Finding the Most Effective Treatment for Anxiety and Depression*, New York: Houghton Mifflin.

127 Medina, J. (2009): *Brain Rules*. (Dt. [2013]: *Gehirn und Erfolg: 12 Regeln für Schule, Beruf und Alltag*. Heidelberg: Springer.) Das Buch bietet eine allgemeine Einführung über Struktur und Funktionsweise des Gehirns und informiert u. a. über den Einfluss von Sport, Schlaf, Stress und Lernen auf das Gehirn.

128 Seligman M. (2012): *Flourish – Wie Menschen aufblühen: Die Positive Psychologie des gelingenden Lebens*. München: Kösel.

129 Diverse Fitnesstests finden Sie unter ↗ http://www.topendsports.com/testing/index.htm (zuletzt eingesehen am 10.10.2016).

130 Siehe ↗ http://www.health.gov/paguidelines/ (zuletzt eingesehen am 10.10.2016). Dort werden auch die erstaunlichen Forschungsergebnisse zum Verhältnis zwischen mangelnder Bewegung und Krankheiten zusammengefasst. Auf Deutsch gibt die Seite ↗ http://www.gesundheit.de Hinweise zu diesem Thema [A. d. Ü.].

131 Beispielsweise ↗ http://www.fitbit.com/ (unter Nutzung von Wi-Fi und mobilen Apps) und ↗ http://www.rallyon.com/ (zuletzt eingesehen am 10.10.2016). Die letztgenannte Adresse führt zu systematischen Bewegungsprogrammen am Arbeitsplatz.

132 Siehe „The Sleep Well" unter: ↗ http://www.stanford.edu/~dement/ (zuletzt eingesehen am 10.10.2016).

133 Die US-Gesundheitsbehörde hat die neuesten Richtlinien für gesunde Ernährung zusammengefasst unter ↗ http://www.health.gov/dietaryguidelines/2010.asp (zuletzt eingesehen am 10.10.2016).

134 Southwick, S. M. & Charney, D. S. (2012): *Resilience: The Science of Mastering Life's Greatest Challenges*, Cambridge: Cambridge University Press.

135 Der Philosoph Daniel Dennet beschäftigt sich mit diesem Thema. Vgl. Dennet (2006): *Breaking the Spell: Religion as Natural Phenomenon* (Dt. [2016]: *Den Bann brechen: Re-*

ligion als natürliches Phänomen, Berlin: Suhrkamp), oder Haidt, J. (2012): *The Righteous Mind: Why Good People are Divided by Politics and Religion*, New York: Pantheon.

136 Valliant, G. (2008): *Spiritual Evolution: A Scientific Defence of Faith*, Broadway Books. In diesem Buch verbindet der Autor Neurowissenschaften, Evolutionsbiologie, Positive Psychologie und Spiritualität eingehend.

137 ↗ http://eu.pfeiffer.com/WileyCDA/Section/id-811595.html (zuletzt eingesehen am 10.10.2016).

138 Unter ↗ http://www.bus.umich.edu/Positive/POS-Teaching-and-Learning/Job_Crafting-Theory_to_Practice-Aug_08.pdf finden Sie eine detaillierte Anleitung, wie sich der eigene Job als Berufung sehen lässt (zuletzt eingesehen am 10.10.2016).

139 Sinnstiftung wird beispielhaft von Robert Emmons an der University of California in Davis und Ken Sheldon an der University of Missouri untersucht. Eine Übersicht über wissenschaftliche Ergebnisse, die belegt, dass das Verfolgen von materialistischen Zielen (z. B. extrinsische Befriedigung) dem Wohlbefinden schadet, bietet Kasser, T. (2002): Sketches for a Self-Determination Theory of Values. In E. L. Deci & R. M. Ryan (Eds.), *Handbook of Self-Determination Research* (S. 123–140). Rochester, NY: University Of Rochester Press.

140 Vielleicht eines der besten und einflussreichsten Bücher zu diesem Thema ist Jim Collins und Porras (2001): *Good To Great. Why some Companies make the leap and others don't*, New York: HarperCollins. (Dt.: [2011]: *Der Weg zu den Besten: Die sieben Management-Prinzipien für dauerhaften Unternehmenserfolg*, Frankfurt a. M.: Campus).

141 Um die eigenen Ziele festzustellen, kann man den beschriebenen VIA-Fragebogen zu eigenen Stärken beantworten. Charakteristische Stärken hängen mit einer oder mehreren der sechs allgemeinen Werte zusammen. Siehe auch ↗ http://www.intentionalhappiness.com (zuletzt eingesehen am 10.10.2016).

142 Vgl. Schmuck, P. & Sheldon, K. (2001): *Lifegoals and Well-being: Toward a Positive Psychology of Human Striving*. Seattle: Hogrefe & Huber.
Diese Sammlung von Forschungsberichten zeigt die Verbindung zwischen Zielen und Lebenszufriedenheit auf, dabei geht es vor allem um Ziele, die mit der größten Wahrscheinlichkeit zur Zufriedenheit führen.

143 Detaillierte Beschreibungen und Anleitungen bieten die Bücher und CDs von Jon Kabat-Zinn. Beispielsweise *Im Alltag Ruhe finden: Meditationen für ein gelassenes Leben* (2015), München: Knaur. Achtsamkeitsmeditation ist darüber hinaus eine wirkungsvolle Methode, um Stress zu reduzieren und bei der Bewältigung von Schmerzen.

144 Bryant, E. & Veroff, J. (2007): *Savoring: A New Model of Positive Experience*. New Jersey: Lawrence Erlbaum Associates.

6. Organisationsansatz: der Einzelne bei der Arbeit

145 Vgl. Charney, D. & Nemeroff, C. (2004) *The Peace of Mind Prescription*, New York: Houghton Mifflin.

146 Zum Thema Wave Professional Styles Questionnaire siehe ↗ http://www.savilleconsulting.com/index.aspx (zuletzt aufgerufen am 10.10.2016).

147 Robertson I. T. & Flint-Taylor, J. (2009): Leadership, Psychological Well-Being and Organizational Outcomes. In S. Cartwright & C. L. Cooper (Hrsg.), *Oxford Handbook on Organizational Well-being*, Oxford: Oxford University Press.

148 Robertson Cooper Ltd. ↗ http://www.robertsoncooper.com/ (zuletzt aufgerufen am 10.10.2016).

149 ↗ http://www.hoganassessments.com/ (zuletzt aufgerufen am 10.10.2016).

150 Hier wiedergegeben mit freundlicher Genehmigung von Hogan Assessments, Tulsa, Oklahoma, USA.

151 Sutton, R. (2010): *The No Asshole Rule: Building a Civilized Workplace and Surviving One That Isn't*, New York: Business Plus. (Dt. [2008]: *Der Arschloch-Faktor*, München: Heyne).

152 Myers, I. B. & Myers, P. B. (1980): *Gifts Differing: Understanding Personality Type*, Mountain View, CA: Consulting Psychologists Press.

153 Ebd.

154 Hirsh, S. K. & Kummerov, J. M. (2000): *Introduction to Type in Organizations* (3. Auflage), Oxford: Oxford Psychologists Press.

155 Kaplan, B. & Kaiser, R. (2006): *The Versatile Leader: Make the Most of Your Strengths – without Overdoing It*, San Francisco: Pfeiffer.

156 ↗ http://www.towerswatson.com/services/employees-surveys (zuletzt aufgerufen am 10.10.2016).

157 ↗ http://www.robertsoncooper.com/iresilience/ (zuletzt aufgerufen am 10.10.2016).

158 ↗ http://www.ashridge.org.uk/website/content.nsf/wELNPSY/Psychometrics:+Ashridge?opendocument (zuletzt aufgerufen am 10.10.2016).

159 ↗ http://www.haygroup.com/ (zuletzt aufgerufen am 10.10.2016). Darüber hinaus bietet Hay Group ein Arbeitsbuch an unter: ↗ http://www.haygroup.com/leadershipandtalent-ondemand/ourproducts/item_details.aspx?itemid=117&type=1 (zuletzt aufgerufen am 10.10.2016).

160 ↗ http://www.hardinessinstitute.com/ (zuletzt aufgerufen am 10.10.2016).

161 Maddi, S. R. & Khoshaba, D. M. (2005): *Resilience at Work: How to Succeed No Matter What Life Throws at You*, New York: Amacom.

162 Loehr, J. & Schwartz, T. (2005): *The Power of Full Engagement*, New York: Free Press.

7. Interventionen in der Organisation: die Situation am Arbeitsplatz

163 Fredrickson, B. & Losada, M. (2005): „Positive Emotions and the Complex Dynamics of Human Flourishing". *American Psychologist*, 60, 678–686.

164 Rath, T. & Harter, J. (2010): *The Economics of Wellbeing*. New York: The Gallup Organization.

165 ↗ http://www.bus.umich.edu/Positive/POS-Teaching-and-Learning/Job_Crafting-Theory_to_Practice-Aug_08.pdf (zuletzt aufgerufen am 10.10.2016).

166 ↗ http://positiveorgs.bus.umich.edu/cpo-tools/job-crafting-exercise/ (zuletzt aufgerufen am 10.10.2016).

167 Cooperrider, D. L. & Sekerka, L. E. (2003): Elevation of Enquiry into the Appreciable World: Toward a Theory of Positive Organizational Change. In Cameron, K., Dutton, J. & Quin, R. (Hrsg.), *Positive Organizational Scholarship*, San Francisco: Berrett-Kohler.

168 Whitney, D. & Trosten-Bloom, A. (2003): *The Power of Appreciative Inquiry: A Practical Guide to Positive Change*, San Francisco: Berrett-Kohler.

169 Rath, T. & Conchie, B. (2008): *Strengths-Based Leadership*, New York: Gallup Press; Buckingham, M. (2007): *Go Put Your Strengths to Work*, New York: Free Press.

170 ↗ http://www.cappeu.com/ (zuletzt aufgerufen am 10.10.2016).

171 Abdruck der Liste ökonomischer Vorteile für Organisationen, deren Führung auf einem stärkenbasierten Ansatz beruhen mit freundlicher Genehmigung des Center for Applied Positive Psychology, Warwick, Großbritannien.

172 Auch bekannt unter den Begriffen Millennials und Generation Y.

173 Meister, J. & Willyerd, K. (2010): *The 2020 Workplace: How Innovative Companies Attract, Develop, and Keep Tomorrow's Employees Today*, New York: HarperCollins.

174 Stavros, J. M. & Wooten, L. (2012): Creating and Sustaining Strengths-Based Strategy That soars and Performs. In K. Cameron & G. Spreitzer (Hrsg.), *The Oxford Handbook of Positive Organizational Scholarship*, Oxford: Oxford University Press.

175 Kouzes, J. M. & Posner, B. (2008): *Leadership Challenge*. Weinheim: Wiley.

176 ↗ http://www.leadershipchallenge.com/ (zuletzt aufgerufen am 10.10.2016).

177 Bass, B. & Riggio, R. (2005): *Transformational Leadership*. New Jersey: Laurence Erlbaum Associates.

178 George, B. (2004): *Authentic Leadership: Rediscovering the Secrets to Creating Lasting Value*. San Francisco: Jossey-Bass.

179 Cameron, K. (2008): *Positive Leadership: Strategies for Extraordinary Performance*. San Francisco: Berrett-Kohler.

180 Eine hervorragende Übung für eine reflektierende Selbsteinschätzung findet sich unter ↗ http://www.centerforpos.org/thecenter/teaching-and-practice-materials/teaching-tools/reflected-bestself-exercise/ (zuletzt eingesehen am 10.10.2016).

181 Vgl. die umfassende und gründliche Untersuchung von Richard Kilburg in seinem Buch *Virtuous Leaders: Strategy, Character and Influence in the 21st Century* (2012).

182 Casey, W. (2011): „From Comprehensive Soldier Fitness: a Vision for Psychological Resilience in the U.S. Army". *American Psychologist*, 66(1), 1–3.

183 Seligman, M. (2011): *Flourish: A Visionary New Understanding of Happiness and Well-Being*. New York: Free Press. (Dt. [2012]: *Flourish – Wie Menschen aufblühen*. München: Kösel.)

184 Reivich, K., Seligman, M. & McBride, S. (2011): „Master Resilience Training in the US Army". *American Psychologist*, 66, 1, 25–34.

185 ↗ http://www.army.mil/article/72431/Study_concludes_Master_Resilience_Training_effective (zuletzt eingesehen am 10.10.2016).

8. Stärkung von Resilienz: die Bedeutung für den Arbeitgeber

186 Für eine umfassende Übersicht über die kulturellen Unterschiede beim Thema Wohlbefinden vgl. Diener, E., Helliwell, J. F. & Kahneman, D. (Hrsg.) (2010): *International Differences in Well-Being*, Oxford: Oxford University Press.

187 Eine Übersicht über das CSF-Programm wird regelmäßig aktualisiert, vgl. ↗ http://www.army.mil/article/72341 und University of Pennsylvania Center for Positive Psychology ↗ http://www.authentichappiness.sas.upenn.edu/newsletter.aspx?id=1552 (zuletzt eingesehen am 10.10.2016).

188 Details zum Comprehensive Soldier Fitness Program lassen sich einsehen auf ↗ http://csf.army.mil/faq.html (zuletzt eingesehen am 10.10.2016).

189 Casey, W. (2011): „Comprehensive Soldier Fitness: a Vision for Psychological Resilience in the U.S. Army". *American Psychologist*, 66(1), 1–3.

190 Ursprünglich lautete der Name War Office Selection Boards, Auswahlgremium für Kriegsoffiziere.

191 Der Artikel von Martin Seligman vom April 2011 in der Harvard Business Review, in dem er die Entwicklung des CSF-Programms schildert, findet sich unter ↗ http://www. hbr.org/2011/04/building-resilience/ar/pr (zuletzt eingesehen am 10.10.2016).

Anhang I

Einen individuellen Resilienz-Plan erstellen

192 Vgl. Loehr, J. & Schwartz, T. (2004): *The Power of Full Engagement: Managing Energy, Not Time, Is the Key to High Performance and Personal Renewal.* New York: Free Press.

193 Achor, S. (2010): *The Happiness Advantage: The Seven Principles of Positive Psychology That Fuel Success and Performance at Work.* New York: Crown.

194 Zum Thema Forschung und Theorie von Zielen, vgl. Moskowitz, G. B. & Grant, H. (2008): *The Psychology of Goals.* New York: Guilford.

Personen- und Sachwortverzeichnis

Mehr Leichtigkeit ins Leben bringen

256 Seiten, kart. • € (D) 27,– • ISBN 978-3-87387-941-6

REIHE · AKTIVE LEBENSGESTALTUNG · Burnout & TA

Dr. Johann Schneider, Studium der Medizin, Weiterbildung in Tiefen-psychologie und Systemi-scher Transaktionsanalyse. Freiberuflich im eigenen Institut als Coach, Super-visor und Lehrtrainer tätig.

JOHANN SCHNEIDER

»Burnout vorbeugen und heilen«

Unsere Arbeits- und Lebensbedingungen haben sich drastisch gewandelt. In vielen Betrieben verbringen immer weniger Menschen immer mehr Zeit bei der Arbeit. Viele lassen ihre natürliche Erschöpfung nicht zu, erholen sich nicht und entwickeln extreme Erschöpfungszustände: das sogenannte Burnout-Syndrom.

Mit diesem Ratgeber gibt der Autor Betroffenen im täglichen Spannungsfeld zwischen den eigenen Bedürfnissen, Wünschen, Erwartungen und denen der Umgebung eine Orientierung. Basierend auf Methoden der Transaktionsanalyse finden sie in diesem Buch Know-how für ein erfülltes und erfolgreiches Leben – beruflich wie privat.

»Wer als Betroffener oder als Berater ein Arbeitsbuch zum Thema Burnout sucht ist hier bestens bedient. Eine große Fülle von Anregungen, Arbeitsmaterialien und konkreten Tipps können dabei helfen, das innere Feuer wieder zu entfachen.«
– Jörg Dahlbeck, www.socialnet.de

Weitere erfolgreiche Titel:

»Raus aus den Lebensfallen!«
ISBN 978-3-87387-777-1
»Gedanken und Gefühle«
ISBN 978-3-87387-710-8
»Arbeitsbuch Selbstachtung«
ISBN 978-3-87387-692-7

www.junfermann.de